Os mistérios matemáticos do Professor Stewart

Ian Stewart

Os mistérios matemáticos do Professor Stewart

Resolvidos por Hemlock Soames e o dr. Watsup

Tradução:
George Schlesinger

Revisão técnica:
Samuel Jurkiewicz
Professor da Politécnica e da Coppe/UFRJ

Título original:
Professor Stewart's Casebook of Mathematical Mysteries

Tradução autorizada da primeira edição inglesa,
publicada em 2014 por Profile Books,
de Londres, Inglaterra

Copyright © 2014, Joat Enterprises

Copyright da edição brasileira © 2015:
Jorge Zahar Editor Ltda.
rua Marquês de S. Vicente 99 – 1º | 22451-041 Rio de Janeiro, RJ
tel (21) 2529-4750 | fax (21) 2529-4787
editora@zahar.com.br | www.zahar.com.br

Todos os direitos reservados.
A reprodução não autorizada desta publicação, no todo
ou em parte, constitui violação de direitos autorais. (Lei 9.610/98)

Grafia atualizada respeitando o novo Acordo Ortográfico da Língua Portuguesa

Preparação: Elisabeth Arruda | Revisão: Eduardo Monteiro, Carolina Sampaio
Projeto gráfico e composição: Mari Taboada | Capa: Sérgio Campante
Imagens da capa: © iStock.com/marekuliasz; © iStock.com/nicoolay; © iStock.com/ilbusca;
© iStock.com/bphillips; © iStock.com/gsteve; © iStock.com/OSTILL; © iStock.com/hidesy;
© iStock.com/cosmin4000; © iStock.com/Andrii_Oliinyk; © iStock.com/ Fotoplanner

CIP-Brasil. Catalogação na fonte
Sindicato Nacional dos Editores de Livros, RJ

S871m   Stewart, Ian, 1945-
　　　　Os mistérios matemáticos do professor Stewart: resolvidos por Hemlock Soames e o dr. Watsup/Ian Stewart; tradução George Schlesinger. – 1.ed. – Rio de Janeiro: Zahar, 2015.
　　　　　　　　　　　　　　　　　　　　　　　　　　　　　　　il.

　　　　Tradução de: Tradução de: Professor Stewart's casebook of mathematical mysteries
　　　　ISBN 978-85-378-1454-3

　　　　1. Matemática. 2. Matemáticos – Problemas. I. Título.

CDD: 510
CDU: 51

15-22023

Sumário

Apresentando Soames e Watsup 9

Nota sobre unidades de medidas 11

O escândalo do soberano roubado 🔍 13

Curiosidade numérica 14

Posição dos trilhos 15

Soames conhece Watsup 🔍 16

Quadrados geomágicos 20

Qual é o formato de uma casca de laranja? 21

Como ganhar na loteria? 22

O ~~roubo~~ incidente das meias verdes 🔍 23

Cubos consecutivos 28

Adonis Asteroid Mousterian 28

Duas rapidinhas de quadrados 29

Apanhado de mãos limpas 30

A aventura das caixas de papelão 🔍 30

A sequência ISO 35

Aniversários são bons para você 36

Datas matemáticas 36

O cão dos Basquetebolas 🔍 38

Cubos digitais 44

Números narcisistas 44

Pifilologia, piemas e piês 47

Sem pistas! 🔍 49

Uma breve história do sudoku 51

Hexacosioihexecontahexafobia 54

Uma vez, duas vezes, três vezes 56

Conservação da sorte 56

O caso dos ases virados para baixo 🔍 58

Pais confusos 61

O paradoxo do quadriculado 61

A gateira do medo 🔍 62

Números-panqueca 67

O truque do prato de sopa 68

Haikai matemático 70

O caso da roda de carroça críptica 🔍 72

Dois por dois 75

O mistério dos gansos em V 76

Mnemônica do *e* 79

Quadrados incríveis 80

O mistério do 37 🔎 81

Velocidade média 83

Quatro pseudossudokus sem pistas 84

Somas de cubos 85

A charada dos papéis furtados 🔎 87

Senhor de tudo que está ao seu alcance 90

Outra curiosidade numérica 91

O problema do quadrado opaco 91

Polígonos e círculos opacos 93

O signo do um 🔎 95

Progresso em intervalos entre números primos 101

A conjectura ímpar de Goldbach 102

Mistérios dos números primos 104

A pirâmide ideal 111

O signo do um: segunda parte 🔎 116

Confusão inicial 120

O rabisco de Euclides 121

Eficiência euclidiana 125

123456789 vezes X 127

O signo do um: terceira parte 🔎 127

Números taxicab 131

A onda de translação 132

Enigma das areias 135

O π do esquimó 137

O signo do um: quarta parte – concluído 🔎 137

Seriamente desarranjado 140

Lançar uma moeda honesta não é honesto 141

Jogando pôquer por correspondência 143

Eliminando o impossível 🔎 148

Potência de mexilhão 151

Prova de que o mundo é redondo 153

123456789 vezes X – continuação 157

O preço da fama 158

O mistério do losango dourado 🔎 158

Uma potente progressão aritmética 160

Por que as bolhas da Guinness descem? 161

Séries harmônicas aleatórias 164

Os cães que brigam no parque 🔎 166

Qual é a altura daquela árvore? 167

Por que meus amigos têm mais amigos do que eu? 168

A estatística não é maravilhosa? 171

A aventura dos seis convidados 🔎 172

Como escrever números muito grandes *175*

Número de Graham *179*

Não consigo conceber quanto é isso *181*

O caso do condutor acima da média 🔍 *182*

O cubo-ratoeira *184*

Números de Sierpiński *185*

James Joseph quem? *187*

O assalto de Baffleham 🔍 *187*

O quatrilionésimo dígito de π *189*

π é normal? *191*

Um matemático, um estatístico e um engenheiro… *192*

Lagos de Wada *193*

O último versinho de Fermat *197*

O erro de Malfatti 🔍 *197*

Restos de quadrados *200*

Cara ou coroa por telefone *203*

Como impedir ecos indesejados *205*

O enigma do azulejo versátil 🔍 *208*

A conjectura do *thrackle* *215*

Barganha com o diabo *216*

Um ladrilhamento que não seja periódico *217*

O teorema das duas cores 🔍 *220*

O teorema das quatro cores no espaço *222*

Cálculo cômico *225*

O problema da discrepância de Erdős *226*

O integrador grego 🔍 *228*

Somas de quatro cubos *233*

Por que o leopardo ganhou suas pintas *235*

Polígonos para sempre *238*

Ultrassecreto *238*

A aventura dos remadores 🔍 *239*

O quebra-cabeça dos quinze *244*

O traiçoeiro quebra-cabeça dos seis *246*

Tão difícil quanto ABC *248*

Anéis de sólidos regulares *250*

O problema da cavilha quadrada *253*

A rota impossível 🔍 *254*

O problema final 🔍 *258*

O retorno 🔍 *261*

A solução final 🔍 *262*

Os mistérios desmistificados *265*
Créditos das ilustrações *318*

Apresentando Soames e Watsup

O *Almanaque das curiosidades matemáticas* surgiu em 2008, um pouquinho antes do Natal. Os leitores pareceram gostar da sua mistura aleatória de truques matemáticos peculiares, biografias esquisitas, fragmentos de informações estranhas, problemas resolvidos e não resolvidos, factoides singulares e um trecho, mais longo e sério, a respeito de tópicos como fractais, topologia e o Último Teorema de Fermat. Então, em 2009 veio na sequência o livro *Incríveis passatempos matemáticos*, que continuou na mesma linha com um intermitente tema de piratas.

Dizem que três é um bom número para uma trilogia. O falecido Douglas Adams decidiu, com a série *O mochileiro das galáxias*, que quatro era melhor e cinco mais ainda, mas três parece ser um bom ponto de partida. Assim, após um intervalo de cinco anos, eis aqui *O livro dos mistérios matemáticos*. Dessa vez, entretanto, há uma nova jogada. As seções peculiares e breves – como A conjectura do *thrackle*; Hexacosioihexecontahexafobia; Qual é o formato de uma casca de laranja?; A sequência ISO; e O rabisco de Euclides – ainda estão aí. Como também os artigos mais substanciais a respeito de problemas resolvidos e não resolvidos: Números-panqueca; A conjectura ímpar de Goldbach; O problema da discrepância de Erdős; O problema da cavilha quadrada; e a Conjectura ABC. Da mesma forma que as piadas, poemas e anedotas. Para não mencionar as aplicações inusitadas da matemática para gansos voadores, colônias de mariscos, leopardos pintados e bolhas na cerveja Guinness. Mas essa miscelânea está agora intercalada com uma série de episódios narrativos estrelada por um detetive vitoriano e seu parceiro médico.

Sei o que você está pensando. No entanto, desenvolvi a ideia mais ou menos um ano *antes* de a versão moderna dos adorados personagens de sir Arthur Conan Doyle interpretada por Benedict Cumberbatch e Martin Freeman chegar à TV e fazer um sucesso espetacular. (Pode acreditar em mim.) E indo mais diretamente ao ponto, a *dupla não é aquela*.

Nem mesmo a retratada nas histórias originais de sir Arthur. Sim, meus rapazes vivem na mesma época, mas *do outro lado da rua*, no número 222B. Dali, lançam olhares invejosos para o fluxo de clientes ricos que entram nos aposentos do duo mais famoso. E de vez em quando aparece algum caso que seus vizinhos ilustres rejeitaram ou não conseguiram solucionar – mistérios impenetráveis como: O signo do um; Os cães que brigam no parque; A gateira do medo; e O integrador grego. Então Hemlock Soames e o dr. John Watsup botam o cérebro para funcionar, mostram seu verdadeiro espírito e força de caráter e triunfam sobre a adversidade e a falta de visibilidade no mercado.

São mistérios *matemáticos*, como você verá. Suas soluções exigem interesse em matemática e capacidade de pensar com clareza, atributos dos quais Soames e Watsup absolutamente não são carentes. Esses trechos estão sinalizados pelo símbolo 🔎. Ao longo do caminho ficamos sabendo sobre a carreira militar anterior de Watsup no Al-Gebraistão e as batalhas de Soames com seu arqui-inimigo professor Mogiarty, levando inevitavelmente a um confronto final nas cataratas de Schtickelbach. E aí…

É uma felicidade que o dr. Watsup tenha registrado tantas de suas investigações conjuntas em suas memórias e anotações não publicadas. Sou grato a seus descendentes Underwood e Verity Watsup por permitir que eu tivesse acesso sem precedentes aos documentos da família, e por conceder-me generosa permissão de aqui incluir excertos dessas notas.

Coventry, março de 2014

Nota sobre unidades de medidas

Na época de Soames e Watsup, as unidades-padrão na Grã-Bretanha eram imperiais, não métricas como são hoje em sua maioria, e a moeda não era decimal. Leitores norte-americanos não terão problemas com unidades imperiais; é sabido que o galão é diferente nos dois lados do Atlântico, mas essa unidade de medida de qualquer modo não aparece. Para evitar inconsistências usei as unidades próprias da era vitoriana, mesmo para tópicos que não fazem parte do cânone Soames/Watsup, exceto quando a narrativa exige imperativamente que sejam métricas.

Eis um rápido guia para as unidades relevantes com equivalentes métricos/decimais.

Na maior parte do tempo a unidade real não tem importância: você poderia deixar os números inalterados, mas riscar "polegada" e "jarda" e substituir por uma "unidade" não especificada. Ou escolher o que lhe pareça mais conveniente (metro ou jarda, por exemplo).

Comprimento

1 pé = 12 polegadas (pol.)	304,8 mm
1 jarda = 3 pés	0,9144 m
1 milha = 1.760 jardas = 5.040 pés	1,609 km
1 légua = 3 milhas	4,827 km

Peso

1 libra (lb) = 16 onças	453,6 g
1 pedra = 14 libras	6,35 kg
1 quintal = 8 pedras = 112 libras	50,8 kg
1 tonelada imperial = 20 quintais = 2.240 libras	1,016 tonelada decimal

Dinheiro

1 xelim (s) = 12 pence (d) (singular: penny)   5 pence decimais
1 libra (£) = 20 xelins = 240 pence
1 soberano = 1 libra (em moeda)
1 guinéu = £1,1s.   £1,05
1 coroa = 5s.   25 pence decimais

O escândalo do soberano roubado 🔍

O detetive particular tirou a carteira do bolso, certificou-se de que continuava vazia e suspirou. De pé, à janela dos seus aposentos no número 222B, fitou morosamente o outro lado da rua. As notas musicais de sonoridade irlandesa, executadas com perícia num Stradivarius, mal eram percebidas acima do ruído seco das carruagens que passavam. Realmente, o homem era *insuportável*! Soames observou o fluxo de pessoas entrando pelos portais do seu famoso concorrente. A maioria era de abastados membros das classes superiores. Aqueles que pareciam não ser abastados membros das classes superiores estavam, com poucas exceções, *representando* abastados membros das classes superiores.

Os criminosos simplesmente não estavam cometendo a espécie de crime que afetava o tipo de gente que contrataria os serviços de Hemlock Soames.

Durante as duas últimas semanas, Soames observara com olhos invejosos cliente após cliente ser conduzido à presença da pessoa que acreditavam ser o maior detetive do mundo. Ou, pelo menos, de Londres, o que – na época da Inglaterra vitoriana – significava a mesma coisa. Enquanto sua campainha continuava muda, as contas se acumulavam e a sra. Soapsuds ameaçava despejá-lo.

Ele tinha apenas um caso em andamento. Lorde Humphshaw-Smattering, proprietário do Glitz Hotel, acreditava que um de seus garçons havia roubado um soberano de ouro: valor, uma libra esterlina. Para ser justo, Soames podia se ajeitar ele mesmo com um soberano de ouro nesse momento. Mas dificilmente isso atrairia a sensacionalista imprensa marrom, da qual, por mais deplorável que fosse, o seu futuro dependia.

Soames estudou suas anotações do caso. Três amigos, Armstrong, Bennett e Cunningham, haviam dividido um jantar no hotel e no final receberam uma conta de £30. Cada um dera ao garçom Manuel dez soberanos de ouro. Mas então o maître notou que tinha havido um erro, e na verdade a conta era de £25. Ele deu ao garçom cinco soberanos para devolver aos homens. Como £5 não era divisível por 3, Manuel sugeriu ficar com duas das moedas como gorjeta e devolver um soberano a cada um, insinuando que já tinham tido sorte de receber de volta o pagamento a mais.

Os clientes concordaram, e tudo estava bem até o maître notar uma discrepância aritmética. Agora cada um deles pagara £9, num total de £27. Manuel tinha mais £2, perfazendo £29.

Estava faltando uma libra.

Humphshaw-Smattering estava convencido de que Manuel a tinha roubado. Embora a evidência fosse circunstancial, Soames sabia que o sustento do garçom dependia da resolução do mistério. Se Manuel fosse despedido com más referências, jamais conseguiria outro emprego.

Para onde foi a libra que faltava?

Resposta na p.267

• •

Curiosidade numérica*

No trabalho de detetive, é vital ser capaz de identificar um padrão. A monografia sem título inédita de Soames contendo 2.041 exemplos instrutivos de padrões inclui o seguinte. Calcular

11×91
11×9091

---

* Muitas seções nesta compilação que não se referem diretamente aos casos criminais foram extraídas de anotações manuais, algumas cujo conteúdo foi coletado e publicado, com permissão de Soames, como o *Cofre de anomalias forenses do dr. Watsup*, e serão reproduzidas sem notificação adicional. Algumas são bastante recentes, acrescentadas pelos executores literários de Watsup, e o leitor assíduo identificará imediatamente tais anacronismos.

11 × 909091
11 × 90909091
11 × 9090909091

Soames teria usado caneta e papel, e leitores modernos podem fazer o mesmo caso lembrem-se como se faz. Uma calculadora é sempre uma opção, mas a tendência é elas esgotarem a quantidade de dígitos. O padrão continua indefinidamente; isso não pode ser provado usando a calculadora, mas pode ser deduzido a partir do método antiquado. Então, *sem* fazer qualquer cálculo adicional, quanto dá

11 × 9090909090909091?

E uma pergunta mais difícil é: por que dá certo?

Respostas na p.268

Posição dos trilhos

Lionel Penrose inventou uma variação dos labirintos tradicionais: labirintos ferroviários. Eles têm junções como trilhos de trem, e você precisa seguir um trajeto que um trem possa percorrer, sem mudanças de direção abruptas. São uma boa maneira de comprimir um labirinto complicado em um espaço pequeno.

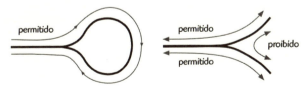

Trajetos permitidos e proibidos em junções

Seu filho, o matemático Roger Penrose, levou a ideia adiante. Um dos seus labirintos está esculpido em pedra no Luppitt Millennium Bench, em Devon, Inglaterra. Esse é um tanto difícil, então vai aí um exemplo mais simples para você enfrentar.

O mapa a seguir mostra a rede ferroviária da Tardy Trains. O trem das 10h33 sai da estação C e deve terminar na estação F. A composição não pode inverter o sentido reduzindo a velocidade e depois indo de marcha a ré, mas pode percorrer a linha em qualquer direção se os trilhos derem a volta e tornarem a se juntar. Em pontos onde duas ramificações se unem, o trem pode tomar facilmente qualquer caminho. Qual é a rota que ele percorre?

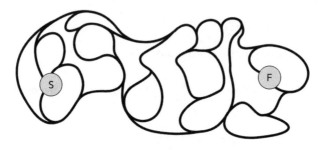

O labirinto

Resposta na p.269, e informação adicional referente ao Labirinto do Luppitt Millennium

Soames conhece Watsup

Uma garoa fina, do tipo que parece inócua mas que muito rápido deixa você encharcado até os ossos, caía sobre os bons cidadãos de Londres, e sobre os ruins também, enquanto andavam apressadamente pela Baker Street em missões admiráveis ou nefastas, esquivando-se das poças. O não tão famoso detetive estava em sua posição habitual junto à janela, fitando desesperançoso a melancolia do dia, resmungando consigo mesmo acerca das suas tristes finanças, sentindo-se deprimido. Sua incisiva solução para o Escândalo do soberano roubado lhe trouxera o bastante para sossegar temporariamente a sra. Soapsuds, mas agora que a euforia emocional do sucesso arrefecera, sentia-se sozinho e sem reconhecimento.

Talvez precisasse de um companheiro de mentalidade parecida? Alguém com quem pudesse compartilhar a tensão diária da sua vendeta pessoal contra o crime, e o desafio intelectual de desvendar as pistas que seus perpetradores espalhavam com tanta falta de cuidado pela paisagem? Mas onde poderia encontrar tal pessoa? Não tinha ideia de por onde começar.

Seu estado de espírito sombrio foi interrompido pelo surgimento de uma figura robusta caminhando com ar decidido na direção da residência em frente. Instintivamente, Soames o julgou ser um homem da medicina, reformado do Exército. Bem-vestido, bem calçado: mais um abastado cliente para o supervalorizado imbecil do Holm...

Mas não! A figura examinou o número da casa, balançou a cabeça e girou sobre os calcanhares. Ao atravessar a rua, esquivando-se por pouco do cabriolé, a aba do chapéu ocultou-lhe a face, mas a linguagem corporal mostrava determinação, beirando o desespero. Observando o homem com mais atenção, agora que seu interesse fora despertado, Soames percebeu que seu casaco não era novo, como a princípio pensara. Fora reparado com perícia... na Old Compton Street, pela aparência da costura. Numa quinta-feira, quando as costureiras-chefes tiravam meio dia de folga. *Baixando o olhar para os sapatos, mal calçados,* Soames corrigiu sua impressão inicial, enquanto o homem sumia de vista, aparentemente dirigindo-se para a entrada abaixo.

Uma pausa: então a campainha tocou.

Soames esperou. Uma batida na porta anunciou sua sofredora proprietária, a sra. Soapsuds, trajando seu habitual vestido de estampa floral com um grande avental. "Um cavalheiro quer vê-lo, sr. Soames", ela bufou. "Posso deixá-lo subir?"

Soames assentiu, e a sra. Soapsuds largou-se escada abaixo. Um minuto depois voltou a bater, e o homem com aparência de médico entrou. Soames faz a ela um gesto para fechar a porta e voltar ao seu lugar costumeiro atrás das cortinas rendadas na sua sala de estar no andar térreo, o que ela fez com evidente relutância.

O cavalheiro escutou por um momento, e subitamente abriu a porta com força, dando um passo para trás e fazendo com que a sra. Soapsuds caísse de lado no chão.

"O – hã – capacho. Precisava espanar", ela explicou, recompondo-se para levantar. Soames silenciosamente notou que sua proprietária também precisava ser espanada, dirigiu-lhe um sorriso fino e gesticulou para que ela se fosse. Mais uma vez, a porta se fechou.

"Meu cartão", o homem disse.

Soames pôs o cartão de visita virado para baixo, sem ler, e estudou o recém-chegado da cabeça aos pés. Após alguns segundos, disse: "Não é necessário muita coisa para identificá-lo."

"Perdão?"

"Exceto o óbvio, é claro. Esteve no Al-Gebraistão durante os últimos quatro anos, servindo como cirurgião com os Dragões do 6º Regimento Real. Escapou por pouco de ser seriamente ferido na batalha de Q'drat. Seu período de serviço terminou logo depois, e decidiu – após uma busca existencial – regressar à Inglaterra, o que acabou fazendo mais cedo este ano." Soames espiou mais de perto, e acrescentou: "E tem quatro gatos."

O queixo do homem caiu, e Soames virou o cartão. "Dr. John Watsup", leu. "Cirurgião, Dragões do 6º Regimento Real, reformado." Sua face não mostrou emoção por essa confirmação de suas deduções, pois tinha sido inevitável. "Por favor, sente-se, senhor, e conte-me sobre o crime que foi cometido contra o senhor. Posso assegurar-lhe que..."

Watsup riu, um risinho amigável. "Sr. Soames, estou encantado por finalmente tê-lo conhecido, pois sua fama espalhou-se pelos quatro cantos. Suas deduções a respeito de minha pessoa provam que merece totalmente as aclamações que tenho escutado. Sua modéstia com a façanha lhe cai bem. Mas, na verdade, não venho essencialmente como um cliente em potencial. Pelo contrário, estou buscando um posto no seu ofício. A medicina não mais me atrai – e tampouco o atrairia se tivesse testemunhado as visões que fui obrigado a suportar na frente de batalha. Mas sou um homem de ação, e continuo a almejar emoções fortes, ainda trago comigo meu revólver de serviço e... Aliás, como foi que *fez* isso?"

Soames, ignorando uma crescente sensação de que estava sendo erroneamente tomado pelo morador do número 221B, sentou-se diante de Watsup. "Pelo seu porte, concluí que era um militar antes de atravessar a rua. Meu golpe de vista é preternaturalmente aguçado, e o senhor tem as mãos de cirurgião, fortes mas desprovidas das marcas entranhadas de labor manual. Em dezembro passado, o *Times* reportou que a campanha de quatro anos no Al-Gebraistão estava chegando ao fim e que os Dragões do 6º Regimento Real estariam retornando à Inglaterra após combater a decisiva mas custosa batalha em Q'drat. O senhor está calçando as botas próprias do regimento, e o padrão de desgaste delas mostra que já está de volta à Inglaterra há algum tempo. Tem uma leve cicatriz ao longo do maxilar, quase curada, que foi obviamente causada por uma bala de mosquete de fabricação não europeia – escrevi uma breve monografia sobre ferimentos de armas de fogo no Extremo Oriente, preciso lê-la para o senhor algum dia. É um homem de ação, conforme evidenciado pela maneira como lidou com a xeretice da sra. Soapsuds, de modo que não teria se aposentado da vida militar voluntariamente. Se tivesse sido dispensado de forma desonrosa eu teria visto a notícia nas páginas de escândalos, mas nada do tipo tem sido publicado recentemente. Seu casaco traz quatro tipos diferentes de pelo de gato – não só quatro cores, o que poderia indicar um único gato malhado, mas diferentes comprimentos e texturas... Vou lhe poupar a lista das suas raças."

"Impressionante!"

"Para ser franco, devo também admitir que seu rosto me é familiar. Tenho certeza de que em algum lugar – ah, sim! Já sei! Um pequeno artigo no *Chronicle* da semana passada, com uma fotografia... Dr. John Watsup, que deu origem à famosa frase '*Watsup, doc?*'.* Sua fama supera a minha, doutor."

"É muita gentileza sua, sr. Soames."

"Não, sou meramente realista. Mas se vamos trabalhar juntos, o senhor precisa me convencer de que é capaz de *pensar* tão bem quanto de agir. Vejamos." E Soames escreveu os dígitos

4 9

no verso de um envelope. "Quero que insira um símbolo aritmético padrão, para produzir um número inteiro entre 1 e 9."

Watsup apertou os lábios em concentração. "Um sinal de mais... não, 13 é grande demais. Sinal de menos – não, o resultado é negativo. Nem multiplicação nem divisão resolvem. É claro! Uma raiz quadrada!

---

* Trocadilho com "What's up, doc?", bordão usado pelo personagem Pernalonga no seriado de animação *Looney Tunes*. Em tradução livre, "O que que há, doutor?". No Brasil a expressão foi adaptada e ficou conhecida como "O que que há, velhinho?". (N.T.)

Ah, não: 4 $\sqrt{9}$ = 12, de novo grande demais." Ele coçou a cabeça. "Estou perplexo. É impossível."

"Eu lhe asseguro que há uma solução."

O silêncio era quebrado apenas pelo tique-taque do relógio sobre a lareira. De repente, a face de Watsup se iluminou. "Achei!" Pegou o envelope, acrescentou um único símbolo e o entregou a Soames.

"Passou no primeiro teste, doutor."

O que Watsup escreveu? Resposta na p.270.

• •

Quadrados geomágicos

Um quadrado mágico é composto de números, que dão o mesmo total em qualquer linha, coluna ou diagonal. Lee Sallows inventou um análogo geométrico, o quadrado geomágico. Trata-se de um arranjo quadrado de formas, de tal modo que as formas em qualquer linha, coluna ou diagonal se encaixem como um quebra-cabeça para compor o mesmo formato geral. As peças podem ser giradas ou refletidas, se necessário. A figura à esquerda mostra como isso funciona; a da direita é um quebra-cabeça para você resolver. *Resposta na p.270.*

Sallows criou muitos outros quadrados geomágicos, junto com generalizações tais como o triângulo geomágico. Ver *The Mathematical Intelligencer* 33, n.4, 2011, p.25-31, e o website dele: http://www.GeomagicSquares.com/

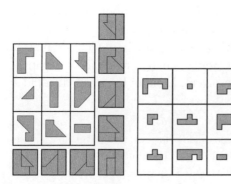

Dois dos quadrados geomágicos de Lee Sallows. Siga uma linha, coluna ou diagonal para encontrar o quebra-cabeça montado usando as peças correspondentes. *Esquerda:* Um exemplo completo. *Direita:* A sua tarefa é achar os quebra-cabeças montados para todas as linhas, colunas e diagonais.

Qual é o formato de uma casca de laranja?

Há muitas maneiras de se descascar uma laranja. Alguns de nós cortam em pedaços. Alguns tentam tirar toda a casca formando um único pedaço irregular. Isso em geral produz um monte de pedaços de casca e muito suco. Outros são mais sistemáticos: descascam a laranja com muito cuidado usando uma faca afiada e fazendo um corte em espiral do alto da laranja até embaixo. Eu, pessoalmente, prefiro fazer uma sujeira na mesa e comer logo a laranja, mas aí vai.

Esquerda: Descascar a laranja com uma faca. *Centro:* A casca achatada sobre um plano. *Direita:* Espiral de Cornu.

Em 2012 Laurent Bartholdi e André Henriques imaginaram que formato teria a casca se ela fosse achatada sobre a mesa. Usando uma faca fina e tendo o cuidado de manter a casca da mesma largura do começo ao fim, obtiveram uma linda espiral dupla, que os fez lembrar de uma famosa espiral dupla matemática, conhecida por diversos nomes como espiral de Cornu, espiral de Euler, clotoide ou espira.

Essa curva é conhecida desde 1744, quando Euler descobriu uma de suas propriedades básicas. Sua curvatura ($1/r$, onde r é o raio do círculo que melhor se encaixa) num dado ponto é proporcional à distância ao longo da curva até esse ponto, a começar pelo meio. Quanto mais você percorre a curva, mais ela vai ficando curvada, e é por isso que as regiões espirais ficam cada vez mais enroladas. O físico Marie Alfred Cornu deparou-se com a mesma curva na física da luz, quando esta difrata numa borda reta. Engenheiros de ferrovias têm usado a curva para proporcionar uma transição sutil entre um trecho reto dos trilhos e um trecho circular.

Bartholdi e Henriques provaram que a semelhança entre a casca da laranja e essa forma não é acidental. Eles escreveram uma equação que descreve o formato da casca da laranja para tiras de uma determinada largura, e provaram que quando a largura se torna tão pequena quanto se queira, o formato se assemelha cada vez mais a uma espiral de Cornu. E observaram que essa espiral "teve muitas descobertas ao longo da história; a nossa ocorreu durante o café da manhã".

Mais informações na p.270

Como ganhar na loteria?

Por favor, preste atenção no ponto de interrogação.

Para ganhar o grande prêmio acumulado na Loteria Nacional do Reino Unido (rebatizado, sem a menor criatividade, de "Lotto"), você precisa escolher seis números de 1 a 49 que coincidam com aqueles que serão tirados no dia do sorteio pela máquina da Lotto.* Há outras maneiras de ganhar prêmios menores, mas vamos nos ater à grande bolada. As bolinhas são tiradas aleatoriamente, mas os resultados são então arranjados em ordem numérica para facilitar descobrir se você ganhou. Então um sorteio como

13 15 8 48 47 36

é reordenado como

8 13 15 36 47 48

e nesse caso o menor número é 8, o segundo menor é 13, e assim por diante.

A teoria da probabilidade nos diz que quando todos os números são igualmente prováveis, como deveriam ser, então dentro de um conjunto escolhido de seis:

---

* O mesmo raciocínio vale para a nossa Mega-Sena. (N.T.)

O mais provável menor número é 1.
O mais provável segundo menor número é 10.
O mais provável terceiro menor número é 20.
O mais provável quarto menor número é 30.
O mais provável quinto menor número é 40.
O mais provável maior número é 49.

Estas afirmativas estão corretas. A primeira é verdadeira porque se o 1 aparecer, então ele precisa ser o menor, não importa o que mais aconteça. Não é o caso do 2, porém, porque sempre há uma chance de o 1 aparecer e se esgueirar para baixo do 2. Isso faz com que seja ligeiramente menos provável que 2 seja o menor número depois de sorteadas as seis bolinhas.

Tudo bem, estes são fatos matemáticos. Então parece que você pode aumentar suas chances de ganhar escolhendo

1   10   20   30   40   49

porque cada escolha é o número mais provável de ocorrer naquela posição.

Isso está correto? Resposta na p.270.

O ~~roubo~~ incidente das meias verdes 🔍

"O senhor passou no primeiro teste, doutor. Mas o teste de verdade será observar como o senhor lida com uma investigação criminal."

"Estou pronto, sr. Soames. Quando começamos?"

"Nada melhor do que agora."

"Concordo, ambos somos homens de ação. Que caso será?"

"O seu próprio."

"Mas..."

"Estou enganado em pensar que embora seu motivo para vir aqui fosse procurar emprego, o senhor também foi vítima de um crime?"

"Não, mas como…"

"Assim que o senhor entrou nesta sala, eu instintivamente já estava ciente de que procurava a minha ajuda. O senhor tentou ocultar, mas eu o vi na sua expressão e na sua postura. Quando testei minha dedução falando no 'crime que foi cometido contra o senhor', sua resposta foi evasiva. O senhor afirmou que não tinha vindo *essencialmente* como cliente em potencial."

Watsup suspirou, afundando na cadeira. "Eu estava preocupado que o fato de mencionar meu próprio caso pudesse ter um efeito adverso na sua decisão de contratar meus serviços, julgando que eu poderia estar simplesmente buscando aconselhamento gratuito. Mais uma vez o senhor viu através de mim, sr. Soames."

"Era inevitável. Podemos dispensar as formalidades. Pode me chamar de Soames. E eu o chamarei de Watsup."

"É uma honra, sr… hã, Soames." Watsup, claramente constrangido, levou um momento para se recompor. "É um assunto simples, do tipo que você já encontrou muitas vezes antes."

"Um assalto."

"Sim. Como, não importa. Aconteceu no início do ano, e logo busquei assistência profissional do seu vizinho do outro lado da rua. Depois de um mês sem fazer absolutamente nenhum progresso, ele declarou que o assunto era trivial demais para despertar seus poderosos talentos, e me apontou a porta de saída. Ouvindo falar, por uma feliz coincidência, das suas próprias façanhas, ocorreu-me que você poderia ter êxito onde o grande luminar havia fracassado."

Para Watsup estava claro que ele tinha agora toda a atenção de Soames.

"Prometo ajudá-lo a solucionar este crime, para provar-lhe o meu próprio valor", disse Watsup com alguma emoção. "Se conseguirmos – não, *quando* conseguirmos –, minhas esperanças de uma participação mais permanente serão reforçadas. Não posso lhe pagar honorários, mas posso oferecer meus serviços sem pagamento durante dois meses. Durante esse período, garantirei um fluxo constante de clientes tecendo elogios sobre você aos aristocratas, o suficiente para manter-nos ambos alimentados e abrigados com moderado conforto."

"Confesso que tal arranjo exerce, sim, alguma atração", disse Soames. "Há algum tempo venho buscando o que os nossos amigos transatlânticos chamam de 'associado'. A forma como expôs a bisbilhotice da minha proprietária me dá uma confiança adicional de que você se encaixará admiravelmente no final das contas, mas veremos. Eee... falando em contas, você não tem aí por acaso uma nota de cinco libras, tem? A sra. Soapsuds está sempre se queixando do aluguel não pago... Não, não, vejo que está tão curto de dinheiro quanto eu. Juntos superaremos a nossa mútua indisponibilidade financeira. Agora, conte-me do crime."

"Como eu dizia, é um assunto simples", respondeu Watsup. "Minha casa foi arrombada e assaltada, e a minha inestimável coleção de adagas cerimoniais al-gebrãs, representando a maior parte do meu patrimônio, foi roubada."

"Daí o seu presente estado financeiro."

"De fato. Eu havia planejado leiloá-las na Sotheby's."

"Havia alguma pista?"

"Só uma. Uma meia verde, deixada na cena do crime."

"Que tom de verde? Que material? Algodão? Lã?"

"Eu não sei, Soames."

"Essas coisas importam, Watsup. Mais de um homem já foi enforcado por causa da cor precisa da tintura numa única fibra de lã cerzida. Ou escapou do laço por falta de tal evidência."

Watsup assentiu, absorvendo a lição. "Toda a informação que tenho foi fornecida pela polícia."

"Isso explica a escassez, é claro. Rogo que prossiga."

"A polícia restringiu a responsabilidade pelo crime a três homens: Victor Verd, Markus Maroon e Bernard Blanc."

Soames assentiu pensativamente. "Os 'suspeitos habituais', como eu já presumia. Eles operam na área de Boswell Street."

"Como sabia que eu moro em Boswell Street?", indagou Watsup atônito.

"Seu endereço está no cartão."

"Ah, é. Em todo caso, um desses três decididamente era o criminoso. A polícia fez averiguações, e descobriu que cada um deles veste habitualmente paletó e calças."

"A maioria dos homens veste, Watsup. Mesmo nas classes mais baixas."

"Sim. Mas também meias."

Soames aguçou os ouvidos. "Um aspecto de ligeiro interesse. Mostra que esses homens têm uma renda acima dos seus meios."

"Sinto muito, Soames, realmente não vejo…"

"Você nunca encontrou os senhores Maroon, Verd e Blanc."

"Ah."

"Por favor, evite comentários dispersivos, Watsup, e vá diretamente ao ponto."

"Aparentemente era hábito invariável de cada um vestir-se exatamente com roupas cujas cores eram exatamente as mesmas em todas as ocasiões. Traços sutis na cena do crime…"

"Sim, sim", Soames resmungou impaciente. "Fios grudados no vidro quebrado. Óbvio como o focinho de um jumento."

"… Hã, bem, sim, como eu ia dizendo, fios. Que indicavam que o ladrão tinha usado uma das meias para abafar o som do vidro da janela sendo quebrado, e a meia era verde. Testemunhas confirmaram que cada um dos três homens usava um paletó de cada cor, um par de calças de cada cor e um par de meias combinando de cada cor. Nenhum deles usava duas ou mais peças de roupa da mesma cor – contando o par de meias como uma peça só, veja bem, uma vez que rufiões desse tipo não usam meias descombinadas. Isso seria totalmente impróprio."

"E você deduziu alguma coisa como consequência dessa informação?"

"Cada um dos suspeitos deve ter vestido exatamente uma peça da mesma cor que seu nome", respondeu Watsup imediatamente. "Se deduzirmos a cor, acharemos o criminoso."

Soames recostou-se na cadeira. "Muito bem. Talvez possamos trabalhar juntos. Mais alguma coisa?"

"Cheguei à conclusão de que a informação disponível era insuficiente para determinar o criminoso. A polícia acabou admitindo isso, então sugeri que eles deviam procurar evidência adicional."

"E eles acharam alguma?"

"Depois que forneci alguns detalhes mais específicos, acharam." Watsup entregou a Soames uma folha de papel. "Parte do relatório policial", explicou. O documento dizia:

Extrato do Relatório da Investigação do Policial J.K. Wuggins, da Divisão Holborn da Força de Polícia Metropolitana

1. As meias de Maroon eram da mesma cor que o paletó de Blanc.
2. A pessoa cujo nome era o da cor das calças de Blanc usava meias cuja cor era o nome da pessoa que vestia um paletó branco.
3. A cor das meias de Verd era diferente do nome da pessoa usando calças da mesma cor que o paletó usado pela pessoa cujo nome era a cor das meias de Maroon.

"E é isso aí", disse Watsup. "Se conseguirmos determinar o ladrão, então a polícia poderá conseguir um mandado de busca. Com sorte encontrarão minhas adagas roubadas, o que representaria uma incontestável prova de culpa. Mas eles estão confusos, e o seu badalado vizinho está tão perplexo quanto eu – e é por isso que finge que o caso não tem interesse."

Soames deu uma risadinha. "Ao contrário, meu caro Watsup. Graças à sua insistente dedicação de persuadir a polícia a investigar as circunstâncias do crime com suficiente profundidade, há informação bastante para determinar a parte culpada. A dedução é obviamente elementar."

"Como pode ter tanta certeza?"

"Você acabará por conhecer os meus métodos", Soames respondeu enigmaticamente.

"Quem é o criminoso, então?"

"Descobriremos quando fizermos a dedução."

Watsup tirou um caderno novo, grosso, em branco, e escreveu:

Memórias
Pelo dr. John Watsup (Cirurgião, Fac. Militar Real de Ciências, reformado)
Um: O roubo das meias verdes

Soames, lendo as palavras de cabeça para baixo, disse calmamente: "Isso aí não é para tanto, Watsup." Watsup riscou "roubo" e incluiu "incidente". Depois, apertando os lábios, começou a anotar a análise conjunta de ambos. Com alguns percalços no caminho, a identidade do ladrão logo veio à tona.

Resposta na p.271

"Vou enviar imediatamente um telegrama ao inspetor Roulade", declarou Soames. "Ele mandará policiais fardados para vasculhar os aposentos do homem. Sem dúvida encontrarão ali as suas adagas, já que o homem que identificamos é notoriamente lento para passar adiante propriedade roubada. Ele gosta de *desfrutar o roubo*, Watsup, um erro que mais de uma vez já o colocou atrás das grades."

"E isso encerra o nosso primeiro caso juntos!" Porém, sua empolgação rapidamente feneceu ao acrescentar: "Sua assistência foi vital, mas infelizmente o resultado das nossas deliberações não melhora nossas finanças, pois o caso foi o *seu*."

"Haverá alguma melhora. Eu recuperarei minhas adagas."

"Receio que a polícia as retenha como evidência até depois do julgamento. Mesmo assim, podemos considerá-lo um prenúncio de tempos mais lucrativos, hein, Watsup?"

Cubos consecutivos

Os cubos dos três números consecutivos 1, 2, 3 são 1, 8, 27, cuja soma é 36, um quadrado perfeito. Quais são os três próximos cubos consecutivos cuja soma é um quadrado?

Resposta na p.274

Adonis Asteroid Mousterian

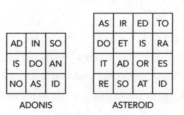

Três dos quadrados mágicos de palavras de Farrell

Jeremiah Farrell publicou alguns impressionantes quadrados mágicos de palavras em *The Journal of Recreational Linguistics*, 33, maio 2000, p.83-92. Estes são amostras. As entradas em cada quadrado pequeno são palavras inglesas de duas letras que aparecem nos dicionários comuns. As mesmas letras aparecem em cada linha, cada coluna e em cada uma das diagonais principais dos quadrados grandes de ordem 4 e 5. Cada linha e cada coluna são um anagrama (embora não com significado) da mesma palavra do dicionário, que está escrita abaixo. Aliás, *Mousterian* é um tipo de ferramenta de sílex usada por alguns homens de Neandertal.

Você pode pensar que arranjos de palavras não são extremamente matemáticos. Contudo, fanáticos por quebra-cabeças tendem a apreciar as duas coisas, e eu sou inclinado a ver jogos com palavras como problemas combinatórios apresentados com restrições irregulares – ou seja, o dicionário. Mas esses quadrados também possuem características matemáticas. Se números forem atribuídos às letras convenientemente, e os números correspondentes a cada par de letras num dado quadrado forem somados, o quadrado numérico resultante também é mágico. Isto é, os números em cada linha, coluna e diagonal (exceto o quadrado 3 × 3) têm a mesma soma.

É claro que essa propriedade também vale para qualquer atribuição de números, exceto nas diagonais do quadrado 3 × 3, porque cada letra ocorre exatamente uma vez em cada linha, coluna e diagonal (exceto no quadrado 3 × 3). No entanto, com a escolha correta, os números vão de 0 a 8, 0 a 15 e 0 a 24, respectivamente. Os valores atribuídos são diferentes em cada quadrado mágico de palavras.

Que números correspondem a cada letra? Resposta na p.274.

Duas rapidinhas de quadrados

1. Qual é o maior quadrado perfeito que usa cada dígito 123456789 exatamente uma vez?
2. Qual é o menor quadrado perfeito que usa cada dígito 123456789 exatamente uma vez?

Respostas na p.275

Apanhado de mãos limpas

John Napier

John Napier, oitavo lorde de Merchistoun (hoje Merchiston, parte de Edimburgo), é famoso por ter inventado os logaritmos em 1614. Mas havia um lado mais sombrio na sua natureza: ele mexia com alquimia e necromancia. Acreditava-se que era um mago, e seu "familiar", ou companheiro mágico, era um galo preto.

Costumava capturar criados que roubavam. Trancava o suspeito em um quarto com o galo e lhe pedia que o afagasse, dizendo que a ave mágica detectaria sem erro o culpado. Tudo muito místico – mas Napier sabia exatamente o que estava fazendo. Ele cobria o galo com uma fina camada de fuligem. Um criado inocente afagaria a ave conforme as instruções, e ficaria com as mãos cheias de fuligem. Um criado culpado, com medo de ser detectado, evitaria afagar o galo.

Mãos limpas provavam que você era culpado.

A aventura das caixas de papelão*
Das Memórias do dr. Watsup

Com a devolução das minhas valiosas adagas cerimoniais, e a crescente reputação da nossa parceria em desvendar o indesvendável, solucionar o insolúvel e escrutar o inescrutável, nossas finanças iam melhorando

---

* Este e todos os casos subsequentes investigados por Soames e Watsup são reproduzidos (ligeiramente editados) de As memórias do dr. Watsup: um relato pessoal da não decantada genialidade de um detetive particular subvalorizado, Bromley, Thrackle & Sons, Manchester, 1897.

dia após dia. A elite da Inglaterra, na realidade, fazia fila para contratar nossos serviços, e meus cadernos de anotações continham muitos dos sucessos do meu amigo: o Mistério da montanha desaparecida, o Visconde vaporizado e a Liga dos carecas. Nenhum desses casos, porém, captura os talentos de Soames na sua forma mais pura: a habilidade de discernir aspectos significativos de objetos e eventos aparentemente ordinários que poucos notariam. É verdade que O morcego gigante de St. Albans salta à mente, mas as ramificações do caso são misteriosas e complexas demais para serem descritas aqui.

Os curiosos acontecimentos do Natal de 18..., no entanto, prestam-se admiravelmente ao meu propósito e merecem maior apreciação. (Sou obrigado a ocultar a data exata e a maior parte do que aconteceu para evitar constrangimento a uma famosa contralto de ópera e vários ministros do gabinete.)

Estava sentado à minha escrivaninha, anotando detalhes dos casos mais recentes de Soames, enquanto ele realizava uma série aparentemente interminável de experimentos com meu velho revólver de serviço e vasos de crisântemos. Nossas atividades distintas foram interrompidas pela sra. Soapsuds, que veio entregar duas caixas de papelão de diferentes tamanhos, cada uma amarrada com fitas. "Presentes de Natal para o senhor, sr. Soames", ela anunciou.

Soames observou os pacotes. Traziam seu endereço e alguns selos de postagem chancelados com carimbos ilegíveis. Tinham formato retangular ... bem, tecnicamente um retângulo é bidimensional, de modo que eram na verdade paralelepípedos retangulares. Cuboides.

Em suma, formato de caixas.

Soames pegou uma régua e mediu as dimensões. "Notável", murmurou. "E muito, muito perturbador."

Eu aprendi a respeitar tais julgamentos, por mais peculiares que pudessem parecer à primeira vista. Parei de pensar nos pacotes como presentes de Natal, tentei expulsar uma crescente suspeita de que fossem bombas e fiz o meu melhor para *observar*. Finalmente, percebi que haviam sido amarrados com mais fita do que era estritamente necessário.

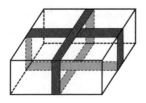 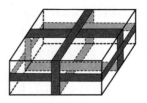

Esquerda: O arranjo habitual de fitas de Watsup.
Direita: O modo como cada pacote estava amarrado.

"As fitas formam uma cruz em cada face dos pacotes", eu disse. "Quando faço pacotes, costumo amarrar a fita de modo que forme uma cruz nas faces superior e inferior, correndo verticalmente de cima para baixo nas outras quatro."

"É isto, de fato."

É claro que minha análise estava incompleta. Forcei o meu cérebro. "Humm... as fitas não têm laço."

"Correto, Watsup."

Ainda incompleta. Cocei a cabeça. "Isso é tudo que eu consigo observar."

"Isto é tudo que você consegue *ver*, Watsup. Você notou tudo *exceto* o padrão crucial. Receio que haja fatos terríveis pela frente."

Confessei que eu não via nada de terrível em dois presentes de Natal. Então um pensamento me ocorreu. "Você quer dizer que as caixas contêm partes de corpos cortadas, Soames?"

Ele riu. "Não, elas estão *quase* vazias", disse, pegando-as e sacudindo-as. "Mas certamente você se dá conta de que esse tipo de fita só pode ser comprado na Ladies Wilberforce, não?"

"Lamentavelmente, não, mas me curvo ao seu conhecimento superior. O estabelecimento, porém, me é familiar. É uma loja de armarinho na Eastcastle Street." A ficha caiu. "Soames! Foi lá que cometeram aquele assassinato terrível! Estava..."

"... em todos os jornais. Sim, Watsup."

"A evidência era convincente, mas o corpo nunca foi encontrado."

Soames assentiu, a expressão sombria. "Mas será."

"Quando?"

"Logo depois que eu abrir estas caixas."

Ele calçou um par de luvas e pôs-se a trabalhar desembrulhando os pacotes. "Sem dúvida isso é obra dos Cartonari, Watsup." Quando o fitei com olhar vazio, acrescentou: "Uma sociedade secreta italiana. Mas é melhor que você permaneça na ignorância." Apesar de todas as minhas súplicas, ele recusou-se a dizer mais.

Soames abriu as caixas. "Conforme eu suspeitava. Uma está vazia, mas a outra contém *isto*." E ergueu um pequeno retângulo de papel.

"O que é isso?"

Ele me passou o papel. "Um bilhete de guarda-volumes", eu disse. "Deve ser uma mensagem do assassino. Mas o número de série foi rasgado, bem como o nome da estação."

"Era de se esperar, Watsup. Ele – pois pelas pegadas no sangue o criminoso seguramente era um homem, aliás, um homem grande – está nos provocando. Mas nós vamos ser melhores do que ele. A estação é bastante óbvia pelo arranjo das fitas."

"Hein?... perdão."

"Junto com o valor dos selos, o que elimina a possibilidade de ser Charing Cross."

Isso fazia pouco sentido, então peguei um pacote e contei cinco selos de um xelim. "Uma quantia absurda para se pagar por um pacote vazio", eu disse, intrigado.

"Não se você deseja mandar uma mensagem. Qual é o outro nome para cinco xelins?"

"Uma coroa."

"E uma coroa é símbolo de quê?"

"Da nossa querida rainha."

"Está perto, Watsup, mas você se esqueceu de levar em conta o formato da fita."

"É uma cruz."

"Então os selos indicam 'rei', não rainha. A estação é *King's Cross* – a Cruz do Rei, homem! Há mais, porém. Responda-me, Watsup: por que o criminoso me mandou duas caixas grandes quando uma estava vazia? Um pequeno envelope teria bastado para mandar o bilhete."

Após um demorado silêncio, sacudi a cabeça. "Não faço ideia."

"Deve haver algo significativo a respeito da relação entre as caixas. E de fato há, como pude perceber logo que medi seus tamanhos." Ele me deu a régua. "Use isso."

Repeti as medições que ele fizera. "O comprimento, largura e altura de cada pacote é um número inteiro de polegadas", eu disse. "Fora isso, não me ocorre nenhum outro padrão."

Ele suspirou. "Você não observou a estranha coincidência?"

"Que estranha coincidência?"

"Ambos os pacotes têm o mesmo volume e o mesmo comprimento total de fita. Na verdade, suas medidas são os menores números inteiros diferentes de zero com essa propriedade."

"O que leva você a concluir que – ah, é claro! O volume e o comprimento juntos dão o número de série do bilhete. Há duas maneiras diferentes de uni-los, é verdade, mas podemos facilmente verificar as duas."

Holmes sacudiu a cabeça. "Não, não. O assassino teria precisado de um cúmplice no escritório do depósito de bagagem para arranjar isso, mesmo se existisse um bilhete com esse número. É muito mais simples: ele marcou algum item da bagagem guardada com esses dois números. Dentro, haverá alguma coisa que nos dirá onde encontrá-lo."

"Encontrar o quê?"

"Não é óbvio? O corpo."

"Tiro meu chapéu para você, Soames", eu disse. "Ou tiraria, se estivesse usando um. Mas será que achar o corpo vai nos levar ao assassino?"

"Será evidência útil, mas inconclusiva. Contudo, há mais a ser colhido. Às vezes, um criminoso se acredita tão inteligente que deliberadamente deixa pistas, certo de que as autoridades que investigam serão estúpidas demais para notá-las. Os Cartonari são um bando de arrogantes, e isso é típico deles. Agora, há uma questão natural que segue adiante a partir da notável aritmética dessas caixas. Qual é o menor conjunto de *três* caixas com uma propriedade similar?"

Sua linha de pensamento logo tornou-se evidente para mim. "Você espera receber tais caixas num futuro próximo! Com outro bilhete rasgado! Então deve haver outro assassinato, não é?" Comecei a procurar o meu revólver. "Nós precisamos impedir!"

"Receio que já tenha sido cometido, mas com um pouco de sorte talvez possamos impedir uma terceira morte. Hoje à noite o assassino estará deixando algum item – pode ser qualquer coisa – no guarda-volumes de alguma estação ferroviária importante de Londres. Aí, nos mandará as caixas. Se conseguirmos descobrir os números antes, poderemos alertar o inspetor Roulade. Ele mandará policiais a todas as principais estações. Eles não podem examinar cada passageiro que guarda bagagem, pois isso alertaria o criminoso, mas podem ficar de olho em qualquer um que deixe algum item com esses três números marcados e prendê-lo. Dentro estará a localização do segundo corpo. Quando for encontrado, a evidência de culpa será esmagadora."

Na realidade, não foi tão simples assim, e Soames e eu tivemos de intervir depois que a polícia deixou o homem escapar. Felizmente, os três pacotes, que chegaram devidamente pelo correio da tarde no dia seguinte, forneceram novas provas, e descobrimos que o assassinato era parte de uma trama muito mais extensa. Os tortuosos caminhos pelos quais nossas deduções nos conduziram e os sangrentos segredos que desenterramos – e eu falo literalmente – jamais poderão vir a público, conforme já expliquei. Mas acabamos capturando o criminoso. E Soames permitiu-me revelar as respostas às duas questões que foram centrais para toda a investigação.

Quais são as dimensões das duas caixas? Quais são as dimensões para três caixas? Respostas na p.276.

••

A sequência ISO

1, 2, 4, 8, 16, ... O que vem a seguir? É tentador saltar para conclusões e chutar 32. Mas suponha que eu lhe diga que a sequência que tenho em mente é

1   2   4   8   16   77   145   668

E agora, o que vem a seguir? Não há uma resposta única, é claro: com uma quantidade de regras bem-definidas você pode encaixar uma fórmula em qualquer sequência finita. Em *Mathematics Made Difficult*, Carl Linderholm tem um capítulo inteiro explicando por que você sempre pode responder "o que vem a seguir nesta sequência" com 19. Mas acompanhe-me: há uma regra simples para a sequência acima. O título da seção é uma pista, mas obscura demais para ter qualquer utilidade para você.

Resposta na p.277

••
Aniversários são bons para você

As estatísticas mostram que pessoas que fazem mais aniversários são as que vivem mais.

Larry Lorenzoni

••
Datas matemáticas

Em anos recentes numerosas datas têm sido associadas a aspectos da matemática, com base em semelhanças numéricas, levando aquela data a ser declarada um dia especial. Ninguém atribui significado algum a tais dias, além da similaridade numérica. Eles não predizem o fim do mundo nem algo do tipo – até onde sabemos. Nada de especial acontece nessas datas a não ser comemorações matemáticas e comentários ocasionais na mídia. Mas são divertidas – e uma desculpa para despertar o interesse dos meios de comunicação para matemática mais significativa. Ou, pelo menos, mencionar a palavra.

Entre elas, estão as que vêm a seguir. Muitas são associadas com datas alternativas, porque no sistema norte-americano para datas o mês precede o dia. No sistema internacional [que inclui o britânco e o brasileiro] o dia vem primeiro. É permitida uma certa licença calendárica, tal como omitir zeros.

Dia Pi
14 de março, sistema norte-americano: 3/14 [π ~ 3,14]. Dia quase oficial desde 1988 em São Francisco. Reconhecido por uma resolução informal na Câmara dos Representantes dos Estados Unidos.

Minuto Pi
1,59 do dia 14 de março (sistema norte-americano). 3/14 1:59 [π ~ 3,14159].
Com precisão ainda maior: 1,59 e 26 segundos. 3/14 1:59:26 [π ~ 3,1415926].

Dia Pi por Aproximação
22 de julho, sistema internacional de datas: 22/7 [π ~ 22/7].

Dia 123456789
Sinto muito, você o perdeu. É um acontecimento único ocorrido em 7 de agosto de 2009 (sistema internacional) ou 8 de julho de 2009 (sistema norte-americano), pouco depois das 12h34. Data e hora foram 12:34:56 7/8/(0)9. Mas alguns de vocês talvez possam estar presentes no Dia 1234567890, em 2090.

Dia do um
Você também perdeu. Ocorreu em 11 de novembro de 2011 (por qualquer um dos sistemas), às 11 horas, 11 minutos e 11 segundos. Data e hora foram: 11:11:11 11/11/11.

Dia do dois
Vai acontecer daqui a poucos anos. É a sua oportunidade! 2 de fevereiro de 2022. 22:22:22 2/2/22.

Dia do Palíndromo
Palíndromo é qualquer coisa que se lê da mesma maneira de trás para a a frente – como "a base do teto desaba". Vinte de fevereiro de 2002, às 8:02 da noite (sistema internacional, horários de 24 horas: 20:02 20/02/2002.

Isso repete o *mesmo* palíndromo três vezes. Quando acontecerá o próximo desses dias no sistema internacional? Qual foi o dia anterior ao mencionado, sempre usando o sistema internacional, no qual tudo era palindrômico?

Respostas na p.277

Dia de Fibonacci (versão curta)
3 de maio de 2008 (sistema internacional), 5 de março de 2008 (sistema norte-americano): 3/5/(0)8.

Dia de Fibonacci (versão longa)
5 de agosto de 2013 (sistema internacional), 8 de maio de 2013 (sistema norte-americano), aos 2 minutos e 3 segundos depois da 1 hora: 1:2:3 5/8/13.

Dia dos Primos (versão curta)
2 de março de 2011 (sistema internacional), 3 de fevereiro de 2011 (sistema norte-americano): 2/3/11.

Dia dos Primos (versão longa)
5 de julho de 2011 (sistema internacional), 7 de maio de 2011 (sistema norte-americano), às 2 horas e 3 minutos da madrugada: 2:3 5/7/11.

O cão dos Basquetebolas
Das Memórias do dr. Watsup

"Uma senhora deseja vê-lo, sr. Soames", disse a sra. Soapsuds.
    Soames e eu nos pusemos imediatamente de pé. Uma mulher de idade indefinida entrou – indefinida porque usava um véu escuro.
    "Não há necessidade de se disfarçar, lady Hyacinth", disse Soames.
    Ofegante, ela ergueu o véu. "Como..."
    "Os extraordinários acontecimentos em Basquete Hall têm estado nas manchetes há uma semana", explicou Soames. "Eu venho seguindo

o caso atentamente, e o meu concorrente do outro lado da rua não fez progresso algum. Era só uma questão de tempo até a senhora vir procurar os meus serviços. Além disso, reconheci o chapéu do seu chofer, que é bastante original em meio à criadagem da aristocracia."

"*Basquet*, não Basquete", disse lady Hyacinth com um suspiro, fazendo o nome soar francês.

"Vamos lá, madame", replicou Soames. "A casa tem estado na família Basquete há sete gerações, desde que Honoria Thumpingham-Maddely casou-se com o terceiro conde."

"Bem, sim, mas isso foi *naquela época*. A grafia e a pronúncia foram… hã…"

"Foram modernizadas!", exclamei, na esperança de acalmar as águas cada vez mais turbulentas de desafeto mútuo. Ao mesmo tempo lancei a Soames um olhar penetrante, que não foi percebido por lady Hyacinth. Para seu crédito, ele me entendeu.

"Era um cão preto gigantesco!", ela subitamente gritou, as palavras soando como se tivessem sido rasgadas da sua garganta. "Com mandíbulas enormes babando e escorrendo sangue!"

"A senhora o viu?"

"Bem, não, mas o rapaz que toma conta dos porquinhos… Nicky, é o nome dele. Ou será Ricky? Em todo caso, ele disse que viu de relance aquele horror vil justamente enquanto desaparecia."

"No escuro", ressaltou Soames. "De uma distância de 170 jardas. Michael Jenkins tem miopia. Mas não importa, a evidência acabará por nos levar à verdade. Concluo que o animal não fez mal a nenhum ser humano."

"Bem, não", ela concordou. "Não diretamente, embora o meu pobre marido… Veja, o cão arruinou uma tradição que remonta a mesmo antes do terceiro conde de Bask… Basquet."

Tardiamente lembrei-me da minha etiqueta. "Dr. John Watsup, ao seu dispor, madame. Lamento que, ao contrário do meu companheiro, não venho acompanhando as notícias. Se fizesse a gentileza de me esclarecer?"

"Ah, sim. Humm." Ela se ajeitou e se acalmou. "Foi algumas noites antes do solstício de inverno, e meu marido Edmund – lorde Basquet, é claro – havia arranjado doze esferas de pedra antigas…"

"Conhecidas há séculos como bolas de basquete", Soames interrompeu.

"Bem, sim, mas não podemos modernizar *tudo*, sr. Soames. Existem tradições. De qualquer maneira, meu marido arranjou as bolas sobre a grama na nossa majestosa casa formando um secular símbolo da família. Apenas o herdeiro da linhagem masculina sabe exatamente o que o símbolo é, e ninguém mais tem permissão de observar a cerimônia, mas no correr dos anos tornou-se de conhecimento comum que ela consiste em sete filas retas de bolas, com quatro bolas em cada fila.

"Edmund estava ensaiando para a cerimônia que deve ser executada sem falta todo solstício de inverno. Mas quando acordamos na manhã seguinte, ficamos horrorizados ao descobrir que algumas das bolas haviam sido movidas!"

"Mas a senhora disse que ninguém, salvo lorde Basquet, tem permissão de ver o arranjo", Soames objetou.

"As circunstâncias eram excepcionais. Sua senhoria, o lorde, foi recuperar as bolas, mas não retornou. Uma das criadas acabou sendo mandada à sua procura – Lavinia é cega, sabe, mas é muito capaz. Ela voltou em lágrimas gritando que sua senhoria, o lorde, estava estirado no chão, sem se mexer. Temendo que ele estivesse morto, o restante de nós desobedeceu à injunção secular e acudiu correndo para a cena. Cheguei a tempo de ouvir Edmund ofegar: "Movidas!" E aí ficou parado. Desde então está em completo estupor, sr. Soames. É extremamente aflitivo."

"*Movidas*", disse eu. "De que maneira, madame?"

"Não estavam mais no mesmo lugar, dr. Watsup."

"Quero dizer, movidas *para onde*?"

"Agora estavam formando uma estrela, dr. Watsup."

"Sim! Uma estrela com apenas seis filas retas com quatro bolas em cada", disse Soames, fazendo um rápido esboço numa folha de papel. "Esse fato tem sido amplamente divulgado e soa como verdade, pois é improvável que tenha sido inventado, já que é algo exigente demais para a imprensa marrom. E também prova que poderíamos ter *deduzido* que as bolas haviam sido movidas sem depender desse último suspiro de sua senhoria…"

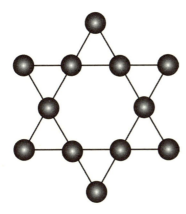

As bolas depois de terem sido movidas pelo cão

"Último suspiro *até agora*", eu me apressei em dizer, antes de Soames deflagrar uma nova onda de lamúrias.

"A senhora não podia movê-las de volta?", indaguei, quando sua senhoria, a lady, havia recobrado um pouco da sua compostura. "Não!", ela relinchou. Há muito tenho notado que a aristocracia inglesa tem uma notável tendência a se parecer com cavalos.

"Por que não?"

"Como eu lhe disse, apenas sua senhoria, o lorde, sabe o arranjo exato exigido pela tradição, e os médicos dizem que ele pode nunca mais se recuperar!"

"Não havia marcas nos lugares onde as bolas estavam originalmente?"

"Talvez, mas foram obscurecidas pelos rastros do terrível cão!"

"Levarei então a minha lupa mais potente", disse Soames, com expressão firme. Um pensamento deve ter-lhe ocorrido, porque subitamente congelou. "A senhora disse 'deve'."

"Eu disse? Quando?"

"Alguns minutos atrás a senhora disse que a cerimônia *deve* ser realizada sem falta todo ano. Acabou de me ocorrer que a sua escolha de palavras pode ser significativa. Explique-a."

"Segundo uma antiga profecia da Transilvânia, se as doze bolas não estiverem dispostas corretamente na noite do solstício de inverno, a Casa dos Bas… hã, Basquet sucumbirá e será completamente destruída! E nós temos apenas três dias para isso! Oh, desgraça!" Ela começou a soluçar.

"Acalme-se, madame", eu disse, passando um frasco aberto de sais aromáticos sob seu nariz. "Por favor, aceite minhas condolências pela infeliz condição de sua senhoria, o lorde, e a minha garantia como médico de que há uma leve chance, ainda que muito leve, de que ele possa vir a ter uma melhora milagrosa no devido curso." Eu há muito me orgulhava das minhas maneiras impecáveis para confortar alguém, que fazem as de Soames passar vergonha, mas nessa ocasião, inexplicavelmente, a reação de sua senhoria, a lady, foi redobrar seus soluços.

Soames caminhava pela sala, rosto hirto. "É somente a *forma* do arranjo que importa, vossa senhoria? Ou será que a orientação pode fazer alguma diferença significativa?"

"Desculpe-me, não entendi", disse ela, balançando a cabeça como se quisesse clarear a mente.

"Se o arranjo estivesse correto *exceto por uma rotação*, sem mudar as posições relativas das bolas, será que isso faria deflagrar os medonhos acontecimentos preditos?", esclareceu Soames.

Lady Basquet fez uma pausa, considerando a questão. "Não. Decididamente, não. Recordo-me de Willy Willikins – é o jardineiro-chefe – sugerindo ao meu marido que de tempos em tempos ele se preocupasse em apontar o arranjo numa direção diferente, para evitar danificar o gramado. Edmund não levantou objeção."

"Esta é uma excelente notícia!", disse Soames.

"Sim. Excelente", ecoei, sem ter a menor ideia do motivo de meu amigo detetive estar tão satisfeito. Ou, mais especificamente, o que significava sua pergunta.

"Havia algum sinal de intervenção humana?", perguntou Soames.

"Não. O jardineiro-chefe jurou que nenhum ser humano exceto Edmund havia pisado na grama. O jovem Dicky…"

"Micky."

"Vicky viu o terrível mastim, mas mesmo ele só o viu fugazmente de relance enquanto saltava sobre o cercado do jardim. Nós temos algumas peônias magníficas, sr. Soames, embora não estejam floridas nesta época do…"

"Vou pegar o caso", disse Soames. "Se vossa senhoria retornar a Basquet Hall, eu e meu colega chegaremos na quinta-feira pelo primeiro trem possível."

"Não antes, sr. Soames? Quinta-feira é véspera do solstício de inverno! As bolas precisam estar corretamente colocadas antes do pôr do sol!"

"Lamento estar detido até então por um assunto menor envolvendo três potentados orientais, 600 mil guerreiros armados, duas fronteiras em disputa e um pequeno porta-joias roubado contendo esmeraldas e safiras pertencente a uma obscura e arcana ordem religiosa. E um casquilho de cobre achatado, que eu creio conter a chave para todo o caso. No entanto, eu lhe asseguro que estou confiante de que seu caso será resolvido satisfatoriamente antes do crepúsculo de quinta-feira."

Sem levar em conta seus protestos, Soames manteve-se inflexível, e lady Hyacinth Basquet acabou partindo, choramingando baixinho num lenço rendado.

Depois que ela se foi, perguntei a que caso Soames estava se referindo, pois eu não tinha ouvido nada sobre esse caso. "Uma pequena invenção da minha parte, Watsup", ele confessou. "Tenho ingressos para a ópera esta noite."

Chegamos na quinta-feira no meio da tarde, e fomos recebidos por um lacaio guiando uma charrete de governanta. Ou talvez fosse uma governanta guiando uma charrete de lacaio, as minhas notas estão meio ilegíveis nesse ponto. Lorde Basquet permanecia em coma, fomos informados. Dentro de meia hora chegamos à mansão, e Soames inspecionava os amplos gramados usando uma lupa inusitadamente grande, uma escova de cabelo e um transferidor.

"Uma chance para você exercitar seus dotes dedutivos, Watsup", disse ele.

"Vejo um pouco de grama remexida, Soames."

"Correto, Watsup. Os rastros são altamente complexos, mas principalmente pegadas superpostas de", ele baixou a voz para que só eu pudesse ouvir, "um minipoodle." Em voz normal, ele prosseguiu: "Sou incapaz de discernir a posição inicial das bolas, mas, a menos que eu esteja muito enganado – e eu nunca estou –, está claro que o animal moveu exatamente *quatro* das bolas."

"E isto é significativo, sr. Soames?", lady Basquet indagou nervosamente, aconchegando um minipoodle em seus braços.

Soames olhou na minha direção.

"É... possível...", eu comecei. E vi Soames fazer um meneio imperceptível. Bem, não *totalmente* imperceptível, entendam, uma vez que se *tivesse sido* imperceptível eu não o teria visto. Tomando isso como um incentivo velado, arrisquei um palpite: "... que essa condição possibilite deduzir a disposição original."

"E ela possibilita?", indagou lady Hyacinth, um olhar esperançoso na face.

Qual era o arranjo original das bolas de basquetebol?
Resposta na p.277.

Cubos digitais

Esta é antiga, mas abre uma questão menos familiar. O número 153 é igual à soma dos cubos de seus dígitos:

$$1^3 + 5^3 + 3^3 = 1 + 125 + 27 = 153$$

Há outros números de três dígitos com a mesma propriedade, excluindo números como 001 com zero na frente. Você consegue achá-los?

Resposta na p.278

Números narcisistas

O quebra-cabeça dos cubos tem alguma notoriedade porque em 1940 o famoso matemático puro Godfrey Harold Hardy escreveu, em *A Mathematician's Apology*, que tais quebra-cabeças não têm mérito matemático porque dependem da notação empregada (decimal) e são pouco mais que coincidências. No entanto, pode-se aprender um bocado de matemática útil tentando resolvê-los, e as generalizações (por exemplo, para outras bases numéricas diferentes de 10) evitam a questão notacional.

Uma das ramificações deste quebra-cabeça é o conceito de *número narcisista*, que é definido como um número tal que é igual à soma das enésimas potências de seus dígitos decimais para algum n. O termo *número n-narcisista* é usado quando queremos explicitar n.

Quarta potência dos dígitos (números 4-narcisistas)
Escreva [abcd] para o número com dígitos a, b, c, d para distinguir do produto $abcd$. Isto é, $[abcd] = 1000a + 100b + 10c + d$. Precisamos resolver

$$[abcd] = a^4 + b^4 + c^4 + d^4$$

onde todas as incógnitas estão entre 0 e 9. Essa, de forma nenhuma, é uma tarefa trivial. Experimente!

Resposta na p.279

Quinta potência dos dígitos (números 5-narcisistas)
Dessa vez o problema é resolver:

$$[abcde] = a^5 + b^5 + c^5 + d^5 + e^5$$

e, como você deve imaginar, é ainda mais difícil.

Resposta na p.279

Potências mais altas dos dígitos (Números n-narcisistas, $n \geq 6$)
É fácil provar que os números n-narcisistas existem apenas para $n \leq 60$, porque sempre que $n > 60$ teremos $n.9^n < 10^{n-1}$. Em 1985, Dik Winter provou que existem exatamente 88 números narcisistas com primeiro dígito diferente de zero. Para $n = 1$, há dez dígitos (incluímos o 0 porque é o *único* dígito nesse caso). Para $n = 2$ eles não existem. Para $n = 3, 4, 5$, ver as respostas para Cubos digitais (página 278) e os dois problemas acima. Para $n \geq 6$, eles são:

n	números n-narcisistas
6	548834
7	1741725, 4210818, 9800817, 9926315
8	24678050, 24678051, 88593477
9	146511208, 472335975, 534494836, 912985153
10	4679307774

11 32164049650, 32164049651, 40028394225, 42678290603, 44708635679, 49388550606, 82693916578, 94204591914
14 28116440335967
16 4338281769391370, 4338281769391371
17 21897142587612075, 35641594208964132, 35875699062250035
19 15178415433307505039, 3289582984443187032, 4498128791164624869, 4929273885928088826
20 63105425988599693916
21 128468643043731391252, 449177399146038697307
23 2188769684112291628858, 2787969489305407447141405, 2790786500997705256781 4, 2836128132131922946339 8, 35452590104031691935943
24 17408800593806529302372 2, 188451485447897896036875, 23931366443004 1569350093
25 15504753342145015390888 94, 15532421628937718506693 78, 370690799595547 5988644380, 370690799595547 5988644381, 44220951180958996 19457938
27 121204998563613372405438066, 121270696006801314328439376, 128851796696487777842012787, 174650464499531377631639254, 177265453171792792366489765
29 14607640612971980372614873089, 19008174136254279995012734740, 19008174136254279995012734741, 23866716435523975980390369295
31 1145037275765491025924292050346, 1927890457142960697580636236639, 2309092682616190307509695338915
32 17333509997782249308725103962772
33 186709961001538790010063413 2976990, 186709961001538790010063413 2976991
34 1122763285329372541592822900204593
35 12639369517103790328947807201478392, 12679937780272278566303885594196922
37 1219167219625434121569735803609966019
38 12815792078366059955099770545296129367
39 115132219018763992565095597973971522400, 115132219018763992565095597973971522401

Pifilologia, piemas e piês

Agora, eu gostaria de recordar pi.*

> *"Eureka!" cried the great inventor.*
> *Christmas pudding; Christmas pie*
> *Is the problem's very centre.*
>
> *See, I have a rhyme assisting*
> *my feeble brain,*
> *its tasks sometimes resisting.***

Como eu gostaria de enumerar pi com facilidade,*** pois todas essas horríveis sequências mnemônicas impedem de recordar qualquer sequência de pi da forma mais simples.

Essa última entrega o jogo: são truques mnemônicos – auxílios para a memória – para π. Existe até mesmo uma palavra para isso: *pifilologia*. Contar as letras em palavras sucessivas: 3, 1, 4, 1, 5, ...

Alguns dos muitos truques mnemônicos para π foram discutidos no *Almanaque das curiosidades matemáticas*. Aqui recordamos um (o recurso francês abaixo) e mostramos mais alguns. Existem centenas, em muitas línguas. Ver: http://en.wikipedia.org/wiki/Piphilology e http://uzweb.uz.ac.zw/science/maths/zimaths/pimnem.htm

Um dos mais famosos é o alexandrino (uma métrica poética) francês que começa:

> *Que j'aime à faire apprendre*
> *Un nombre utile aux sages!*
> *Glorieux Archimède, artiste ingénieux,*
> *Toi, de qui Syracuse loue encore le mérite!*****

---

* No original, Stewart usa frase que já é sequência mnemônica para pi, "*Now I wish I could recollect pi*" (3, 1, 4, 1, 5, 9, 2). (N.T.)

** "Eureca! Gritou o grande inventor./ Pudim de Natal; torta de Natal/ É o próprio centro do problema. Veja, tenho uma rima assistindo/ meu frágil cérebro,/ que às vezes resiste a suas tarefas." (N.T.)

*** Stewart usa, no original, outra frase mnemônica aqui: "*How I wish I could enumerate pi easily*" (3, 1, 4, 1, 5, 9, 2, 6). (N.T.)

**** "Porque adoro aprender/ Um número útil aos sábios!/ Glorioso Arquimedes, artista engenhoso/ Tu, cujo mérito de Siracusa ainda louva!" (N.T.)

e segue até atingir 126 casas decimais. Recomendo particularmente o português:

Sou o medo e temor constante do menino vadio.

O romeno tem o mérito de ser simples e direto.
Asa e bine a scrie renumitul si utilul numar.
(Este é o modo de escrever o famoso e útil número.)

Os poemas são conhecidos como *piemas*. A 32ª casa decimal de π é 0, e uma palavra de extensão 0 é invisível. No entanto, há meios de contornar esse obstáculo. Em *piês*, o sistema criptográfico normalmente usado como mnemônico para π, uma palavra de dez letras conta como 0. "A Self-Referential Story", de Mike Keith, que codifica 402 dígitos de π [*The Mathematical Intelligencer* 8, n.4, 1986, p.56-7], emprega um diferente conjunto de regras. Os exemplos mais longos que conheço (até o momento, *Livro Guinness dos recordes*, aí vamos nós, se eu conheço meus leitores) são o conto "Cadaeic cadenza" (3.834 dígitos) e o livro *Not a Wake* (10 mil dígitos), também de Keith. O livro começa:

Now I fall, a tired suburbian in liquid under the trees
Drifting alongside forests simmering red in the twilight
over Europe.
So scream with the old mischief, ask me another
conundrum
About bitterness of possible fortunes near a landscape
Italian.
A little happiness may sometimes intervene but usually
fades.
A missionary cries, striving to understand worthless,
tedious life.
Monotony's lost amid ocean movements
As the bewildered sailors hesitate. I become salt,
Submerging people in dazzling oceans of enshrouded
unbelief.
Christmas ornaments conspire.

Beauty is, somewhat inevitably now, both
Feelings of faith and eyes of rationalism.*

Aqui palavras de dez letras contam como 0 e palavras mais longas contam como dois dígitos; por exemplo, uma palavra de 13 letras conta como 13.

Para mais informações correlatas e outros exemplos, ver o website de Keith: http://cadaeic.net

••

Sem pistas! 🔎
Das Memórias do dr. Watsup

Ao percorrer as páginas bastante manuseadas dos meus cadernos, minhas memórias são atraídas para os inúmeros mistérios que Soames resolveu observando pistas tão sutis que escapariam a mentes inferiores, tais como a Aventura do árbitro de Sussex (um notável mistério de vestiário cuja característica central era uma bola de críquete prematuramente desgastada), a Vaca de chifre amassado, a Tentativa de triplo assassinato do diminuto suíno e o Caso da torta desaparecida. Mas entre todos um deles sobressai: um mistério cuja única pista era a ausência de qualquer pista.

Era uma terça-feira úmida, lúgubre, e as ruas centrais de Londres estavam tomadas por espessa neblina e fumaça. Havíamos abandonado a

---

* "Agora eu caio, um cansado suburbano em líquido sob as árvores/ À deriva ao longo das florestas fervendo vermelho no crepúsculo/ sobre a Europa./ Então grite com a velha travessura, pergunte-me outro/ enigma/ Sobre a amargura de possíveis fortunas perto de uma paisagem/ italiana./ Um pouco de felicidade pode às vezes intervir mas geralmente/ fenece./ Um missionário chora, esforçando-se para entender a inútil,/ tediosa vida./ A monotonia perdeu-se em meio aos movimentos do oceano/ Enquanto os marinheiros perplexos hesitam. Torno-me sal,/ Submergindo pessoas em deslumbrantes oceanos de desvelada/ descrença./ Ornamentos natalinos conspiram./ A beleza é, um tanto inevitavelmente agora, ao mesmo tempo/ Sentimentos de fé e olhos de racionalismo." (N.T.)

busca ativa dos perpetradores do crime para um período de introspecção diante de um fogo morno, acompanhado de amplas taças de um clarete agradavelmente intenso.

"Estou dizendo, Soames", comentei.

Meu colega vasculhava uma grossa pilha de chapas fotográficas de pegadas de cascos na lama, produzidas utilizando o novo método de Eastman criado a partir do aperfeiçoamento do processo de gelatina de Maddox. Sua resposta foi um irritado "Você viu a minha coleção de fotografias de carros puxados a cavalo por aí, Watsup?", mas eu continuei obstinadamente.

"Esse quebra-cabeça não tem pista, Soames."

"Não é o único", ele resmungou sombriamente.

"Não, quero dizer... não tem pista *alguma*."

Pude ver que agora tinha sua atenção. Ele pegou o jornal da minha mão estendida e deu uma olhada no diagrama.

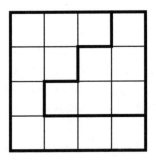

Quebra-cabeça sem pistas

"As regras não enunciadas são óbvias, Watsup."

"Por quê?"

"Deve ser simples o bastante para motivar o possível solucionador, e ainda assim conduzir a um problema suficientemente desafiador para reter seu interesse."

"Sem dúvida. Então, quais *são* as regras, Soames?"

"Está claro que cada linha e cada coluna deve conter cada número 1, 2, 3, 4 apenas uma vez."

"Ah, um quebra-cabeça combinatório, um tipo de quadrado latino."

"Sim, porém há mais. As duas regiões limitadas pelo contorno grosso obviamente são importantes. Eu conjecturo que os números em cada região devem ter o mesmo total... Sim, isso leva a uma solução especial."

"Ah. Eu me pergunto qual é a resposta."

"Você conhece os meus métodos, Watsup. Use-os." E voltou para suas chapas fotográficas.

Resposta na p.279. Para mais quebra-cabeças sem pistas, ver p.84.

Uma breve história do sudoku

Os leitores modernos reconhecerão o quebra-cabeça de Watsup como uma variante do sudoku. (Se você acabou de voltar de uma viagem de quarenta anos para Proxima Centauri, trata-se de uma grade de 9 × 9 dividida em nove blocos de 3 × 3, com alguns números inseridos. Você precisa preencher o resto dos quadrados de modo que cada linha, cada coluna e cada bloco interno contenham todos os dígitos de 1 a 9.)

Quebra-cabeças semelhantes mas significativamente diferentes têm uma longa história, que remonta ao chinês *Lo Shu*, um quadrado mágico supostamente visto no casco de uma tartaruga por volta de 2100 a.C. Em suas *Récréations Mathématiques et Physiques*, de 1725, Jacques Ozanam incluiu um quebra-cabeça envolvendo cartas de baralho que lembra um pouco o sudoku. Pegue as 16 cartas nobres (ás, rei, dama, valete) e forme com elas um quadrado de modo que cada linha e cada coluna contenham todos os quatro valores e todos os quatro naipes. Kathleen Ollerenshaw mostrou que existem 1.152 soluções, que se reduzem a apenas duas basicamente diferentes, se considerarmos duas soluções como a mesma caso uma delas possa ser obtida a partir da outra permutando os valores e os naipes. Há 24 × 24 = 576 modos de se fazer isso para qualquer dada solução e $1.152/576 = 2$.

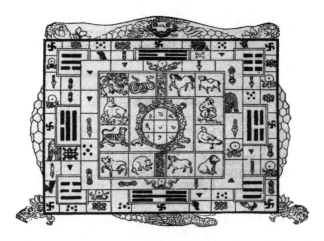

Lo Shu, no centro, no casco de uma pequena tartaruga, cercado pelo zodíaco chinês e os trigramas oraculares do *I Ching*, tudo carregado por uma tartaruga maior, que, segundo o mito, revelou inicialmente os trigramas.

Você consegue achar essas duas soluções basicamente diferentes? *Resposta na p.280.*

Em 1782, Euler escreveu a respeito do problema dos 36 oficiais: é possível que seis regimentos, cada um com seis oficiais de diferentes escalões hierárquicos, sejam dispostos num quadrado 6 × 6 de modo que cada linha e cada coluna contenham todos os escalões e todos os regimentos? Tais arranjos eram chamados quadrados greco-latinos porque as letras latinas A, B, C, ... e as letras gregas α, β, γ, ... podiam ser usadas para representar os escalões e os regimentos. Ele descobriu métodos de construir quadrados greco-latinos cuja ordem (o tamanho do quadrado) é ímpar ou duplamente par: múltiplo de quatro.

Aα	Bδ	Cβ	Dε	Eγ
Bβ	Cε	Dγ	Eα	Aδ
Cγ	Dα	Eδ	Aβ	Bε
Dδ	Eβ	Aε	Bγ	Cα
Eε	Aγ	Bα	Cδ	Dβ

Um quadrado greco-latino de ordem 5

Euler conjecturou que não existe quadrado desse tipo quando a ordem é duplamente ímpar: o dobro de um número ímpar. Isso é óbvio para a ordem 2, e Gaston Tarry o provou em 1901 para a ordem 6. No entanto, em 1959 Raj Chandra Bose e Sharadchandra Shankar Shrikhande usaram um computador para encontrar um quadrado greco-latino de ordem 22, e Ernest Parker achou um de ordem 10. Os três provaram que a conjectura de Euler é falsa para todas as ordens duplamente ímpares maiores ou iguais a 10.

Arranjos quadrados $n \times n$ tais que cada linha e cada coluna contenham todos os números de 1 a n (cada um aparecendo necessariamente só uma vez) tornaram-se conhecidos como quadrados latinos, e os quadrados greco-latinos foram rebatizados de quadrados latinos ortogonais. Esses tópicos são parte de um ramo da matemática conhecido como combinatória e têm aplicações em planejamento experimental, programação de competições e comunicações.

Uma grade completa de sudoku é um quadrado latino, mas há condições adicionais nos blocos 3×3. Em 1892 o jornal francês *Le Siècle* publicou um quebra-cabeça no qual alguns dos números estavam removidos de um quadrado mágico e os leitores deviam inserir os números corretos. *La France* chegou muito perto de inventar o sudoku usando quadrados mágicos contendo apenas os dígitos de 1 a 9. Nas soluções, os blocos 3×3 também continham os nove dígitos, mas isso não era explicitado.

O sudoku na forma moderna foi provavelmente introduzido por Howard Garns e publicado anonimamente em 1979 pela Dell Magazines sob o nome "localizar números". Em 1986 a companhia japonesa Nikoli publicou quebra-cabeças desse tipo no Japão, sob o nome não tão chamativo de *sūji wa dokushin ni kagiru* ["os dígitos se limitam a uma ocorrência"]. O título foi então abreviado para *sū doku*. *The Times* começou a publicar quebra-cabeças sudoku no Reino Unido em 2004, depois de ser contatado por Wayne Gould, que concebera um programa de computador para gerar soluções rapidamente. Em 2005 tornou-se febre mundial.

Hexacosioihexecontahexafobia

Isso é o medo do número 666.

Em 1989, quando o presidente Ronald Reagan e sua mulher, Nancy, mudaram de casa, trocaram o endereço de St. Cloud Road, 666, para St. Cloud Road, 668. No entanto, pode não ter sido um caso genuíno de hexacosioihexecontahexafobia, é possível que eles não tivessem medo do número *em si* – que estivessem apenas tomando medidas para evitar acusações óbvias e potenciais constrangimentos.

Por outro lado... Quando Donald Regan, chefe de gabinete do presidente Reagan, publicou em 1988 suas memórias, *For the Record: From Wall Street to Washington*, escreveu que Nancy Reagan aconselhava-se com frequência com as astrólogas Jeane Dixon e, mais tarde, Joan Quigley. "Praticamente cada passo e decisão importantes que os Reagan tomavam durante o meu tempo como chefe de gabinete na Casa Branca era consultado de antemão com uma mulher em São Francisco que fazia horóscopos para ter certeza de que os planetas estavam em alinhamento favorável."

O número 666 tem significado oculto porque é considerado o Número da Besta no Livro do Apocalipse, 13:17-18 (com base na tradução da Bíblia do rei Jaime): "Para que homem nenhum pudesse comprar ou vender, senão aquele que tivesse o sinal, ou o nome da besta, ou o número de seu nome. Aqui está a sabedoria. Que aquele que tem entendimento calcule o número da besta, pois é o número de um homem, e seu número é seiscentos e sessenta e seis."

Geralmente presume-se que o texto se refere a um sistema numerológico conhecido como *guemátria*, em hebraico, e *isopsefia*, em grego, no qual as letras do alfabeto são associadas a números. Vários sistemas são possíveis: numerar as letras do alfabeto consecutivamente ou numerá-las de 1 a 9, 10 a 90 e 100 a 900, ou onde quer que o processo acabe (que é a antiga notação numérica grega). A soma dos números associados às letras do nome de uma pessoa é o valor numérico desse nome.

Foram feitas inúmeras tentativas para deduzir quem era a Besta. Elas incluem o anticristo (escrito em latim no caso acusativo como *Antichristum*), a Igreja católica romana (identificada com um dos títulos do papa:

Vicarius Filii Dei) e Ellen Gould White, fundadora dos Adventistas do Sétimo Dia. Como é possível? Bem, contando apenas os numerais latinos no nome dela, tem-se

```
E  L  L  E  N  G  O  V  L   D   VV   H  I  T  E
50 50           5  50 500  5+5        1
```

cuja soma dá 666. Se você acha que a Besta foi Adolf Hitler, pode "provar" começando a numeração com A = 100:

H = 107
I = 108
T = 119
L = 111
E = 104
R = 117
    ───
    666

Basicamente escolhe-se uma figura odiada, com base nas suas próprias concepções políticas ou religiosas. E aí você retorce a numeração, e se necessário o nome, de modo que se encaixem.

Contudo, todas essas deduções podem estar baseadas num entendimento errado – além da crença de que qualquer coisa dessas realmente *tenha importância* – porque agora tornou-se aparente que 666 pode ser um erro. Por volta do ano 200, o padre Irineu sabia que diversos manuscritos antigos afirmavam um número diferente, mas atribuiu o fato a erros dos escribas, declarando que 666 era encontrado em "todas as cópias mais antigas e aprovadas". Mas em 2005 os estudiosos da Universidade de Oxford usaram técnicas de imagens por computador para ler trechos anteriormente ilegíveis da mais antiga versão conhecida do Apocalipse, papiro número 115 dos encontrados no antigo sítio de Oxirrinco. Esse documento, que data de cerca do ano 300, é considerado a versão mais definitiva do texto. E dá o Número da Besta como 616.

Uma vez, duas vezes, três vezes

O arranjo quadrado

    1 9 2
    3 8 4
    5 7 6

usa cada um dos nove dígitos de 1 a 9. A segunda linha, 384, é o dobro da primeira, 192, e a terceira linha, 576, é o triplo da primeira.

Há três outras maneiras de se fazer isso. Você consegue achá-las?

Resposta na p.281

Conservação da sorte

"Um amigo meu ganhou 7 milhões na Lotto", disse o sujeito ao meu lado na academia. "É o fim das *minhas* chances. Você não ganha se conhece alguém que ganhou."

Há tantas lendas urbanas sobre a Loteria Nacional quanto as patas de uma centopeia, mas essa aí eu ainda não conhecia. E me fez ficar pensando: por que as pessoas acreditam tão facilmente nesse tipo de coisa?

Pense nisso. Para que a crença do meu colega seja verdade, a máquina da loteria precisa de algum modo ser influenciada pela sua rede de amigos e conhecidos. Ela tem que *saber* se algum deles já ganhou, e então tomar as medidas para evitar sua escolha específica de números, o que significa que ela também tem de saber o que ele jogou. Na verdade, todas as onze máquinas usadas na loteria do Reino Unido precisam saber disso, porque a que é usada a cada semana também é escolhida ao acaso.

Como uma máquina de loteria é um dispositivo mecânico inanimado, isso não faz muito sentido.

Toda semana, a chance de um conjunto particular de seis números ganhar o grande prêmio é de 1 em 13.983.816. Essa é a quantidade possível de combinações de números, e cada uma delas tem a mesma probabilidade de ocorrer. Caso contrário, a máquina estaria viciada, e ela é projetada para evitar isso. Suas chances de ganhar dependem unicamente do jogo que você fez essa semana, e não do jogo feito alguma vez por alguém que você conhece. No entanto, a quantia provável que você ganhará depende das outras pessoas: se você acertou os números e outras pessoas também acertaram, vocês vão ter de dividir o prêmio. Mas não era com isso que o meu colega estava preocupado.

Os motivos que levam alguns de nós a acreditar nesse tipo de mito residem na psicologia humana, e não na teoria da probabilidade. Um motivo possível é uma crença inconsciente em magia, aqui se manifestando como sorte. Se você pensa que sorte é uma *coisa* real que as pessoas possuem, e que faz aumentar as suas chances, *e* se você imagina que existe apenas uma certa quantidade de sorte para ser distribuída, então talvez o seu afortunado amigo tenha usado todo o quinhão da vizinhança. Que nesse caso parece ser a sua rede social. Oh, meu Deus! É possível tuitar a sua sorte para os outros? Botar sua sorte no Facebook e os seus ditos amigos a roubarem? Que pesadelo!

Ou talvez a ideia subjacente seja como a pessoa levando uma bomba a bordo de um avião sempre que viaja, com base na ideia de que a chance de haver duas bombas no mesmo avião é infinitesimal. (A falácia é que você opta por trazê-la a bordo. Isso não tem efeito sobre a chance de alguma outra pessoa estar fazendo a mesma coisa sem que você saiba.)

É verdade que a maioria dos ganhadores da loteria não tem amigos que também tenham ganhado. Então é fácil deduzir que se você quer ser um ganhador, deve evitar ter tais amigos. Na verdade, os ganhadores na loteria carecem de amigos que também ganharam pela mesma razão que a maioria dos perdedores também não tem amigos ganhadores: há muito poucos ganhadores e uma vasta quantidade de perdedores.

Concordo, você precisa estar dentro do jogo para ganhar. Uma conhecida minha ganhou meio milhão de libras, e não teria ficado muito contente se eu a tivesse aconselhado a não se dar ao trabalho de jogar e tivessem saído os números que ela tem o hábito de jogar.

Sabendo que as chances estão firmemente contra mim, e acreditando que a alegada emoção de apostar não valha a pena pela certeza de estar jogando meu dinheirinho suado pelo ralo, eu nunca jogo na loteria. Mas, ao longo dos anos, tenho inadvertidamente apostado numa loteria só minha: escrever um best-seller. Ainda não ganhei a grande bolada, mas com certeza tenho saído ganhando. Alguns anos atrás a autora J.K. Rowling (você sabe muito bem o que ela escreveu) tornou-se a primeira mulher bilionária por seus próprios méritos da Grã-Bretanha. Isso é *quinhentas vezes* o tamanho de uma bolada comum da loteria. E há bem menos que 14 milhões de escritores no país.

Esqueça a loteria. Escreva um livro.

O caso dos ases virados para baixo
Das Memórias do dr. Watsup

Meu amigo detetive de repente parou de disparar o revólver contra a coluna da chaminé da lareira, depois de ter inscrito versões pontilhadas das letras VIGTO no reboco. "O que *é*, Watsup?", ele disse em tom irritado.

Eu despertei do meu devaneio. "Sinto muito, Soames. Eu estava perturbando você?"

"Pude ver você *pensando*, Watsup. O jeito como você aperta os lábios e cutuca a orelha quando acha que ninguém está observando. É extremamente dispersivo. Uma bala saiu errada, e agora o C parece um G."

"Eu estava pensando naquele novo mágico", respondi. "Hum…"

"O Grande Whodunni."

"É esse aí, sim. Um embusteiro esperto. Fui ver seu espetáculo na semana passada. Fez o mais *impressionante* truque de cartas, e venho pensando nisso desde então. Primeiro, ele pegou um baralho e dividiu as primeiras dezesseis cartas viradas para baixo em quatro filas de quatro. Aí virou quatro delas. Pediu um voluntário da plateia, então eu obviamente levantei a mão, mas, por algum motivo, ele escolheu uma moça atraente em vez de mim. Seu nome era Helena… bem, de qualquer modo disse a ela para ir 'dobrando' o quadrado de cartas, como se estivesse dobrando uma folha de selos ao longo das linhas perfuradas, até formar uma pilha única de dezesseis cartas."

"Ela era uma cúmplice", Soames murmurou. "É elementar."

"Penso que não, Soames. Não teria adiantado muito. A plateia decidia onde as 'dobras' deviam ser feitas. Por exemplo, a primeira podia ser ao longo de qualquer uma das três linhas horizontais entre as cartas ou das três linhas verticais – mas foi a plateia que resolveu qual seria."

"A plateia era cúmplice, então."

Eu sabia que ele estava entrando numa das suas crises de mau humor. "Eu mesmo escolhi uma das dobras, Soames."

O grande homem assentiu distraidamente. "Então talvez o truque fosse genuíno. E nesse caso – ah, sim, o que me vem à mente é o Enigma dos copinhos ocultos... Diga-me, Watsup: quando as cartas foram colocadas na pilha única, Helena foi instruída a espalhá-las sobre a mesa? Sem virar nenhuma?"

"Sim."

"E milagrosamente transpareceu que ou doze cartas estavam viradas com a face para baixo e quatro para cima ou quatro com a face para baixo e doze para cima?"

"Sim. A primeira alternativa. E as quatro cartas viradas para cima eram..."

"Os quatro ases. O que mais? A coisa toda é absolutamente transparente."

"Mas podia ter sido o contrário, Soames", protestei.

"E nesse caso Helena teria sido instruída a pegar as quatro cartas com a face para baixo e virá-las para revelar..."

"Ah. Os quatro ases. Percebo. Mas mesmo assim, é um truque de mágica impressionante. Pense em todos os lugares em que os ases poderiam estar, e em todas as maneiras que a plateia poderia ter escolhido para juntar as cartas na pilha única!"

"Um impressionante truque de tapeação, Watsup."

Permiti-me demonstrar o meu estarrecimento. "Você quer dizer que ele ajeitou as escolhas da plateia? Um esperto truque psicológico?"

"Não, Watsup: ele ajeitou as cartas. Pegue para mim aquele baralho que a sra. Soapsuds guarda sob a chapeleira no andar de baixo para suas noites de bridge e vou demonstrar para você." Corri para cumprir suas instruções.

Quando reapareci, bufando ligeiramente pelo esforço feito, pois estava fora de forma, Soames pegou as cartas. Separou os quatro ases e os enfiou de volta no baralho ao acaso. Depois de dispor quatro filas de quatro cartas cada, virou quatro cartas revelando a face, assim:

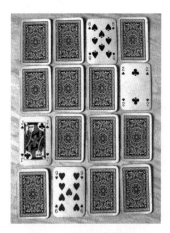

Arranjo inicial de Whodunni

Então instruiu-me a juntar o baralho até formar uma pilha, seguindo as mesmas instruções que Whodunni dera a Helena. Feito isso, espalhei as cartas e, surpresa!, eis que quatro estavam viradas para cima, ao contrário das outras doze. E essas quatro... eram os ases!

"Soames!", exclamei, "esse é realmente o mais espantoso truque de cartas que eu já vi! Agora percebo que você deve ter escolhido o lugar onde enfiar os quatro ases, mas mesmo assim a quantidade de maneiras diferentes de juntar as cartas é enorme!"

Soames recarregou o revólver. "Meu caro Watsup, quantas vezes eu já lhe disse para não saltar a conclusões injustificadas?"

"Mas realmente há milhares de maneiras, Soames!"

O detetive fez um leve meneio. "Não era essa a conclusão que eu tinha em mente, Watsup. Você realmente pensa que a escolha da sequência das 'dobras' faz alguma diferença?"

Bati na testa com a palma da mão. "Você está dizendo... que não faz?" Mas em resposta Soames meramente retomou seu ataque à coluna da chaminé.

Como é que funciona o truque de Whodunni? Resposta na p.281.

Pais confusos

Um dos nomes mais estranhos para um matemático é o de Hermann Cäsar Hannibal Schubert (1848-1911), pioneiro em geometria enumerativa, que calcula quantas retas ou curvas definidas por equações algébricas satisfazem condições particulares. Presumivelmente seus pais esperavam grandes coisas do filho, mas não conseguiram se decidir de que lado estavam.

Hermann Cäsar Hannibal Schubert

O paradoxo do quadriculado

Os dois triângulos parecem ter a mesma área, ou seja, $13 \times \frac{1}{2} = 32,5$. Mas o da direita tem um buraco na aresta, o que daria uma área de 31,5. Então o diagrama prova que $31,5 = 32,5$. O que (se é que há algo) está errado?

Resposta na p.282

O paradoxo do quadriculado

A gateira do medo 🔍
Das Memórias do dr. Watsup

Cascos escorregavam na rua lamacenta. O cabriolé derrapou numa esquina, evitando por pouco um carrinho de mão carregado de batatas. O cocheiro enxugou a testa com um trapo sujo.

"Caramba, doutor! Por um momento pensei que íamos ter nossas fritas!"*

"Continue guiando, rapaz! Você tem um guinéu se prosseguir com a máxima rapidez!"

Chegamos ao nosso destino. Saltei do cabriolé, jogando moedas ao condutor, e passei correndo por uma perplexa sra. Soapsuds, subi as escadas e entrei nos aposentos de Soames. Sem bater.

"Soames! É terrível!", eu disse arfando. "Meus…"

"Seus gatos foram roubados."

"'Ervados', Soames!"

"Certamente você quer dizer 'levados', Watsup?"

"Não, ervados mesmo, sequestrados pela erva. Eles foram atraídos por um punhado de erva-dos-gatos amarrado num pedaço de barbante."

"Como você sabe disso?"

"O 'ervador' deixou a erva lá."

Soames me lançou um olhar penetrante. "Incomum. Não é o feitio dele. Absolutamente não é."

"Ele?"

"Sim, ele está de volta."

Fui até a janela. "Então ele voltou. Mas não é época de nozes torradas, Soames!"

"Watsup, você perdeu o juízo?"

---

* Não se trata de um anacronismo: Joseph Malin abriu sua primeira loja de peixe e batatas fritas [*fish and chips*, típico prato rápido britânico] em Londres em 1860. A iguaria foi introduzida na Grã-Bretanha no século XVI por refugiados judeus de origem espanhola e portuguesa com o nome de *pescato frito*: peixe frito. As batatas fritas [*chips*] foram adicionadas mais tarde.

"O velho que tem a banca de nozes torradas do outro lado da rua", expliquei. "Ele não estava lá ontem, mas hoje está. Presumo que é ele a quem você esteja se referindo."

"Você *presume*", Soames replicou sarcasticamente. "Não presuma, Watsup. Examine a evidência e *deduza*." Percebi que ele não estava simplesmente falando em termos genéricos. Devia haver algo específico que ele desejava que eu deduzisse.

Eu me orgulho de ser inusitadamente sensível aos humores de Soames, e após um pouco de reflexão recordei-me que alguns dias atrás eu o encontrara juntando um pequeno arsenal de pistolas, rifles e granadas de mão. Agora me ocorria que talvez nem tudo estivesse bem.

Apresentei-lhe minha hipótese, e ele assentiu. "É como se um fantasma do passado tivesse se erguido do túmulo e estivesse sugando a vida das multidões reunidas da humanidade", ele disse.

"É mesmo?", indaguei. "*O que é*, Soames?"

"Um adversário abominável e perigoso, o Wellington do crime."

"Você não está querendo dizer 'Napoleão'? Seria mais adequado. O duque era inteiramente…"

"Ele usa galochas",* explicou Soames. "Com um padrão de solado extremamente comum, para disfarçar suas pegadas. E usa luvas, para não deixar impressões digitais. Ele é um mestre do disfarce. Vem e vai sem ser impedido por portas trancadas. Tem o ouvido de todo político, os olhos de suas esposas, e muito antes daquele fatídico dia em que nossos caminhos se cruzaram pela primeira vez ele tem um dedo em toda empreitada ilícita na Inglaterra. Mas com esforço sobre-humano eu o rastreei, reuni evidência convincente e rompi sua rede de gangues criminosas. Ele fugiu do país, e eu tolamente pensei que tinha sido seu fim. Mas agora descubro que ele estava meramente na surdina. Ele voltou e reassumiu suas atividades nefastas. E agora a coisa tornou-se pessoal."

"De quem você está falando?"

"De quem? Mogiarty! Professor Jim Mogiarty, um matemático brilhante mas fracassado que voltou-se para o Lado Negro. Ele começou

---

* Galochas: em inglês, *wellingtons*. (N.T.)

como um mero gatuno, antes de voltar sua atenção malévola para artigos mais lucrativos. Ele não só roubará qualquer coisa que não esteja pregada no chão, roubará também pregos, martelo e tábuas. Ele tem sido um cão farejador da minha carreira desde…"

"Soames: como pode um gatuno ser um cão farejador?"

"Como eu disse, ele é um mestre do disfarce, Watsup. Queira escutar."

"E como ele se manifestava?"

"Extorsão, roubo, assassinato e sequestro. E agora, sequestrar gatos com erva-dos-gatos. Mogiarty está voltando aos velhos tempos." Sua expressão ficou austera de determinação. "Não tema jamais, Watsup. Resgataremos seus bichos de estimação", olhei para ele, "seus peludos companheiros felinos. Você tem a minha palavra."

Finalmente ocorreu-me fazer uma pergunta vital. "Soames? Como você soube que meus gatos tinham sumido?" Silenciosamente ele me mostrou um envelope rasgado. Dentro havia um pedaço de papel e um ratinho de brinquedo forrado de erva-dos-gatos.

"É o ratinho do Displasia!", eu sufoquei um soluço másculo. "O que diz o pedaço de papel?"

Soames me mostrou. Dizia:

PADNSGOSTSRAJEVTAUGOOERAIEIROASFM

"Está meio atrapalhado, Soames, mas eu vejo as palavras e GOST e EVTA. Hã… Você acha que estão mandando evitar alguma coisa que gostamos?"

"Não, Watsup! É um código! Eu já o decifrei."

"Como?"

"Observei que há 33 letras. O que isso lhe sugere, Watsup?"

"Hã… que não havia muito espaço no papel."

"Watsup: 33 é igual a 3 × 11, um produto de dois primos. Imediatamente pensei no passado matemático de Mogiarty. E ocorreu-me rearranjar as letras num retângulo de 3 × 11. Assim:"

```
P A D N S G O S T S R
A J E V T A U G O O E
R A I E I R O A S F M
```

Ele reluzia de orgulho; eu não conseguia entender o porquê. Ainda era um monte de letras sem sentido.

"Leia as colunas de cima para baixo, uma depois da outra, Watsup!"

"PARAJADEINVESTIGAROUOSGATOSSOFREM. Ai, céus!" Eu tremia agora da cabeça aos pés. "Por que Mogiarty está fazendo uma coisa tão terrível com criaturas inocentes?"

"Ele está nos enviando uma mensagem."

"Que está muito clara."

"Não, eu quis dizer metaforicamente."

"Ah. Como se ele exigisse um pagamento de resgate?"

"Não. Acredito que seja um teste. Desconfio que esse crime é meramente um teste para crimes mais chocantes. Ele está brincando conosco como um gato brinca com um rato."

Contive outro soluço. "O que podemos fazer?"

"O jogo está em andamento, e precisamos nos antecipar para não sermos pegos de surpresa. Meus informantes de confiança já localizaram os seus gatos numa casa de aparência perfeitamente normal. Na realidade ele tem armadilhas ocultas para estranhos, portas de aço, janelas à prova de bala e alarmes de vários tipos. Não há possibilidade de realizarmos uma invasão clandestina."

Pus meu revólver de serviço de volta no bolso. "É uma pena."

"No entanto, Mogiarty cometeu um erro. Há uma gateira tapada. Talvez possamos restaurar sua função original e permitir que seus gatos passem por ela."

"Sim!", gritei. "Já sei! Podemos atraí-los com os quitutes prediletos deles. Aneurisma gosta de alcachofras, Borborigmo é louco por pão de banana, Cirrose nunca resiste a uma rosca cremosa e Displasia tem um fraco por tortas!"

"Tortas", repetiu ele. "Não faz mal. Um pouquinho de trabalho cerebral, alguma informação crucial, e está vendo só? Progredimos. Podemos empregar esses itens para permitir que os gatos saiam pela gateira."

"Tenho estoques substanciais dos comestíveis necessários em casa", eu disse. "Vou pegá-los."

"Isso efetivamente será útil, Watsup. Quando chegar a hora. Mas há um problema. Precisamos apresentar as iguarias na ordem certa, porque os gatos não podem brigar."

"É claro. Eles poderiam se ferir."

"Não, porque Mogiarty encheu o porão de explosivos e os programou para explodir se os animais brigarem."

"O quê? Por quê?"

"Porque ele tem motivo para acreditar que qualquer tentativa de resgatar as criaturas precipitará uma altercação felina. Ele está usando os próprios bichos como sistema de alerta. Como lhe é peculiar, ignora as consequências vis de suas sanguinárias maquinações. Como eu disse, ele está nos enviando uma mensagem: que *nada* o fará parar."

"Estou vendo."

"Você está vendo, Watsup, mas não *observando*. Observação começa com indagações, que fornecem contexto para dedução. Agora eu indago: em que circunstâncias os seus gatos brigam? Seja preciso, pois o sucesso ou fracasso depende disso."

"Só quando estão dentro de casa", retruquei, após a devida reflexão.

"Então a casa pode ir pelos ares a qualquer momento!"

"Não, meus gatos são inteiramente pacíficos, contanto que sejam evitadas certas combinações." Anotei uma lista de condições:

- Se Cirrose e Aneurisma estão ambos dentro de casa, eles brigam, a não ser que Displasia esteja presente.
- Se Displasia e Borborigmo estiverem ambos dentro de casa, eles brigam, a não ser que Aneurisma esteja presente.
- Se Aneurisma e Displasia estiverem ambos dentro de casa, eles brigam, a não ser que Borborigmo ou Cirrose (ou ambos) estiverem presentes.
- Se Cirrose e Displasia estiverem ambos dentro de casa, eles brigam, a não ser que Borborigmo ou Aneurisma (ou ambos) estejam presentes.
- Se Aneurisma ou Borborigmo estiverem sozinhos dentro de casa, nenhum dos dois sai de jeito nenhum.

Como Soames e Watsup podem possibilitar a saída dos gatos sem causar uma explosão? A gateira só pode ser usada por um gato de cada vez. Ignore movimentos triviais em que um gato sai e é imediatamente mandado de volta para dentro. Se necessário, um gato pode ser forçado de volta pela gateira como parte do processo.

Resposta na p.283

Números-panqueca

Eis aqui um genuíno mistério matemático – um problema simples cuja resposta atualmente é tão ardilosa quanto a mente criminosa de Mogiarty.

Você recebe uma pilha de panquecas circulares, todas de diferentes tamanhos. A sua tarefa é rearranjá-las em ordem, da maior na base até a menor no topo. A única mudança que você tem permissão de fazer é introduzir uma espátula sob alguma panqueca da pilha e usá-la para pegar as panquecas acima, virando a pilha toda. Você pode repetir essa operação quantas vezes quiser, escolhendo onde colocar a espátula conforme quiser.

Eis um exemplo com quatro panquecas. São necessárias três viradas para colocá-las em ordem.

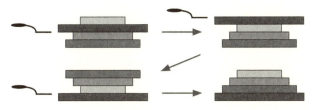

Como virar uma pilha de panquecas

Eis algumas perguntas para você:

1. *Qualquer* pilha de quatro panquecas pode ser colocada em ordem usando no máximo três viradas?
2. Se não, qual é o menor número de viradas capaz de colocar em ordem qualquer pilha de quatro panquecas?
3. Definindo a enésima panqueca P_n como o menor número de viradas para colocar em ordem uma pilha de n panquecas, prove que P_n é sempre finito. Ou seja, qualquer pilha pode ser posta na ordem certa usando um número finito de viradas.
4. Ache P_n para $n = 1, 2, 3, 4, 5$. Parei em $n = 5$ porque já há 120 pilhas diferentes para considerar, e, para ser sincero, é trabalho demais.

Respostas na p.284, e o que mais se sabe

O truque do prato de sopa

Continuando com o tema da culinária, há um truque curioso que você pode fazer usando um prato de sopa ou objeto similar. Comece equilibrando o prato na mão, da mesma forma que um garçom servindo. Agora explique que você vai realizar a espantosa façanha de girar o braço uma volta completa mantendo o prato na horizontal o tempo todo.

Para fazer isso, primeiro gire o braço para dentro, conservando o prato sob a axila. Continue a mover o prato num círculo, mas agora erga o braço acima da cabeça. Tudo volta naturalmente à posição de partida, e o prato não cai mesmo que você não o esteja segurando.

Você pode achar vídeos do truque do prato (de sopa) na internet, por exemplo em

http://www.youtube.com/watch?v=Rzt_byhgujg

onde ele é chamado de truque do copo balinês, em referência à dança balinesa que usa um copo cheio de líquido em vez de um prato. Uma dança filipina similar usando copos de vinho (dois por dançarina, um em cada mão) pode ser vista no YouTube em

http://www.youtube.com/watch?v=mOO_IQznZCQ

Isso pode parecer uma manobra bastante trivial, mas tem profundas conexões matemáticas. Em particular, ajuda os físicos de partículas a entender uma das características curiosas da propriedade quântica conhecida como *spin*. Partículas quânticas, *na verdade*, não giram [spin] como uma bola na ponta do dedo de uma malabarista, mas há um número, chamado spin, que, de certo modo, tem um efeito similar. Spins podem ser positivos ou negativos, analogamente a sentidos horário ou anti-horário. Algumas partículas têm spins de número inteiro: são chamadas de *bósons* (lembra-se da descoberta do bóson de Higgs?). Outras, mais bizarras, têm spins meio-inteiros como ½ ou 3⁄2. Estas são chamadas de *férmions*.

As metades surgem devido a um fenômeno muito estranho. Se você pegar uma partícula com spin 1 (ou qualquer inteiro) e girá-la no espaço em 360°, ela chega ao fim no mesmo estado. Mas se você tomar uma partícula com spin ½ e girá-la no espaço em 360°, ela acaba com spin − ½. Você precisa fazer um giro de 720°, *duas* voltas inteiras, para trazer o spin de volta ao ponto onde começou.

O ponto matemático aqui é que existe um "grupo de transformação" chamado SU(2), que descreve o spin e atua transformando estados quânticos, e um grupo diferente denominado SO(3), que descreve rotações no espaço. Esses grupos estão estreitamente relacionados, mas não são idênticos: toda rotação em SO(3) corresponde a duas transformações distintas em SU(2), sendo uma equivalente a menos a outra. Isso é chamado de dupla cobertura. É como se SU(2) desse a volta em SO(3), mas dá *duas* voltas. Mais ou menos como uma tira de borracha dando duas voltas num cabo de vassoura.

Os físicos ilustram o conceito usando o artifício da corda de Dirac, nome dado em honra ao grande físico quântico Paul Dirac. A ideia assume muitas formas: uma, bastante simples, utiliza uma fita com uma ponta fixa e a outra ligada a um rotor, que flutua no ar. A fita tem a forma de um ponto de interrogação. Após uma rotação de 360° a fita não voltou à sua posição original, mas a essa posição girada em 180°. Uma segunda rotação inteira do rotor, completando 720°, não retorce a fita, mas a põe de volta onde ela começou. A maneira como a fita se move é essencialmente a mesma que o braço segurando o prato de sopa, exceto que o prato move-se um pouco pelo espaço. Um astronauta flutuando em gravidade zero poderia fazer o mesmo movimento com um prato fixo, enquanto mantém o corpo posicionado o tempo todo na mesma direção.

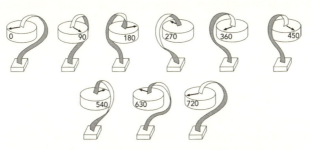

O artifício da corda de Dirac usando uma fita. Os números mostram o ângulo, em graus, através do qual o rotor girou.

Um filme gerado por computador, *Air on Dirac Strings*, de George Francis, Lou Kauffman e Daniel Sandin (parte gráfica de Chris Hartman e John Hart), pode ser visto em

http://www.evl.uic.edu/hypercomplex/html/dirac.html

e mostra também a relação entre a corda de Dirac e a dança filipina do vinho.

A mesma ideia pode ser usada para conectar uma corrente elétrica a um dispositivo giratório, como uma roda. De início há um problema: a roda precisa pairar sem apoio no ar, para permitir que a fita se desemaranhe. No entanto, em 1975 D.A. Adams projetou e patenteou um dispositivo que usa engrenagens para permitir que a fita faça o giro completo em torno da roda por todos os lados. É muito complicado explicar aqui, mas veja C.L. Stong, "The Amateur Scientist", in *Scientific American*, dez 1975, p.120-5.

Haikai matemático

O haikai é uma breve forma poética japonesa, tradicionalmente contendo três versos separados que usam um total de dezessete sílabas. A palavra japonesa, na realidade, não corresponde exatamente ao conceito de sílaba em outras línguas, mas funciona bem em inglês [e em português]. O padrão tradicional estrito usa cinco sílabas no primeiro e terceiro versos e sete no verso do meio. Como exemplo, eis aqui um haikai de Matsuo Bashô (1644-1694), no qual tanto o original (omitido) como a tradução têm esse formato:

Um velho lago
a rã salta na água
profundo barulho

Nesses decadentes tempos modernos, o padrão 5-7-5 é muitas vezes descuidado, com variações como 6-5-6 sendo permitidas. Na verdade, o total de dezessete sílabas também pode ser alterado. A característica mais importante não é a forma precisa, mas o conteúdo emocional, que requer a apresentação de duas imagens distintas mas interligadas.

O formato mais simples do haikai tem uma "sensação" matemática definida, e há inúmeros haikais matemáticos. Por exemplo:

Daniel Mathews
  Ruler and compass
  Degree of field extension
  Must be power of two.*

Jonathan Alperin
  Beautiful theorem
  The basic lemma is false
  Reject the paper.**

Jonathan Rosenberg
  Colloqiuum time.
  Lights out, somebody's snoring.
  Math is such hard work.***

Um haikai acidental ocorre quando o escritor produz sem intenção uma sentença em formato de haikai. Por exemplo:

And in the westward
sky, I saw a curved pale line
like a vast new moon.****

em A *máquina do tempo*, de H.G. Wells. Um que foi notado por Angela Brett (entre muitos outros) no *Princeton Companion to Mathematics* é

---

* Em tradução livre, assim como as seguintes: "Régua e compasso/ Grau de extensão de campo/ Será potência de dois." (N.T.)
** "Belo teorema/ Falsa premissa básica/ Artigo rejeitado." (N.T.)
*** "Hora de colóquio,/ Ronco no escuro, matemática/ É trabalho duro." (N.T.)
**** "E no céu do oeste/ vi uma pálida linha curva/ como uma vasta lua nova." (N.T.)

Haikai matemático

*Is every even
number greater than four the
sum of two odd primes?**

Tim Poston e eu dedicamos o nosso *Catastrophe Theory and Its Applications*, de 1977, com um haikai:

*To Christopher Zeeman
At whose feet we sit
On whose shoulders we stand.***

• •

O caso da roda de carroça críptica 🔍
Das Memórias do dr. Watsup

Soames estava remexendo a pilha de jornais à procura de um crime que exercitasse seus talentos o suficiente para que valesse a pena investigar. Nesse momento, dei uma espiada pela janela e vi uma figura familiar saltando de um cabriolé. "Veja só, Soames!", exclamei. "É…"
"O inspetor Roulade. Ele virá aqui solicitar a nossa ajuda."
Então ouviu-se uma batida na porta. Abri para ver a sra. Soapsuds e o inspetor.
"Soames! Eu vim por causa…"
"Do caso do rapto de Downingham. Sim, esse caso realmente tem algumas características interessantes." E passou o jornal para Roulade.
"Uma matéria sensacionalista, sr. Soames. Especulações mal-informadas a respeito do provável destino do conde de Downingham e a dimensão do resgate que será exigido."
"Mania da imprensa de querer adivinhar", disse Soames.

---

* "Será cada número/ par maior que quatro a soma/ de dois primos ímpares?" (N.T.)
** "A Christopher Zeeman/ A cujos pés sentamos/ Em cujos ombros em pé estamos." (N.T.)

"Sim. Embora neste caso seja conveniente para nós não revelar certos fatos essenciais que poderiam nos ajudar a identificar…"

"O criminoso. Tal como a ausência de um pedido de resgate."

"Pelos céus, como…?"

"Se tivesse havido um pedido, agora ele seria de conhecimento público. E não é. Evidentemente este não é um rapto comum. Deveríamos seguir com toda a urgência para Downingham Hall. Que, se minha memória não me falha – e ela nunca falha –, fica em Uppingham Down."

"Há um trem de King's Cross para Uppingham daqui a onze minutos", eu disse, tendo antecipado sua decisão e tirado da maleta uma cópia do guia de horários.

"Se pagarmos um guinéu ao cocheiro conseguiremos pegá-lo a tempo!", gritou Soames. "Podemos discutir o caso na viagem."

Ao chegarmos a Downingham Hall, o duque de Downingham – que, segundo as regras seculares da nobreza era pai do conde de Downingham, este tendo assumido um dos títulos inferiores do pai – recebeu-nos em pessoa, e logo nos conduziu para a cena do sequestro, um prado lamacento na frente de um celeiro.

"Meu filho desapareceu em algum momento durante a noite", ele declarou, visivelmente abalado.

Soames tirou sua lupa e perambulou agachado pela lama durante alguns minutos. De vez em quando resmungava consigo mesmo. Tirou uma fita métrica e fez algumas medições num canto do celeiro. Então colocou-se de pé.

"Tenho quase toda a evidência de que necessito", disse. "Devemos retornar a Londres para encontrar a peça que falta." Deixando o duque atônito parado na soleira da porta, ao lado de um inspetor igualmente atônito, foi o que fizemos.

"Mas, Soames…", comecei quando embarcamos no trem.

"Você não notou a marca deixada pelas rodas?", ele me desafiou.

"Rodas?"

"A polícia pisoteou toda a evidência, como sempre, mas restaram alguns vestígios. O suficiente para que eu determinasse que o conde partiu em uma carroça de fazenda, cuja uma das rodas cabia exatamente na extremidade do celeiro, no ponto onde ele encontra um muro alto. Um traço de lama no muro me diz que um ponto do arco da roda fica a oito polegadas do chão e a nove polegadas da extremidade do celeiro. Se pudermos deduzir o diâmetro da roda, o caso pode estar próximo de uma solução."

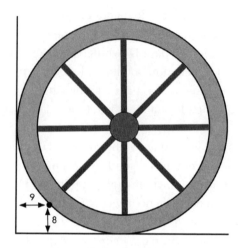

Dados da roda

"*Pode* estar?"

"Isso depende da resposta. Precisamos ter em mente também que nenhuma roda de carroça tem diâmetro inferior a vinte polegadas. Deixe-me ver... Ah, sim, é como eu supunha." Ao chegarmos à estação de King's Cross ele recorreu a um Irredutível de Baker Street – sempre havia um daqueles pequenos tratantes por perto – e o despachou para mandar um telegrama a Roulade.

"O que diz o telegrama?"

"Diz onde o conde raptado pode ser encontrado."

"Mas..."

"Eu sei de apenas uma fazenda na vizinhança de Downingham Hall que tem uma carroça com rodas do diâmetro exato que calculei, que é distintamente grande. Estou convencido de que o conde deixou Downingham por vontade própria sob o manto da escuridão, usando uma humilde carroça para evitar chamar a atenção. Ele estará no lugar onde a carroça costuma ser guardada."

Na manhã seguinte a sra. Soapsuds trouxe um telegrama do inspetor: CONDE DE D A SALVO E BEM CONGRATULAÇÕES ROULADE.

"Então aonde o conde foi?", perguntei ansioso.

"Isso, Watsup, é um segredo cuja revelação destruiria as reputações de várias das mais veneradas famílias da Europa. Mas eu *posso* lhe dizer o tamanho da roda."

Qual era o diâmetro da roda? Resposta na p.286.

Dois por dois

Há milhares de cartuns com a arca de Noé. O meu favorito tem um tema biológico. Os últimos pares de animais – elefantes, girafas, macacos – estão sendo levados rampa acima para dentro da arca. Noé está de quatro vasculhando o chão. Sua esposa está debruçada sobre a borda da arca, gritando: "Noé! Esqueça a outra ameba!"

Há uma piada matemática com a arca de Noé, bastante antiga mas muito bem bolada.

Quando a enchente do dilúvio recua, Noé solta os animais, dizendo-lhes para irem e se multiplicarem. Depois de um ano, mais ou menos, decide ir dar uma verificada. Há bebês elefantes, coelhos, cabras, crocodilos, girafas, hipopótamos e avestruzes por toda parte. Mas aí ele se depara com um solitário par de cobras, com ar desanimado.

"Qual é o problema?", pergunta Noé.

"Não conseguimos multiplicar", diz uma das cobras. (Lembre-se de que Noé é uma espécie de dr. Dolittle que sabe falar com os animais.)

Um chimpanzé ia passando e ouviu a conversa. "Corte algumas árvores, Noé."

Noé fica intrigado, mas faz o que o chimpanzé diz. Alguns meses depois ele visita as cobras. E agora há um monte de cobrinhas por todo lado, e todo mundo está feliz.

"Ok, como foi que isso aconteceu?", Noé pergunta às cobras.

"É que nós só sabemos somar. Para multiplicar, precisamos juntar pauzinhos."

O mistério dos gansos em V

Bandos de aves migratórias com frequência voam em formação de V. Revoadas de gansos voando em V são bem familiares, e muitas contêm dezenas e até mesmo centenas de pássaros. O que faz com que adotem essa forma?

Há muito tempo, pesquisadores têm sugerido que essa formação poupa energia evitando que os pássaros sejam apanhados na esteira de turbulência daqueles que estão na frente, e recentes estudos teóricos e experimentais vêm confirmando esse ponto de vista geral. Mas essa teoria baseia-se no fato de as aves serem capazes de sentir correntes de ar e ajustar seu voo de acordo com elas, e até recentemente ainda não estava claro se elas conseguem fazê-lo.

Uma explicação alternativa é que o bando tem um líder – a ave que está na frente – e todo mundo o segue. Talvez ele seja um navegador melhor, aquele que sabe aonde ir. Ou seja apenas a ave que está na frente.

Aves voando em formação de V da direita para a esquerda. A maioria delas. Aonde é que vai o pássaro no alto à direita? Existe sempre um...

Antes de prosseguir para a resposta, precisamos compreender algumas características básicas do voo das aves. Num voo uniforme, a ave bate as asas num ciclo repetitivo, uma batida para baixo seguida de uma batida para cima. Ela ganha sustentação com a batida para baixo, na medida em que vórtices de ar saem girando das bordas das asas, e a batida para cima é usada para voltar as asas para a posição original, de modo que o ciclo possa ser repetido. A duração do ciclo é chamada período.

Suponha que duas aves estejam voando usando ciclos de mesmo período, que é praticamente o que acontece em um bando migratório. Embora elas se movam da mesma maneira, não é necessário que façam os mesmos movimentos ao mesmo tempo. Por exemplo, quando uma ave está executando uma batida para baixo, a outra pode estar numa batida para cima. A relação entre o estágio das batidas de ambas é chamada de fase relativa, e é a fração do ciclo entre o instante em que a primeira ave começa a batida para baixo e o instante em que a outra começa essa mesma batida.

Graças a um notável trabalho de detetive feito por Steven Portugal e sua equipe, agora sabemos que a teoria de poupar energia está correta, *e* que as aves podem efetivamente sentir as correntes invisíveis de ar bem o bastante para fazê-lo. O grande problema para estudos experimentais é que as aves que você tenta observar desaparecem rapidamente de vista, junto com qualquer equipamento preso a elas.

Aí entra o íbis-eremita.

Houve um tempo em que existiam tantos íbis-eremitas que os antigos egípcios usavam uma imagem estilizada dele como o hieróglifo para *akh*, que significa "brilhar". Hoje sobrevivem apenas umas poucas centenas, sobretudo no Marrocos. Por esse motivo, foi elaborado um programa de criação em cativeiro em um zoológico de Viena. Muito esforço é dedicado a ensinar às aves a seguir as rotas de migração corretas. Isso é feito treinando-as a seguir um aeroplano ultraleve, que é enviado para voar ao longo de partes das rotas – mas também volta para a base, junto com as aves.

Portugal percebeu que seria possível fazer medidas extensivas das posições dos pássaros, e a forma como movem as asas, a partir do ultraleve. Em vez de as aves desaparecerem no horizonte, elas ficam perto do equipamento. O que sua equipe descobriu foi espantoso e elegante. Cada pássaro se posiciona atrás e ligeiramente ao lado do que está na frente e ajusta a fase relativa da sua batida de asas de modo a planar sobre a corrente ascendente criada pelo vórtice provocado pelo pássaro da frente. O segundo pássaro não deve apenas ajustar a ponta da sua asa no local certo, que é relativamente minúsculo, mas também ajustar a fase da sua batida de asas de modo a explorar a corrente ascendente de maneira eficiente.

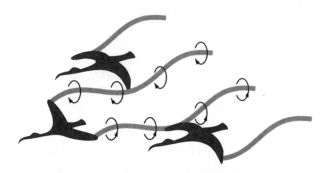

Colocação da ponta da asa e ajuste de fase. Curvas cinzentas: vórtices gerados pelas pontas das asas. As setas indicam a rotação do vórtice.

À primeira vista essas considerações também permitiriam uma formação em zigue-zague, na qual cada ave voa de um lado do pássaro à frente, mas sem formar um V. (Ele tem escolha de voar à direita ou à esquerda.) No entanto, o primeiro pássaro a quebrar a formação em V (digamos voando à direita do pássaro à frente em vez de voar do lado externo do V, à esquerda) estaria diretamente atrás do pássaro duas filas à frente. O ar ali estaria turbulento, perturbado pelo pássaro logo à frente, de modo que seria muito mais difícil conseguir sustentação colocando a ponta da asa de maneira correta. Esse problema é evitado voando do lado de fora do V, onde não há perturbação do ar.

Também seria possível que os pássaros formassem uma única linha diagonal, como um dos braços do V. Mas isso deixaria lugar para que pássaros ocupassem o outro braço, mais perto do líder. Contudo, é comum um dos braços do V ser maior que o outro.

Por que não voar numa formação em zigue-zague mais complexa, como esta, ou algo similar ainda mais tortuoso?

Em experimentos com íbis, levou algum tempo para que os pássaros mais jovens aprendessem como se posicionar. Na prática alguns podem se enganar, e o V raramente é perfeito. Não obstante, os experimentos detalhados mostram de modo conclusivo que os íbis são capazes de sentir o fluxo de ar suficientemente bem para se posicionarem na localização mais eficiente em termos de energia, ou perto dela, em relação ao pássaro da frente.

Ver p.287 para mais informações

Mnemônica do *e*

Há inúmeros recursos mnemônicos para π (ver p.47-9). Mnemônicos para aquela outra famosa constante matemática, a base dos logaritmos naturais

$e = 2{,}7182818284\ 5904523536\ 0287471352662497757\ldots,$

são mais raros. Entre eles há dois que dão dez dígitos:

To disrupt a playroom is commonly a practice of children.*
It enables a numskull to memorise a quantity of numerals.**

---
* "Bagunçar a sala de recreação é geralmente uma prática de crianças." (N.T.)
** "Isso possibilita a um palerma decorar uma quantidade de numerais." (N.T.)

Há também um mnemônico autorreferente de quarenta dígitos concebido por Zeev Barel ["A mnemonic for *e*", in *Mathematical Magazine* 68, 1995, p.253], que deve ser comparado com a expansão decimal acima. Ela utiliza um ponto de exclamação entre aspas – "!" – para representar 0, e é assim:

> We present a mnemonic to memorise a constant so exciting that Euler exclaimed: "!", when first it was found, yes, loudly "!".*

Meus alunos talvez calculem *e* usando potência ou séries de Taylor, uma fórmula de fácil lembrança, óbvia, clara, elegante:

$$e = 1 + \frac{1}{1!} + \frac{1}{2!} + \frac{1}{3!} + \frac{1}{4!} + \frac{1}{5!} + \cdots$$

prosseguindo para sempre. Aqui ! representa o fatorial

$$n! = n \times (n-1) \times \ldots \times 3 \times 2 \times 1$$

Se os mnemônicos de π são escritos em piês (p.48), os mnemônicos de *e* são escritos em eiês?

Quadrados incríveis

Existem infinitos números naturais que podem ser expressos como somas de três quadrados de duas maneiras diferentes: $a^2 + b^2 + c^2 = d^2 + e^2 + f^2$. Mas dá para fazer mais. Um exemplo incrível é

$$123789^2 + 561945^2 + 642864^2 = 242868^2 + 761943^2 + 323787^2$$

A relação é preservada se apagarmos sucessivamente o algarismo mais à esquerda:

$$23789^2 + 61945^2 + 42864^2 = 42868^2 + 61943^2 + 23787^2$$
$$3789^2 + 1945^2 + 2864^2 = 2868^2 + 1943^2 + 3787^2$$

---

* "Nós apresentamos um mnemônico para memorizar uma constante tão empolgante que Euler exclamou: '!', quando foi encontrada, sim, um forte '!'." (N.T.)

$789^2 + 945^2 + 864^2 = 868^2 + 943^2 + 787^2$
$89^2 + 45^2 + 64^2 = 68^2 + 43^2 + 87^2$
$9^2 + 5^2 + 4^2 = 8^2 + 3^2 + 7^2$

E também é preservada se apagarmos repetidamente o dígito mais à direita:

$12378^2 + 56194^2 + 64286^2 = 24286^2 + 76194^2 + 32378^2$
$1237^2 + 5619^2 + 6428^2 = 2428^2 + 7619^2 + 3237^2$
$123^2 + 561^2 + 642^2 = 242^2 + 761^2 + 323^2$
$12^2 + 56^2 + 64^2 = 24^2 + 76^2 + 32^2$
$1^2 + 5^2 + 6^2 = 2^2 + 7^2 + 3^2$

Ou ainda, se apagarmos os dígitos das duas pontas:

$2378^2 + 6194^2 + 4286^2 = 4286^2 + 6194^2 + 2378^2$
$37^2 + 19^2 + 28^2 = 28^2 + 19^2 + 37^2$

Este mistério matemático me foi enviado por Moloy De e Nirmalya Chattopadhyay, que também explicaram a ideia simples, mas inteligente, envolvida. Você é capaz de imitar Hemlock Soames e desvendar o segredo?

Resposta na p.287

• •

O mistério do 37 🔎
Das Memórias do dr. Watsup

"Que curioso!", comentei, pensando alto.

"Muitas coisas são curiosas, Watsup", disse Soames, que eu julgava adormecido na cadeira. "Que curiosidade você tem em mente?"

"Eu peguei o número 123 e o repeti seis vezes", expliquei.

"Obtendo 123123123123123123", Soames disse displicentemente.

"Ah, sim, mas não terminei."

"Você multiplicou por 37, sem dúvida", disse o grande detetive, mais uma vez frustrando a minha expectativa de poder lhe contar algo que ele já não soubesse.

"Sim! Foi isso que eu fiz! E o que obtive foi – não, Soames, por favor não interrompa – a resposta

4555555555555555551

com um monte de repetições do algarismo 5."

"E isso é curioso?"

"Sem dúvida. Ainda que esse cálculo possa ser mera coincidência, algo similar ocorre se eu usar 234 ou 345 ou 456 em vez de 123. Veja!" E mostrei-lhe a minha aritmética:

234234234234234234 × 37 = 8666666666666666658
345345345345345345 × 37 = 12777777777777777765
456456456456456456 × 37 = 16888888888888888872

"E não só isso: se eu repetir 123 ou 234 ou 345 ou 456 uma quantidade diferente de vezes e multiplicar por 37, obtenho novamente uma porção de repetições do mesmo algarismo, exceto perto das extremidades."

"Estou inclinado a pensar", murmurou Soames, "que os padrões 123, 234, 345, e assim por diante, são irrelevantes. Você experimentou outros números?"

"Experimentei 124 e não funcionou. Veja!"

124124124124124124 × 37 = 4592592592592592588

"Os algarismos se repetem em blocos de três, mas eu não acho isso surpreendente, já que acontece também no primeiro número da multiplicação."

"Você tentou 486?"

"Não – bem, já que não dá certo com 124, realmente não penso que... Bem, tudo bem." Voltei ao meu caderno e anotei o cálculo. "Que curioso!", eu disse outra vez, tendo descoberto a resposta.

486486486486486486 × 37 = 17999999999999999982

Inspirado, tentei vários números de três dígitos ao acaso, escrevendo-os seis vezes seguidas e multiplicando-os por 37. Às vezes o resultado incluía muitas repetições do mesmo algarismo, porém, muitas vezes isso não acontecia. Mostrei a Soames meu trabalho e confessei: "Estou estarrecido."

"O mistério sem dúvida há de se resolver", retrucou Soames, "se você considerar o número 111."

Escrevi

1111111111111111111 × 37 = 41111111111111111107

e fiquei olhando o resultado. Depois que vinte minutos haviam se passado, Soames levantou-se e espiou por cima do meu ombro. Balançou a cabeça achando graça. "Não, não, Watsup! Eu não estava sugerindo que você tentasse seu método com o número 111!"

"Ah. Eu presumi..."

"Quantas vezes eu já lhe disse, Watsup: *não presuma nada*! Embora o mistério pareça envolver o número 37, isso é meio que um efeito colateral. Eu estava sugerindo que você contemplasse como o número 111 se relaciona com o 37."

Resposta na p.288

Velocidade média

Devido ao tráfego pesado, um ônibus vai de Edimburgo a Londres, uma distância de 400 milhas, em 10 horas, a uma velocidade de 40mph [milhas por hora]. Ele faz a viagem de volta em 8 horas, a uma velocidade de 50mph. Qual é a velocidade média da viagem inteira?

A resposta óbvia é 45mph, a média aritmética entre 40 e 50, obtida somando-se os dois números e dividindo por 2. No entanto, o ônibus faz a viagem de ida e volta de 800 milhas em 18 horas, uma velocidade média de $^{800}/_{18}$ = 44^4/$_9$mph.

Como é possível?

Resposta na p.289

Quatro pseudossudokus sem pistas

O quebra-cabeça sem pistas na p.49-51 foi criado por Gerard Butters, Frederick Henle, James Henle e Colleen McGaughey. É uma variante do sudoku que gosto de chamar de mistérios de pseudossudokus sem pistas. Eis aqui mais quatro mistérios de pseudossudokus para resolver. As regras são:

- Cada linha e cada coluna devem conter cada número 1, 2, 3, ..., n apenas uma vez, onde n é a dimensão do quadrado.
- Os números em cada uma das regiões ressaltadas com traços pretos mais grossos devem ter o mesmo total. Escrevi o total sobre cada um dos quadrados para poupar você desse cálculo. Cada solução é única, exceto no quarto quebra-cabeça, que tem duas soluções correlacionadas simetricamente.

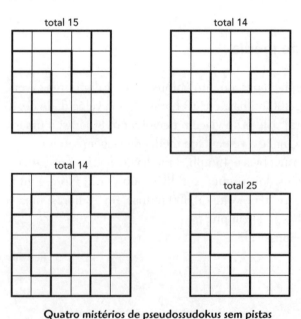

Quatro mistérios de pseudossudokus sem pistas

Resposta e leitura adicional na p.290

Somas de cubos

Números triangulares 1, 3, 6, 10, 15, e assim por diante, são definidos pela soma de números consecutivos, começando por 1:

$1 = 1$
$1 + 2 = 3$
$1 + 2 + 3 = 6$
$1 + 2 + 3 + 4 = 10$
$1 + 2 + 3 + 4 + 5 = 15$

e assim por diante. Existe uma fórmula

$1 + 2 + 3 + \ldots + n = n(n+1)/2$

e um modo de prová-la é escrever a soma *duas vezes*, assim:

$1 + 2 + 3 + 4 + 5$
$5 + 4 + 3 + 2 + 1$

e observar que os números na vertical somam sempre a mesma coisa, aqui no exemplo, 6. Então duas vezes a soma é 6 × 5 = 30, e a soma é 15. Se você fizesse isso com os números de 1 a 100, também daria certo: haveria cem colunas cada uma somando 101, de modo que a soma dos primeiros cem números deve ser a metade de 100 × 101, que é 5.050. De modo geral, se somarmos os n primeiros números obtemos a metade de $n(n+1)$, que é a fórmula.

Há uma fórmula para a soma de quadrados, mas é um pouco mais complicada:

$1 + 4 + 9 + \ldots + n^2 = n(n+1)(2n+1)/6$

Mas o que acontece com *cubos* é muito impressionante:

$1^3 = 1$
$1^3 + 2^3 = 9$
$1^3 + 2^3 + 3^3 = 36$
$1^3 + 2^3 + 3^3 + 4^3 = 100$
$1^3 + 2^3 + 3^3 + 4^3 + 5^3 = 225$

Os resultados são os quadrados dos números triangulares correspondentes.

Por que as somas de cubos deveriam resultar em quadrados? Podemos achar a fórmula e prová-la dessa maneira, mas há uma prova visual muito pitoresca de que

$$1^3 + 2^3 + 3^3 + \ldots + n^3 = (1 + 2 + 3 + \ldots + n)^2$$

sem usar nenhuma fórmula.

Visualizando somas de cubos

A figura mostra um quadrado de lado 1, dois quadrados de lado 2 (formando um cubo 2 × 2 × 2), três quadrados de lado 3 (um cubo 3 × 3 × 3) e assim por diante. Logo, a área é a soma de cubos consecutivos. Acompanhando a borda superior temos 1 + 2 + 3 + 4 + 5, a soma de números consecutivos. Mas a área de um quadrado é o quadrado do comprimento de seu lado. Pronto!

Se você quiser uma fórmula, sabemos que $(1 + 2 + 3 + \ldots + n) = n(n+1)/2$, e elevando ambos os números ao quadrado temos que $1^3 + 2^3 + 3^3 + \ldots + n^3 = n^2(n+1)^2/4$.

A charada dos papéis furtados 🔍
Das Memórias do dr. Watsup

Soames passou-me um envelope, segurando a carta que viera dentro.

"Um teste para os seus poderes de observação, Watsup. Quem você acha que me mandou isto?"

Segurei-o contra a luz, olhei o selo e o carimbo, cheirei, examinei a cola usada para fechá-lo. "O remetente é uma mulher", concluí. "Não é casada mas ainda não está condenada a ser uma solteirona, e buscando ativamente um marido. Ela está assustada, mas é corajosa." Fiz uma pausa, e veio-me uma inspiração a mais. "Suas finanças são aflitivas, mas ainda não desastrosas."

"Muito bom", Soames disse. "Vejo que você absorveu alguns dos meus métodos."

"Faço o melhor que posso", respondi.

"Explique o que levou você a essas deduções."

Ordenei meus pensamentos. "O envelope é cor-de-rosa e traz distintos traços de perfume. *Nuits de Plaisir*, se não estou enganado, pois minha amiga Beatrix costuma usar o mesmo. É ousado demais para uma mulher casada, mas não ousado o bastante para uma jovem. O simples fato de usar perfume implica que ela está buscando ativamente atenção masculina. Vestígios de cosmético na aba confirmam isso. Mas a cola foi lambida só parcialmente, sugerindo que sua boca estava seca quando fechou o envelope, e boca seca é sinal de medo. Mas como ela, apesar disso, completou a tarefa e postou a carta para você, ainda é capaz de funcionar racionalmente sob tensão severa, um sinal de coragem.

"Por fim, o selo mostra sinais de ter sido tirado com vapor de outro envelope e reutilizado – um canto dobrado, vestígios de um carimbo anterior. Isso indica uma atitude frugal. No entanto, ela pode se dar ao luxo de usar perfume, então ainda não está à beira da miséria."

Soames assentiu pensativamente, e eu me envaideci por dentro.

"Há alguns poucos sinais que você não percebeu", ele disse em voz baixa, "que colocam o assunto sob nova luz. O formato e o tamanho do envelope revelam que é um item do governo, não encontrado em qualquer papelaria de rua. Recomendo a você minha monografia a respeito de itens de papelaria e suas dimensões características. A tinta usada para escrever o endereço é de uma estranha tonalidade marrom-escura, não encontrada no comércio mas fornecida por atacado a certos departamentos em Whitehall."*

"Ah! Então seu atual amante é um funcionário público e ela pegou envelope e tinta emprestados dele."

"Uma teoria sensata", disse ele. "Totalmente incorreta, é claro, mas obviamente sensata e consistente com grande parte da evidência. No entanto, na verdade esta carta é do meu irmão, Spycraft."

Fiquei chocado. "Você tem um irmão?" Soames nunca me falara da sua família.

"Não o mencionei a você? Que negligência da minha parte."

"Como você sabe que foi ele quem escreveu a carta?"

"Ele a assinou."

"Oh. Mas e as outras pistas?"

"Uma pegadinha de Spycraft. Mas temos de nos apressar, pois devemos encontrá-lo sem demora no Diophantus Club. Dê a um dos moleques meio xelim para buscar um cabriolé e eu lhe contarei mais no caminho."

Enquanto sacudíamos dentro do cabriolé pela Portland Place, ele explicou que seu irmão era um perito em números primos aposentado, que fazia ocasionalmente um trabalho *freelance* para o governo de Sua Majestade. Recusou-se a dar detalhes a respeito da natureza do trabalho, dizendo apenas que era altamente confidencial e politicamente delicado.

Quando chegamos ao Diophantus Club, fomos logo levados à saleta das visitas, onde um cavalheiro aguardava-nos sentado numa confortável poltrona. Minha imediata impressão foi de lânguida corpulência, mas ocultava uma agudeza de espírito e uma agilidade corporal que desmentiam essa avaliação inicial.

Soames nos apresentou.

"Muitas vezes você acha estarrecedoras as minhas habilidades dedutivas, Watsup", disse ele, "mas perto de Spycraft eu passo vergonha."

---

* Rua londrina onde se encontra o centro administrativo do Reino Unido. (N.T.)

"Há uma área em que as suas habilidades excedem as minhas", contradisse o irmão. "Ou seja, enigmas lógicos nos quais as condições precisas são fluidas. Eu sinto que não tenho base a partir da qual atacar a questão. Daí o meu bilhete."

"Presumo que você não tenha objeções a que o dr. Watsup fique sabendo de tudo?"

"Sua folha de serviços no Al-Gebraistão é impecável. Ele deve jurar segredo, mas sua palavra será suficiente."

Soames lançou um olhar contundente. "Não é do seu feitio aceitar a palavra de alguém."

"Será suficiente quando ele for informado das consequências de quebrar o segredo."

Fiz o devido juramento e fomos direto ao assunto.

"Um importante documento foi deixado por engano em um lugar errado, e depois roubado", disse Spycraft. "É essencial para a segurança do Império Britânico que ele seja recuperado sem demora. Se cair nas mãos dos nossos inimigos, carreiras serão arruinadas e partes do império podem cair. Felizmente, um policial local viu o ladrão de relance, o bastante para reduzir as possibilidades para apenas um entre quatro homens."

"Ladrõezinhos vagabundos?"

"Não, todos os quatro cavalheiros são de alta reputação. Almirante Arbuthnot, bispo Burlington, capitão Charlesworth e dr. Dashingham."

Soames endireitou-se no assento. "Então Mogiarty tem um dedo nisso."

Sem acompanhar seu raciocínio, pedi-lhe que explicasse.

"Todos os quatro são espiões, Watsup. Trabalhando para Mogiarty."

"Então... Spycraft deve estar envolvido em contraespionagem!", bradei.

"Sim." Lançou um olhar para o irmão. "Mas você não ouviu isso de mim."

"Esses traidores foram interrogados?", perguntei.

Spycraft estendeu-me um dossiê, e eu o li em voz alta para que Soames ouvisse. "Sob interrogatório, Arbuthnot disse: 'Foi Burlington.' Burlington disse: 'Arbuthnot está mentindo.' Charlesworth disse: 'Não fui eu.' Dashingham disse: 'Foi Arbuthnot.' Isso é tudo."

"Nem tudo. Sabemos de outra fonte que exatamente um deles estava dizendo a verdade."

"Você tem um informante no círculo interno de Mogiarty, Spycraft?"

"Nós *tínhamos* um informante, Hemlock. Ele foi estrangulado com sua própria gravata antes de nos dizer o nome verdadeiro. Muito triste – era uma gravata clássica, totalmente arruinada. Todavia, nem tudo está perdido. Se pudermos deduzir quem foi o ladrão, podemos conseguir um mandado de busca e recuperar o documento. Todos os quatro homens estão sendo vigiados; não terão oportunidade de passar o documento a Mogiarty. Mas estamos de mãos atadas; precisamos nos ater aos ditames da lei. Além disso, se vasculharmos os aposentos errados os advogados de Mogiarty divulgarão o engano, causando danos irreparáveis."

Qual dos quatro homens foi o ladrão? Resposta na p.290.

Senhor de tudo que está ao seu alcance

Um fazendeiro queria cercar a maior área de campo que fosse possível, usando a cerca mais curta que houvesse. Talvez, sem que refletisse, ligou para a universidade local, que lhe mandou um engenheiro, um físico e um matemático para assessorá-lo.

O engenheiro construiu uma cerca circular, dizendo que era a forma mais eficiente.

O físico construiu uma linha reta tão comprida que não se podiam ver as extremidades, e disse ao fazendeiro que para todos os objetivos e propósitos ela dava a volta na Terra, de modo que havia cercado a metade do planeta.

O matemático construiu uma minúscula cerca circular em torno de si mesmo e disse: "Eu me declaro do lado de fora."

Outra curiosidade numérica

1 × 8 + 1 = 9
12 × 8 + 2 = 98
123 × 8 + 3 = 987
1234 × 8 + 4 = 9876
12345 × 8 + 5 = 98765

Então, vocês todos Hemlocks Soames em potencial: o que vem em seguida e quando o padrão se interrompe?

Resposta na p.291

O problema do quadrado opaco

Falando de cercas: qual é a cerca mais curta capaz de bloquear todo o campo de visão atrás de um campo quadrado? Isto é, uma cerca que tape toda linha reta que intersecte o campo. Esse é o Problema do Quadrado Opaco: o nome indica que você não consegue enxergar através dele. A questão remonta a Stefan Mazurkiewicz, em 1916, que a criou para qualquer forma, não só um quadrado. Ela continua nos confundindo, mas algum progresso tem sido feito.

Suponha que o lado do campo seja uma unidade. Então, é claro que uma cerca em volta dos quatro lados daria certo, e o comprimento seria 4. No entanto, poderíamos cortar fora um dos lados e ainda ter uma cerca opaca, reduzindo a resposta para 3. Esta é a cerca mais curta formada por uma poligonal única. Mas se permitirmos cercas usando várias linhas, uma possibilidade mais curta logo nos vem à mente: as duas diagonais do campo, comprimento total $2\sqrt{2} = 2,828$, aproximadamente.

Podemos melhorar ainda mais? Um fato geral é claro: uma cerca opaca inteiramente contida dentro do campo precisa incluir todos os quatro vértices do quadrado. Se algum vértice não fosse incluído, haveria uma reta intersectando o quadrado apenas naquele vértice (cortando em diagonal vindo de fora) e que não seria coberta pela cerca. Mesmo uma única reta dessas já viola as condições do problema.

Qualquer cerca que inclua todos os quatro vértices e os una entre si deve ser opaca, porque qualquer reta que intersecte o quadrado precisa ou passar por um vértice ou separar dois deles. Então, qualquer cerca conectora precisa cruzar essa linha. O par de diagonais é a cerca mais curta? Não. A cerca mais curta que liga os quatro vértices, chamada árvore de Steiner, tem comprimento $1 + \sqrt{3} = 2{,}732$, aproximadamente. As retas se cruzam em ângulos de 120°.

Acontece que nem mesmo esta é a cerca opaca mais curta. Há uma cerca não contínua, na qual uma parte bloqueia linhas de visão através do vazio, de comprimento $\sqrt{2} + \sqrt{3/2} = 2{,}639$. Há uma crença generalizada, embora ainda não esteja provado, de que esta é a cerca opaca mais curta. Bernd Kawohl provou que esta é a cerca mais curta que tem exatamente dois pedaços ligados. Um é a árvore de Steiner ligando três vértices, três retas que se encontram a 120°; o outro é a linha mais curta entre o centro e o quarto vértice.

Cercas opacas para um quadrado. *Da esquerda para a direita:* os comprimentos são 4; 3; 2,828; 2,732; e 2,639.

Nós nem sequer sabemos ao certo se *existe* uma cerca opaca mais curta. Ou, caso exista, ela deverá estar inteiramente dentro do quadrado. Vance Faber e Jan Mycielski provaram que para qualquer número finito dado de pedaços, existe pelo menos uma cerca opaca mais curta. (Por tudo que sabemos, pode haver várias.) O problema técnico aqui, atualmente não resolvido, é a possibilidade de que quanto mais pedaços forem permitidos, mais curta a cerca pode ser. Seria então possível achar uma série de cercas com comprimentos cada vez menores, mas nenhuma que seja mais curta que todas essas. De maneira alternativa, uma cerca composta de infinitos pedaços desconectados poderia ser a mais curta.

Polígonos e círculos opacos

Um truque matemático padrão, quando não se consegue resolver um problema, é generalizá-lo: considerar uma gama de problemas similares, porém mais complicados. Parece uma ideia estúpida: como é possível que tornar a questão *mais difícil* ajude você a resolvê-la? Mas quanto mais exemplos você tiver para pensar, maiores são suas chances de identificar alguma característica comum que derrube o problema. Nem sempre funciona, e até agora não funcionou aqui, mas às vezes dá certo.

Uma maneira de se generalizar o problema do quadrado opaco é mudar a forma. Substituir o quadrado por um retângulo ou um polígono com mais lados, um círculo, uma elipse – as possibilidades são infinitas.

Os matemáticos concentraram-se principalmente em duas generalizações: polígonos regulares e círculos. A cerca opaca mais curta para o triângulo equilátero é uma árvore de Steiner unindo cada vértice com o centro por meio de um segmento de reta. Há uma construção genérica que produz as menores cercas opacas conhecidas para polígonos regulares com número ímpar de lados, e outra similar mas diferente para um polígono com número par de lados.

As mais curtas cercas opacas conhecidas para polígonos regulares. Da esquerda para a direita: triângulo equilátero; polígono regular de número ímpar de lados; polígono regular com número par de lados.

E quanto ao círculo opaco? Se a cerca precisa ficar dentro da forma, a resposta óbvia é o perímetro da circunferência. Se o círculo tem raio unitário, seu comprimento vale $2\pi = 6{,}282$. Se faltar uma parte do perímetro, você vai precisar de pedaços de cerca extras dentro do círculo para bloquear trajetos que cruzem o segmento que falta, e a coisa se complica.

Intuitivamente, um círculo pode ser pensado como um polígono regular de infinitos lados muito curtos. Com base nessa ideia, Kawohl provou que uma construção como a dos polígonos regulares, mas usando um número infinito de pedaços, dá uma cerca opaca de comprimento total $\pi + 2 = 5{,}141$, que é menor que 2π. Mas existe uma cerca opaca menor em forma de U se parte dela puder ficar fora do círculo. Ela também tem comprimento $\pi + 2$ e conjectura-se que seja a menor possível, e foi também provado que é verdade para cercas formadas por uma curva única sem pontos de ramificação.

Cercas opacas para um círculo. *Esquerda:* **Óbvia, mas não a melhor.**
Direita: **Uma cerca opaca mais curta que sai do círculo.**

O problema também foi estendido para três dimensões: agora a cerca precisa ser uma superfície, ou algo mais complicado. A melhor cerca opaca conhecida para um cubo é formada por diversos pedaços curvos.

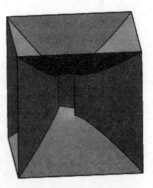

A melhor cerca opaca conhecida para um cubo

O signo do um 🔍
Das Memórias do dr. Watsup

"Soames! Eis aqui um belo quebra-cabeça. Pode interessar a você."

Hemlock Soames baixou a clarineta, na qual estivera tocando um hino fúnebre boliviano. "Duvido, Watsup." Ele estava em melancolia já por algumas semanas, e eu estava determinado a arrancá-lo daquele estado de espírito.

"O problema é exprimir os inteiros 1, 2, 3, e assim por diante, usando no máximo…"

"Quatro 4's", completou Soames. "Sei disso muito bem, Watsup."*

Decidi não deixar sua falta de entusiasmo me intimidar. "Com símbolos aritméticos básicos é possível chegar a 22. Raízes quadradas aumentam o limite para 30. Fatoriais aumentam para 112; potências, para 156…"

"E subfatoriais para 877", Soames completou. "É um quebra-cabeça antigo, e que já deu o que tinha que dar."

"O que é um subfatorial, Soames?", indaguei, mas ele já havia enterrado o nariz no *Daily Wail* de ontem.

Após um instante, ressurgiu: "Veja só, há muitas variações possíveis. O uso do 4 permite uma liberdade considerável, e diversos números úteis podem ser criados usando-se apenas um 4. Tais como $\sqrt{4} = 2$ e $4! = 24$."

"O que significa o ponto de exclamação?", perguntei.

"Fatorial. Por exemplo, $4! = 4 \times 3 \times 2 \times 1$, e assim por diante. O que, como eu disse, é 24."

"Ah."

"Esses números adicionais vêm de graça, e tornam o quebra-cabeça mais fácil. Mas eu fico imaginando…" Sua voz se perdeu.

"Fica imaginando o quê, Soames?"

"Fico imaginando até onde se pode chegar usando quatro *números 1*.

Em silêncio me regozijei, pois seu interesse estava claramente desperto. "Sim, entendo", eu disse. "Agora, $\sqrt{1} = 1$ e $1! = 1$, então não surgem

---

* W.W. Rouse Ball, *Mathematical Recreations and Essays*, 11ª ed., Londres, Macmillan, 1939.

números novos 'de graça'. O que torna o problema mais difícil, e talvez mais digno da nossa atenção."

Ele grunhiu, e eu me apressei em tirar proveito da minha ligeira vantagem. A melhor maneira de despertar o interesse de Soames para um problema é tentar resolvê-lo, e fracassar.

"Vejo que

$$1 = 1 \times 1 \times 1 \times 1$$

e

$$2 = (1 + 1) \times 1 \times 1$$
$$3 = (1 + 1 + 1) \times 1$$
$$4 = 1 + 1 + 1 + 1$$

Mas me escapa uma expressão para 5."

Soames ergueu uma das sobrancelhas. "Você poderia considerar

$$5 = \frac{(\mathring{1}.1)}{(1 + 1)}$$

onde o ponto é o ponto decimal."*

"Ah, muito esperto!", exclamei, mas Soames limitou-se a bufar. "E o 6?", continuei. "Posso ver como fazer usando fatorial:

$$6 = (1 + 1 + 1)! \times 1$$

Na verdade só preciso de três 1's, mas qualquer 1 em excesso pode ser usado numa multiplicação por 1."

"Elementar", ele resmungou. "Você considerou

$$6 = \sqrt{\frac{1}{.1}} + \sqrt{\frac{1}{.1}}$$

---

* Para fazer sentido no Brasil, esta seção, bem como as outras partes de "O signo do um", exige que adotemos a notação para números decimais utilizada nos países de língua inglesa, como está no texto original: o ponto no lugar da vírgula e – mais importante – a possibilidade de suprimir o zero antes da vírgula quando houver zero inteiro. Assim, por exemplo, nosso 0,1 se transformará em 0.1 e, posteriormente, em .1. O mesmo se dá em relação à notação para dízima periódica aplicada em cima do número, pouco usada entre nós. Nesse caso, por exemplo, .3 com um ponto em cima correspondente ao nosso 0,3333... (N.T.)

Watsup? Ou, ainda,

$$6 = \left(\sqrt{\frac{1}{.1}}\right)!$$

se você insiste em empregar fatoriais. Você pode multiplicar 1 × 1 ou dividir 1/1, ou somar 1 − 1, para usar todos os quatro 1's, é claro."

Fiquei olhando a fórmula. "Reconheço o ponto decimal, Soames, mas o que é o ponto em cima do 1?"

"Repetição do algarismo",* Soames respondeu enfastiado. "Zero ponto um repetido é igual a 0.111111... continuando para sempre. É claro que na nossa notação o zero inicial pode ser omitido. As infinitas casas decimais repetidas equivalem *exatamente* a 1/9. Dividindo 1 por 1/9 obtemos 9, cuja raiz quadrada é três..."

"E então 3 + 3 = 6", bradei empolgado. "E é claro que

$$7 = (1 + 1 + 1)! + 1$$

fica fácil sem raízes quadradas. Mas 8 já é um pepino que..."

"Preste atenção", instruiu Soames.

$$8 = \frac{1}{.1} - 1 \times 1$$

$$9 = \frac{1}{.1} + 1 - 1$$

"Ah! Sim! E então

$$10 = \frac{1}{.1} + 1 \times 1$$

$$11 = \frac{1}{.1} + 1 + 1$$

e..."

"Você está usando 1's prodigamente", disse Soames. "É melhor guardá-los para depois." E então escreveu

---

* Conhecida como "dízima periódica simples". (N.T.)

$$10 = \frac{1}{.1}$$

$$11 = 11$$

acrescentando: "Note a ausência do pontinho de 'repetição', Watsup. Dessa vez é só um decimal comum .1. Ah, e você precisa multiplicar ambos por 1 × 1 para usar os 1's excedentes, ou qualquer uma das outras maneiras que mostrei. Mais tarde, porém, você pode omitir esses dois 1's para empregá-los com um propósito melhor."

"Sim! Você quer dizer, coisas do tipo

$$12 = 11 + 1 \times 1$$
$$13 = 11 + 1 + 1$$
$$14 = 11 + \sqrt{\frac{1}{.1}}$$

e assim por diante?"

Uma centelha de sorriso cruzou o semblante de Soames. "Você captou, Watsup!"

"Mas e o 15?", perguntei.

"Trivial", ele suspirou, e anotou

$$15 = \frac{1}{.1} + \left(\sqrt{\frac{1}{.1}}\right)!$$

Ao que acrescentei triunfalmente

$$16 = \frac{1}{.1} + \left(\sqrt{\frac{1}{.1}}\right)!$$

$$17 = 11 + \left(\sqrt{\frac{1}{.1}}\right)!$$

$$18 = \frac{1}{.1} + \frac{1}{.1}$$

$$19 = \frac{1}{.1} + \frac{1}{.1}$$

$$20 = \frac{1}{.1} + \frac{1}{.1}$$

$$21 = \frac{1}{.1} + 11$$

$$22 = 11 + 11$$

e Soames assentiu em aprovação. "Agora começa a ficar interessante", ele comentou. "Como será que fica o 23?"

"Eu sei, Soames!", exclamei.

$$23 = \left(\sqrt{\frac{1}{.1}} + 1\right)! - 1$$

$$24 = \left(\sqrt{\frac{1}{.1}} + 1\right)! \times 1$$

$$25 = \left(\sqrt{\frac{1}{.1}} + 1\right)! + 1$$

"Tendo em mente", esclareci, "que 4! = 24, como você sabiamente observou. É divertido, Soames! Apesar de que, juro, não consigo expressar 26."

"Bem…", ele começou e parou.

"Está confuso?"

"De jeito nenhum. Eu estava só pensando se seria necessário introduzir um símbolo novo. Com certeza há de facilitar a nossa vida. Watsup, você tem conhecimento das funções piso e teto?"

Meu olhar inadvertidamente dirigiu-se para os meus pés, depois para acima da minha cabeça, mas não veio inspiração alguma.

"Vejo que não", disse Soames. *Como ele sabe o que estou pensando?*, refleti. É…

"Misterioso… Não é? Eu leio você como um livro, Watsup. Possivelmente *Mamãe ganso*. Agora, essas funções são

$\lfloor x \rfloor$ = o maior inteiro menor ou igual a x (piso)
$\lceil x \rceil$ = o menor inteiro maior ou igual a x (teto)

e você descobrirá que são indispensáveis em todos os quebra-cabeças desse tipo."

"Excelente, Soames. Embora eu admita, não consigo enxergar..."

"A ideia, Watsup, é que por meio dessas funções possamos expressar números pequenos úteis usando apenas *dois* 1's. Por exemplo,

$$3 = \left\lfloor \sqrt{\frac{1}{.1}} \right\rfloor$$

é outra maneira de representar 3 com dois 1's, e

$$4 = \left\lceil \sqrt{\frac{1}{.1}} \right\rceil$$

é novo." Vendo minha perplexidade, acrescentou: "Você percebe que $\sqrt{1/.1}$ = $\sqrt{10}$ = 3,162, cujo piso é 3 e cujo teto é 4."

"Sim...", respondi em tom de dúvida.

"Então podemos seguir adiante, porque

$$26 = \left\lceil \sqrt{\frac{1}{.1}} \right\rceil! + 1 + 1$$

$$27 = \left\lceil \sqrt{\frac{1}{.1}} \right\rceil! + \left\lfloor \sqrt{\frac{1}{.1}} \right\rfloor$$

$$28 = \left\lceil \sqrt{\frac{1}{.1}} \right\rceil! + \left\lceil \sqrt{\frac{1}{.1}} \right\rceil$$

Para não mencionar várias outras alternativas."

Milhares de pensamentos incoerentes passaram pelo meu cérebro. Um se destacou. "Bem, Soames, acabei de perceber que

$$5 = \left\lceil \sqrt{\left\lceil \sqrt{\frac{1}{.1}} \right\rceil!} \right\rceil$$

porque $\sqrt{24}$ = 4,89, cujo teto é 5. Então agora consigo fazer 29 e 30!" Quero dizer 30, não fatorial de 30, você entende. Pontuação é um estorvo.

Watsup e Soames foram mais longe na investigação do quebra-cabeça, e veremos adiante o que descobriram. Mas antes de continuar a história, você talvez gostasse de saber até onde consegue chegar sozinho. Começando em 31.

O signo do um continua na p.116

Progresso em intervalos entre números primos

Lembre-se de que um número inteiro é *composto* se puder ser obtido multiplicando-se dois números inteiros menores, e *primo* se não puder ser obtido multiplicando-se dois números inteiros menores e se for maior que 1. O número 1 é exceção: alguns séculos atrás ele era considerado primo, mas essa convenção impede que fatores primos sejam únicos. Por exemplo, 6 = 2 × 3 = 1 × 2 × 3 = 1 × 1 × 2 × 3, e assim por diante. Atualmente, por esta e outras razões, 1 é considerado especial. Não é nem primo nem composto, mas uma *unidade*: um número inteiro x tal que $1/x$ também é um número inteiro. De fato, é a única unidade positiva.

Os primeiros números primos são

2   3   5   7   11   13   17   19   23   29   31   37

Há um número infinito deles, espalhados de maneira irregular ao longo dos números inteiros. Os números primos têm sido há bastante tempo uma enorme fonte de inspiração, e muitos dos seus mistérios têm sido resolvidos com o correr dos anos. Muitos outros, porém, permanecem tão sombrios quanto sempre foram.

Em 2013, os teóricos dos números fizeram um súbito e inesperado progresso em dois dos grandes mistérios em torno dos números primos. O primeiro dizia respeito aos intervalos entre primos sucessivos, e vou descrevê-lo agora. O segundo vem logo em seguida.

Todos os números primos diferentes de 2 são ímpares (já que todos os números pares são múltiplos de 2), então não é possível que dois números consecutivos exceto (2, 3) sejam primos. No entanto, é possível que dois números que tenham entre eles uma diferença de 2 sejam primos. Eis alguns exemplos: (3, 5), (5, 7), (11, 13), (17, 19), e é fácil encontrar mais. Tais pares são chamados de *primos gêmeos*.

Há muito se conjectura que existem infinitos pares de números primos gêmeos, mas isso ainda não foi provado. Até pouco tempo o progresso nessa questão era mínimo, mas em 2013 Yitang Zhang estarreceu o mundo matemático anunciando que podia provar que existem

101

infinitos pares de primos diferindo, no máximo, de 70 milhões. Desde então seu artigo foi aceito para publicação pela importante revista de matemática pura *Annals of Mathematics*. Isso pode parecer inconsistente em comparação com a conjectura de primos gêmeos, mas foi a primeira vez que alguém demonstrou que existem infinitos números primos cuja diferença é de um valor fixo. Se o valor de 70 milhões pudesse ser de algum modo reduzido a 2, isso solucionaria a conjectura dos primos gêmeos.

Hoje os matemáticos usam cada vez mais a internet para juntar forças na resolução de problemas, e Terence Tao orquestrou um esforço cooperativo para reduzir a cifra de 70 milhões para algo menor. Ele o fez dentro do contexto do projeto Polymath, um sistema montado para facilitar esse tipo de trabalho. À medida que os matemáticos foram adquirindo uma compreensão melhor dos métodos de Zhang, o número desabou. James Maynard reduziu a cifra de 70 milhões para 600 (na verdade para 12, se outra conjectura chamada Conjectura Elliott-Halberstam for presumida, ver p.292). No fim de 2013 novas ideias de Maynard a haviam reduzido para 270.

Ainda não é 2, mas bem mais perto que 70 milhões.

A conjectura ímpar de Goldbach

O segundo mistério de números primos a ser resolvido (provavelmente!) remonta a 1742, quando o matemático amador alemão Christian Goldbach escreveu uma carta a Leonhard Euler que continha diversas observações a respeito dos números primos. Uma era: "Todo inteiro maior que 2 pode ser escrito como a soma de três primos." Euler recordava-se de uma conversa anterior na qual Goldbach fizera uma conjectura correlacionada: "Todo inteiro par é a soma de dois primos."

Com a convenção que prevalecia na época, de que 1 é primo, essa afirmativa implica a primeira, porque qualquer número pode ser escrito ou com $n + 1$ ou $n + 2$ onde n é par. Se n é a soma de dois primos, o

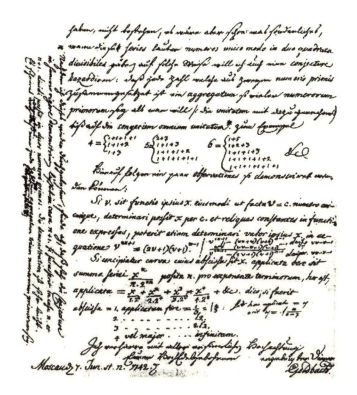

A carta de Goldbach a Euler, afirmando que se um número é a soma de dois primos, então é a soma de qualquer quantidade de primos (até o tamanho do número referido). Na margem está a conjectura de que todo número primo maior que 2 é a soma de três primos. Goldbach definia 1 como primo, o que não é a convenção moderna.

número original é a soma de três primos. Euler disse: "Considero [a segunda afirmativa] um teorema completamente certo, embora não possa prová-lo." Isso resume bastante bem a situação atual.

Todavia, nós não consideramos mais 1 como sendo primo, conforme foi discutido acima. Assim, atualmente dividimos a conjectura de Goldbach em duas conjecturas distintas:

A *conjectura par de Goldbach* afirma:
Todo inteiro par maior que 2 é a soma de dois primos.

A *conjectura ímpar de Goldbach* é:
Todo inteiro ímpar maior que 5 é a soma de três primos.

A conjectura par implica a conjectura ímpar, mas não vice-versa.

Com os anos, vários matemáticos fizeram progresso nessas questões. Talvez o resultado mais forte na conjectura par de Goldbach seja a de Chen Jing-Run, que provou em 1973 que todo inteiro suficientemente grande é a soma de um primo e um semiprimo (ou primo ou produto de dois primos).

Em 1995, o matemático francês Olivier Ramaré provou que todo número par é a soma de, no máximo, seis primos, e todo número ímpar é a soma de, no máximo, sete primos. Houve uma crença considerável entre os especialistas de que a conjectura ímpar de Goldbach estava para ser alcançada, e tinham razão: em 2013 Harald Helfgott reivindicou uma prova usando métodos relacionados. Seu resultado ainda está sendo checado por especialistas, mas parece estar se mantendo bem sob escrutínio. Ele implica (se n é par, então $n - 3$ é ímpar, daí uma soma de três primos $q + r + s$, de maneira que $n = 3 + q + r + s$ é a soma de quatro primos). Isso está próximo da conjectura par de Goldbach, mas parece improvável que possa ser provado totalmente usando os métodos atuais. Então ainda há um caminho a percorrer.

• •

Mistérios dos números primos

A matemática tem seus próprios mistérios, e matemáticos que tentam resolvê-los são como detetives. Buscam pistas, fazem deduções lógicas e procuram prova de que estão corretos. Como nos casos de Soames, o passo mais importante é saber como começar – que linha de pensamento poderia levar a progressos. Em muitos casos, *ainda não sabemos*. Isso pode soar como uma confissão de ignorância, e na verdade é. Mas é também uma declaração de que ainda resta matemática nova para ser descoberta, de modo que a matéria não se esgotou. Os números primos são uma rica fonte de coisas plausíveis que nós não sabemos de fato se são verdadeiras. Aqui estão algumas delas. Em todos os casos p_n denota o enésimo número primo.

Conjectura de Agoh-Giuga

Um número p é primo se, e somente se, o numerador de $pB_{p-1}+1$ é divisível por p, onde B_k é o k-ésimo número de Bernoulli [Takashi Agoh, 1990]. Procure-os na internet se você realmente quiser saber: os primeiros são $B_0 = 1$, $B_1 = 1/2$, $B_2 = 1/6$, $B_3 = 0$, $B_4 = -1/30$, $B_5 = 0$, $B_6 = 1/42$, $B_7 = 0$, $B_8 = -1/30$.

De maneira equivalente: um número p é primo se, e somente se,

$$[1^{p-1} + 2^{p-1} + 3^{p-1} + \ldots + (p-1)^{p-1}] + 1$$

for divisível por p [Giuseppe Giuca, 1950].

Um contraexemplo, se existir, precisa ter pelo menos 13.800 dígitos [David Borwein, Jonathan Borwein, Peter Borwein e Roland Girgensohn, 1996].

Conjectura de Andrica

Se p_n é o enésimo primo, então

$$\sqrt{p_{n+1}} - \sqrt{p_n} < 1$$

[Dorin Andrica, 1986].

Imran Ghory utilizou dados a respeito dos maiores intervalos entre números primos para confirmar a conjectura para n até $1,3002 \times 10^{16}$. A figura mostra o gráfico de $\sqrt{p_{n+1}} - \sqrt{p_n}$ em relação a n para os primeiros duzentos primos. O número 1 está no alto do eixo vertical, e todos os outros picos mostrados são menores que 1. Eles parecem encolher à medida que n aumenta, mas até onde sabemos pode haver um pico enorme, bem acima de 1, para algum n muito grande. Para que a conjectura seja falsa, teria de haver um intervalo extremamente grande entre dois números primos consecutivos muito altos. Isso parece bastante improvável, mas ainda não pode ser descartado.

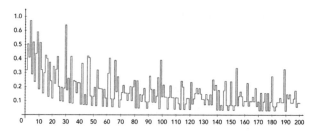

Gráfico de $\sqrt{p_{n+1}} - \sqrt{p_n}$ em relação a *n* para os primeiros duzentos primos

Conjectura de Artin sobre raízes primitivas
Qualquer inteiro *a*, diferente de −1 ou de um quadrado perfeito, é uma raiz primitiva módulo primo infinito. Ou seja, todo número entre 1 e $p-1$ é uma potência de *a* menos um múltiplo de *p*. Existem fórmulas específicas para a proporção de tais números primos à medida que seu tamanho vai ficando maior [Emil Artin, 1927].

Conjectura de Brocard
Quando $n > 1$ existem pelo menos quatro primos entre p_n^2 e p_{n+1}^2 [Henri Brocard, 1904]. Espera-se que isso seja verdade – de fato, enunciados muito mais fortes deveriam ser verdadeiros.

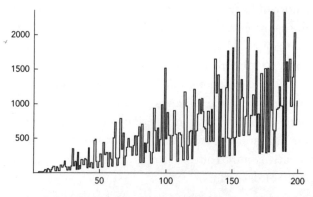

Quantidade de primos entre p_n^2 e p_{n+1}^2 em relação a *n* [Eric W. Weisstein, "Brocard's Conjecture", in *MathWorld – A Wolfram Web Resource*: http://mathworld.wolfram.com/BrocardsConjecture.html].

Conjectura de Cramér

O intervalo $p_{n+1} - p_n$ entre números primos consecutivos não é maior que uma constante múltipla de $(\ln p_n)^2$ quando n torna-se grande [Harald Cramér, 1936].

Cramér provou um enunciado similar substituindo $(\ln p_n)^2$ por $\sqrt{p_n} \ln p_n$, assumindo a Hipótese de Riemann – talvez o mais importante problema não resolvido em matemática, ver *Almanaque das curiosidades matemáticas*, p.225.

Conjectura de Firoozbakht

O valor de $p_n^{1/n}$ é estritamente decrescente [Farideh Firoozbakht, 1982]. Isto é, $p_n^{1/n} > p_{n+1}^{1/(n+1)}$ para todo n. Vale para todos os números primos até 4×10^{18}.

Primeira conjectura de Hardy-Littlewood

Seja $\pi_2(x)$ a representação dos números primos $p \leq x$ tais que $p+2$ também seja primo. Define-se a constante de primos gêmeos

$$C_2 = \prod_{p \geq 3} \frac{p(p-2)}{(p-1)^2} \approx 0{,}66016$$

(onde o símbolo $\prod$ indica um produto abrangendo todos os números primos $p \geq 3$). Então a conjectura é que

$$\pi_2(n) \sim 2C_2 \frac{n}{(\ln n)^2}$$

onde $\sim$ significa que a razão tende a 1 à medida que n se torna tão grande quanto se queira [Godfrey Harold Hardy e John Edensor Littlewood, 1923].

Há uma segunda conjectura de Hardy-Littlewood (abaixo).

Conjectura de Gilbreath

Comece com os primos

2, 3, 5, 7, 11, 13, 17, 19, 23, 29, 31, ...

Calcule as diferenças entre os termos consecutivos:

1, 2, 2, 4, 2, 4, 2, 4, 6, 2, ...

Repita o mesmo cálculo para a nova sequência, ignorando sinais, e continue repetindo o processo. As primeiras cinco sequências são

1, 0, 2, 2, 2, 2, 2, 2, 4, ...
1, 2, 0, 0, 0, 0, 0, 2, ...
1, 2, 0, 0, 0, 0, 2, ...
1, 2, 0, 0, 0, 2, ...
1, 2, 0, 0, 2, ...

Gilbreath e Proth conjecturaram que o primeiro termo em cada sequência é sempre 1, não importa quantas vezes o processo é repetido [Norman Gilbreath, 1958, François Proth, 1878].

Andrew Odlyzko verificou a conjectura para as primeiras $3{,}4 \times 10^{11}$ sequências em 1993.

Conjectura de Goldbach para números pares
Todo inteiro par maior que 2 pode ser expresso como a soma de dois números primos [Christian Goldbach, 1742].

T. Oliveira e Silva verificou a conjectura por computador para $n \leq 1{,}609 \times 10^{18}$.

Conjectura de Grimm
Para cada elemento de um conjunto de números compostos consecutivos pode-se atribuir um número primo distinto que o divida [C.A. Grimm, 1969].

Por exemplo, se os números compostos são 32, 33, 34, 35, 36, então os primos atribuídos serão 2, 11, 17, 5, 3.

Quarto problema de Landau
Em 1912 Edmund Landau listou quatro problemas básicos envolvendo números primos, hoje conhecidos como problemas de Landau. Os três primeiros são a conjectura de Goldbach (acima), a conjectura dos primos gêmeos (abaixo) e a conjectura de Legendre (abaixo). O quarto é: existirão infinitos primos p tais que $p - 1$ seja um quadrado perfeito? Isto é, $p = x^2 + 1$ para x inteiro.

Os primeiros números primos que satisfazem a condição são 2, 5, 17, 37, 101, 197, 257, 401, 577, 677, 1.297, 1.601, 2.917, 3.137, 4.357, 5.477, 7.057, 8.101, 8.837, 12.101, 13.457, 14.401 e 15.377. Um exemplo maior, mas nem de longe o mais longo existente, é

$p = $ 1.524.157.875.323.883.675.049.535.156.256.668.194.500.533.455.762.536.198.787.501.905.199.875.019.052.101

e

$x = $ 1.234.567.890.123456789.012.345.678.901.234.567.890.

Em 1997 John Friedlander e Henryk Iwaniec provaram que há infinitos números primos da forma $x^2 + y^4$ para x, y inteiros. Os primeiros são 2, 5, 17, 37, 41, 97, 101, 137, 181, 197, 241, 257, 277, 281, 337, 401 e 457. Iwaniec provou que há infinitos números da forma $x^2 + 1$ com no máximo dois fatores primos. Perto, mas ainda não é isso.

Conjectura de Legendre

Adrien-Marie Legendre conjecturou que existe um primo para n^2 e $(n + 1)^2$ para todo n positivo. Isso como consequência das conjecturas de Andrica (acima) e de Oppermann (abaixo). A conjectura de Cramér (acima) implica que a de Legendre é verdadeira para todos os números suficientemente grandes. Sabe-se que é verdadeira até 10^{18}.

Conjectura de Lemoine ou conjectura de Levy

Todos os números inteiros ímpares maiores que 5 podem ser representados como a soma de um número primo ímpar e o dobro de um primo [Émile Lemoine, 1894, e Hyman Levy, 1963].

A conjectura foi verificada até 10^9 por D. Corbitt.

Conjecturas de Mersenne

Em 1644 Marin Mersenne afirmou que os números $2^n - 1$ são primos para $n = 2, 3, 5, 7, 13, 17, 19, 31, 67, 127$ e 257 e compostos para todos os outros inteiros positivos $n < 257$. Acabou-se demonstrando que Mersenne cometera cinco erros: $n = 67$ e 257 dão números compostos e $n = 61, 89, 107$ dão números primos. A conjectura de Mersenne levou à nova conjectura de Mersenne e à conjectura de Lenstra-Pomerance-Wagstaff, que vem adiante.

Nova conjectura de Mersenne ou conjectura de Bateman-Selfridge-Wagstaff

Para qualquer p ímpar, se qualquer uma das duas seguintes condições for satisfeita, então a terceira também será:

$p = 2^k \pm 1$ ou $p = 4^k \pm 3$ para algum número natural k.
$2^p - 1$ é primo (um primo de Mersenne).
$(2^{p+1})/3$ é primo (um primo de Wagstaff).

[Paul Bateman, John Selfridge e Samuel Wagstaff Jr., 1989.]

Conjectura de Lenstra-Pomerance-Wagstaff

Existe uma quantidade infinita de números primos de Mersenne, e a quantidade de primos de Mersenne menores que x é aproximadamente $e^{\gamma} \ln x / \ln 2$ onde γ é a constante de Euler, aproximadamente 0,577 [Hendrik Lenstra, Carl Pomerance e Samuel Wagstaff, inédito.]

Conjectura de Oppermann

Para qualquer inteiro $n > 1$, existe pelo menos um número primo entre $n(n-1)$ e n^2 e pelo menos outro primo entre n^2 e $n(n+1)$ [Ludwig Henrik Ferdinand Oppermann, 1882].

Conjectura de Polignac

Para qualquer número par positivo n, há infinitos casos de dois números primos consecutivos com diferença n [Alphonse de Polignac, 1849].

Para $n = 2$, esta é a conjectura dos números primos gêmeos (ver abaixo). Para $n = 4$, ela afirma que existem infinitos *primos primos* [*cousin primes*] $(p, p + 4)$. Para $n = 6$, existem infinitos *primos sexy* $(p, p + 6)$ com nenhum primo entre p e $p + 6$.

Conjectura de Redmond-Sun

Todo intervalo $[x^m, y^n]$ (isto é, o conjunto de números que vão de x^m até y^n) contém pelo menos um primo, exceto para $[2^3, 3^2]$, $[5^2, 3^3]$, $[2^5, 6^2]$,

[11^2, 5^3], [3^7, 13^3], [5^5, 56^2], [181^2, 2^{15}], [43^3, 282^2], [46^3, 312^2], [22.434^2, 55^5] [Stephen Redmond e Zhi-Wei Sun, 2006].

A conjectura foi verificada para todos os intervalos [x^m, y^n] abaixo de 10^{12}.

Segunda conjectura de Hardy-Littlewood
Se $\pi(x)$ é a quantidade de números primos até x inclusive, então

$$\pi(x + y) \leq \pi(x) + \pi(y)$$

para $x, y \geq 2$ [Godfrey Harold Hardy e John Littlewood, 1923].

Há razões técnicas para supor que isso seja falso, mas a primeira quebra, a princípio, só ocorrerá para valores muito grandes de x, provavelmente maiores que $1,5 \times 10^{174}$, porém menores que $2,2 \times 10^{1.198}$.

Conjectura dos primos gêmeos
Existem infinitos números primos p tais que $p + 2$ também é primo.

Em 25 de dezembro de 2011, PrimeGrid, um "projeto de computação distribuída" que faz uso do tempo ocioso de computadores de voluntários, anunciou o maior par de números primos gêmeos atualmente conhecido:

$$3.756.801.695.685 \times 2^{666.669} \pm 1$$

Esses números possuem 200.700 dígitos.
Existem 808.675.888.577.436 pares de primos gêmeos abaixo de 10^{18}.

• •

A pirâmide ideal

Pense no Egito antigo e você pensa em pirâmides. Sobretudo a Grande Pirâmide de Quéops em Gizé, a maior de todas, ladeada pela um pouco menor pirâmide de Quéfren e da relativa miniatura de Miquerinos. São conhecidos os remanescentes de mais de 36 importantes pirâmides egípcias e de centenas de outras menores; variam de pirâmides enormes quase completas até buracos no chão contendo alguns pedaços de pedra da câmara mortuária – ou menos.

Esquerda: **As pirâmides de Gizé.** *Do fundo para a frente:* **Grande Pirâmide de Quéops, Quéfren, Miquerinos e as três pirâmides de rainhas. A perspectiva faz com que as que estão atrás pareçam menores do que realmente são.** *Direita:* **A pirâmide curvada.**

Tem se escrito muito a respeito de formas, tamanhos e orientações das pirâmides. A maior parte é especulação, utilizando relações numéricas para elaborar ambiciosas cadeias de argumentação. A Grande Pirâmide é a mais suscetível a isso, e tem sido alternadamente vinculada ao número do ouro, a π e até mesmo à velocidade da luz. Há tantos problemas com esse tipo de raciocínio que é difícil levá-lo a sério: de todo modo, muitas vezes os dados são inexatos, e com tantas medidas entrando em jogo é fácil fazer aparecer qualquer coisa que se queira.

Uma das melhores fontes para dados é *The Complete Pyramids*, de Mark Lehner. Entre outras coisas, ele fornece uma lista das inclinações das faces: os ângulos entre os planos formados por uma face triangular e a base quadrada. Alguns exemplos:

PIRÂMIDE	ÂNGULO
Quéops	51° 50' 40"
Quéfren	53° 10'
Miquerinos	51° 20' 25"
Curvada	54° 27' 44" (inferior), 43° 22' (superior)
Vermelha	43° 22'
Negra	57° 15' 50"

Você pode achar dados mais extensivos em
http://en.wikipedia.org/wiki/List_of_Egyptian_pyramids

Duas observações saltam à mente. A primeira é que apresentar alguns dos ângulos com precisão de segundos de arco (e outros com precisão de minutos) não é algo sensato. A pirâmide negra de Amenemés III, em Dashur, tem base de 105 metros e altura de 75 metros. Uma diferença de 1 segundo de arco na inclinação corresponde a uma mudança de 1 milímetro na altura. É notório que há traços dos contornos da base e alguns fragmentos das pedras externas podem ter sobrevivido, mas dado o que resta da pirâmide, você estaria em apuros se precisasse estimar a inclinação original com precisão inferior a 5° na figura verdadeira.

O que resta da pirâmide negra de Amenemés III

A outra observação é que embora as inclinações variem um pouco – dentro de um único monumento no caso da pirâmide curvada –, elas têm a tendência de se agrupar em torno de 54° ou algo assim. Por quê?

Em 1979, R.H. Macmillan ["Pyramids and pavements: some thoughts from Cairo", in *Mathematical Gazette* 63, dez 1979, p.251-5] partiu do reconhecido fato de que os construtores da pirâmide utilizaram pedras caras para a parte externa das pirâmides, tais como granito ou calcário branco de Turah. Por dentro, empregaram materiais mais baratos: calcário de baixa qualidade de Mokattam, tijolos de barro e entulho. Então faz sentido a redução da quantidade de pedras externas. Qual seria o formato de uma pirâmide se o faraó quisesse o maior monumento possível para um dado custo de pedras de revestimento externo? Ou seja: que ângulo de inclinação maximiza o volume de uma área fixa das quatro faces triangulares?

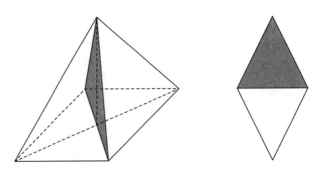

Esquerda: **O corte da pirâmide.** *Direita:* **Maximização da área de um triângulo isósceles, ou um losango equivalente com lado dado.**

Esse é um belo exercício de cálculo, mas também pode ser resolvido geometricamente usando um artifício inteligente. Corte a pirâmide ao meio na vertical passando pela diagonal da base (triângulo sombreado). Isso vai produzir um triângulo isósceles. O volume da meia pirâmide é proporcional à área desse triângulo e as áreas das faces inclinadas da meia pirâmide são proporcionais às correspondentes medidas dos lados do triângulo. Então o problema é equivalente a encontrar o triângulo isósceles de máxima área quando as medidas dos dois lados iguais são fixadas.

Refletindo o triângulo em relação à sua base, isso equivale a encontrar o losango de área máxima com uma determinada medida do lado. A resposta é um quadrado (virado na diagonal em posição de losango). Então os ângulos de cada seção triangular desse tipo são 90° no topo e 45° para os dois ângulos da base. Segue-se, por trigonometria básica, que o ângulo de inclinação de uma face da pirâmide é

$$\text{arctg } \sqrt{2} = 54° \, 44'$$

que está perto do valor médio para as pirâmides reais.

Macmillan não faz alegação alguma sobre o que isso nos diz acerca da construção de pirâmides; seu ponto principal é que se trata de um puro exercício de geometria. No entanto, o papiro matemático de Moscou contém uma regra para achar o volume de um tronco de pirâmide (uma pirâmide sem a ponta) e um problema mostrando que os egípcios entendiam a semelhança. E também explica como encontrar a altura de uma pirâmide a partir de sua base e inclinação. Além disso, tanto esse papiro quanto o papiro matemático de Rhind explicam como achar a área de um triângulo. Então, os matemáticos egípcios poderiam ter resolvido o problema de Macmillan.

Papiro matemático de Moscou, Problema 14: encontrar o volume de uma pirâmide truncada.

Na ausência de um papiro contendo esse cálculo exato, não há razão convincente para supor que o tenham feito. Não temos qualquer evidência de que estivessem interessados em otimizar o formato de suas pirâmides. E mesmo que o estivessem, poderiam tê-lo estimado usando modelos de argila. Ou, ainda, segundo um palpite bem-fundamentado. O formato também poderia ter evoluído na direção da opção menos cara: assim são os construtores e faraós. Outra alternativa é que o ângulo de inclinação poderia ter sido determinado por considerações de engenharia: acredita-se amplamente que a pirâmide curvada tenha esse formato porque a meio caminho da construção ela começou a desabar, então a inclinação foi reduzida. Dito isso, este trechinho sobre a matemática das pirâmides tem mais sentido do que conexões com a velocidade da luz.

O signo do um: segunda parte 🔎
Das Memórias do dr. Watsup

Soames começou a andar de um lado para outro da sala como um possesso. Por dentro, soltei um "Hurra!" de entusiasmo – pois podia ver que ele tinha se ligado. Agora eu o arrancaria da sombria depressão na qual tinha caído, e por fim me livraria das melodias fúnebres bolivianas.

"Temos de ser mais sistemáticos, Watsup!", ele declarou.

"De que maneira, Soames?"

"De maneira mais sistemática, Watsup." O silêncio que se seguiu o levou a ser menos obscuro. "Devemos listar números pequenos que podem ser derivados de apenas *dois* 1's. Unindo-os poderemos... Bem, você vai ver já, já, tenho certeza."

Então Soames escreveu:

$$0 = 1 - 1$$
$$1 = 1 \times 1$$
$$2 = 1 + 1$$
$$3 = \sqrt{\frac{1}{.1}}$$
$$4 = \left\lceil \sqrt{\frac{1}{.1}} \right\rceil$$
$$5 = \left\lceil \sqrt{\left\lceil \sqrt{\frac{1}{.1}} \right\rceil !} \right\rceil$$
$$6 = \left(\sqrt{\frac{1}{.1}}\right)!$$

nesse ponto Soames paralisou.

"Admito que 7 e 8 constituem lacunas temporárias", ele disse. "Não faz mal, deixe-me continuar:"

$$9 = \frac{1}{.\overline{1}}$$

$$10 = \frac{1}{.1}$$

$$11 = 11$$

"Confesso que eu ainda…"

"Calma, Watsup, você vai ver. Suponha, só para efeito de raciocínio, que possamos exprimir 7 e 8 usando dois 1's. Então teríamos controle sobre todos os números de 0 a 11. Assim, dado qualquer número n possível de ser expresso usando dois 1's, seríamos capazes de exprimir tudo entre $n - 11$ e $n + 11$ usando *quatro* 1's – meramente subtraindo ou somando as expressões da minha lista sistemática."

"Ah, agora estou entendendo", eu disse.

"Geralmente você entende, depois que eu lhe digo", replicou ele de maneira mordaz.

"Então deixe-me contribuir com um novo pensamento para mostrar que entendi! Já que sabemos como exprimir 24 usando dois 1's, por exemplo, como $\sqrt{\lceil \overline{\frac{1}{.1}} \rceil}!$, imediatamente exprimimos todo número de $24 - 11$ até $24 + 11$ usando quatro 1's. Ou seja, o intervalo de 13 a 35, inclusive."

"Exatamente! Penso que não precisamos anotar essas expressões."

"Não. Ahá! Podemos ir mais longe! Veja:

$$36 = \left(\left(\sqrt{\frac{1}{.1}}\right)!\right) \times \left(\left(\sqrt{\frac{1}{.1}}\right)!\right)$$"

"Sim", ele replicou. "Mas antes que a sua empolgação o carregue para reinos desconhecidos, quero lembrá-lo de que ainda não temos expressões para 7 e 8 usando apenas dois 1's."

De repente, fiquei abatido. Mas então um pensamento insano me ocorreu. "Soames?", perguntei hesitante.

"Sim?"

"Fatoriais tornam os números maiores?"

Ele assentiu, irritado.

"E raízes quadradas os tornam menores?"

"De acordo. Vá direto ao ponto, homem!"

"E pisos e tetos arredondam para números inteiros?"

Pude ver a compreensão tomando conta da sua face. "Muita coragem a sua, Watsup! Sim, estou vendo agora. Sabemos, por exemplo, como exprimir 24 usando dois 1's. Portanto, podemos exprimir também 24! usando dois 1's, e isto é", contraiu as sobrancelhas, "620.448.401.733.239.439.360.000, cuja raiz quadrada é", o rosto ficou vermelho enquanto ele fazia a aritmética mental, "887.516.46, cuja raiz quadrada é 942.08, cuja raiz quadrada é 30,69."*

"Então podemos exprimir 30 e 31 usando apenas dois 1's", eu disse. "Ou seja:

$$30 = \left\lfloor \sqrt{\sqrt{\sqrt{\left(\left(\left(\left\lceil \sqrt{\frac{1}{.1}} \right\rceil !\right)!\right)\right)}}} \right\rfloor$$

$$31 = \left\lceil \sqrt{\sqrt{\sqrt{\left(\left(\left(\left\lceil \sqrt{\frac{1}{.1}} \right\rceil !\right)!\right)\right)}}} \right\rceil "$$

"Nada disso nos ajuda a exprimir 7 e 8 com dois 1's, é claro, mas se pudéssemos fazer isso, poderíamos estender a gama de números para 31 + 11, que é 42. Tudo isso prova, Soames, como você tão convincentemente colocou, que devemos ser sistemáticos. Proponho que agora investiguemos repetidas raízes quadradas de fatoriais de números para podermos exprimir com dois 1's."

"De acordo! E é imediatamente óbvio", prosseguiu Soames, "que uma expressão para 7 logo gera uma para 8."

"Hã... é mesmo?"

"É claro. Como 7! = 5.040, cuja raiz quadrada é 70.99, cuja raiz quadrada é 8.42, deduzimos que:

$$8 = \lfloor \sqrt{\sqrt{(7!)}} \rfloor$$

---

* Lembramos ao leitor que nas seções de O signo do um estamos usando a notação americana/inglesa do ponto decimal, em lugar da vírgula.

Assim, não pela primeira vez na história humana, a chave do mistério é o número 7!" Com isso, caro leitor, ele estava colocando ênfase no número 7, não se referindo ao seu fatorial. Por favor, preste atenção, já expliquei isso antes.

A testa de Soames se contraiu novamente. "Posso fazer isso usando um fatorial duplo."

"Você quer dizer um fatorial de fatorial?"

"Não."

"Um subfatorial? Você não explicou ainda…"

"Não. Um fatorial duplo é uma insignificância obscura, é

$$n!! = n \times (n-2) \times (n-4) \times \ldots \times 4 \times 2$$

quando n é par, e

$$n!! = n \times (n-2) \times (n-4) \times \ldots \times 3 \times 1$$

quando n é ímpar. Então, por exemplo,

$$6!! = 6 \times 4 \times 2 = 48$$

cuja raiz quadrada é 6.92, cujo teto é 7."

Humildemente anotei

$$7 = \left\lceil \sqrt{\left(\left(\sqrt{\frac{1}{.1!}}\right)!!\right)} \right\rceil$$

Mas Soames permanecia insatisfeito.

"O problema, Watsup, é que ao introduzir funções aritméticas cada vez mais obscuras, poderíamos exprimir qualquer número com facilidade. Poderíamos usar Peano, por exemplo."

Objetei vociferando. "Soames, você sabe que a nossa proprietária reclama incessantemente da sua clarineta. Ela jamais permitiria um piano!"

"Giuseppe Peano foi um lógico italiano, Watsup."

"Para ser sincero, não faria muita diferença. Não tenho certeza de que a sra. Soapsuds quisesse…"

"Silêncio! Na axiomatização que Peano fez da aritmética, o *sucessor* de qualquer inteiro n é

$s(n) = n + 1$

Então Peano podia escrever

1 = 1
2 = s(1)
3 = s(s(1))
4 = s(s(s(1)))
5 = s(s(s(s(1))))

e o padrão continua indefinidamente. Todo inteiro seria possível de ser expresso usando apenas *um* 1. Ou, se for o caso, só um 0, pois 1 = s(0). Trivial demais, Watsup."

Você consegue encontrar um jeito de escrever 7 usando apenas dois 1's sem usar nada mais esotérico do que as funções que Soames e Watsup empregaram antes de começarem a discutir sobre fatoriais duplos e sucessores? A resposta está na p.292.

Soames e Watsup ainda não terminaram. O signo do um continua na p.127.

• •

Confusão inicial

R.H. Bing foi um matemático norte-americano, nascido no Texas, que se especializou naquilo que veio a ser conhecido como topologia texana. O que significa R.H.? Bem, seu pai era Rupert Henry, mas sua mãe sentia que isso soava britânico demais para o Texas, então, quando ele foi batizado, ela cortou o nome meramente para as iniciais. Então R.H. significa R.H., mais nada. Isso causava um pouco de confusão, mas nada muito sério, até o dia em que Bing pediu um visto para

R.H. Bing

visitar algum outro país. Quando lhe perguntaram o nome, antecipando a reação habitual, ele disse que era "R-only H-only Bing [R-só H-só Bing]".

Obteve um visto emitido para Ronly Honly Bing.

O rabisco de Euclides

Este é um mistério matemático que foi solucionado há mais de dois mil anos, e costumava ser ensinado nas escolas, mas não é mais – por razões sensatas. No entanto, vale a pena conhecê-lo, porque é muito mais eficiente do que o método que costuma ser ensinado em seu lugar. E faz uma ligação entre todo tipo de pedacinhos importantes da matemática em níveis mais elevados.

As pessoas gostam de fazer rabiscos. Você as vê ao telefone, conversando distraidamente, preenchendo as letras "o" numa página de jornal com a caneta esferográfica. Ou desenhando um monte de linhas retorcidas que dão voltas e mais voltas como espirais irregulares. Em inglês, a palavra rabisco, no sentido de um desenho distraído, é *"doodle"*, que originalmente também quer dizer bobo, pateta; mas esse sentido de rabisco parece ter sido introduzido pelo roteirista Robert Riskin na comédia cinematográfica de 1936 *O galante mr. Deeds*; o sr. Deeds refere-se a *"doodle"* como um rabisco que ajuda a pessoa a pensar.

Se um matemático fizesse esse tipo de rabisco – e a maioria faz – poderia muito bem começar desenhando um retângulo. O que se pode fazer com um retângulo? Pode-se preenchê-lo, podem-se desenhar curvas em espiral em torno das bordas... ou pode-se tirar um quadrado de uma das extremidades para formar um retângulo menor. E é apenas natural, típico do hábito de rabiscar, repetir novamente a mesma coisa.

O que acontece? Talvez você mesmo queira experimentar alguns retângulos antes de seguir em frente.

Tudo bem, lá vamos nós. Comecei com um retângulo comprido, fino, e eis o que aconteceu.

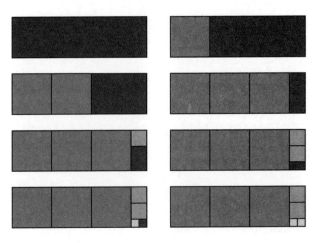

Meu rabisco

Acabei ficando com um quadradinho e sem retângulo algum.

Isso acontece sempre? Será que todo retângulo acaba engolido? Agora, *esta* é uma boa pergunta para um matemático refletir.

Qual era o tamanho do meu retângulo? Bem, a última figura mostra que:

- Os lados combinados de dois quadradinhos pequenos equivalem a um quadrado médio.
- Os lados combinados de dois quadrados médios e um pequeno formam o lado do quadrado grande e também dão um lado do retângulo.
- Os lados combinados de três quadrados grandes e um quadrado médio formam o outro lado do retângulo.

Se o quadrado pequeno tem lado de 1 unidade, então o quadrado médio tem lado de 2 e o grande tem lado $2 \times 2 + 1 = 5$. O lado menor do retângulo é 5 e o lado maior é $3 \times 5 + 2 = 17$. Então, comecei com o retângulo de 17×5.

Isso é interessante: olhando para o modo como os quadrados se encaixam entre si, posso calcular a forma do meu retângulo. Uma implicação mais sutil é: se o processo acaba, os lados do retângulo são ambos múltiplos *inteiros* da mesma coisa: o lado do último quadrado removido.

Em outras palavras, a razão dos dois lados é da forma p/q para p e q inteiros. O que constitui um número racional.

A ideia é completamente genérica: se o rabisco termina, a razão dos lados de um retângulo é um número racional. Na verdade, o inverso também é verdadeiro: se a razão dos lados de um retângulo é um número racional, então o rabisco termina. Nesse caso, rabiscos que acabam correspondem a "retângulos racionais".

Para ver por quê, vamos dar uma olhada mais de perto nesses números. A figura efetivamente nos diz o seguinte:

17 − 5 = 12
12 − 5 = 7
7 − 5 = 2

Agora nos resta um retângulo 5 × 2 e precisamos passar para o quadrado médio

5 − 2 = 3
3 − 2 = 1

Agora nos resta um retângulo 2 × 1 e precisamos passar para o quadrado menor

2 − 1 = 1
1 − 1 = 0

Parou! E *tem que* parar, porque os inteiros envolvidos são positivos, e vão ficando cada vez menores a cada etapa. E precisam, porque estamos fazendo subtrações ou deixando como estão. Agora, uma sequência de inteiros positivos não pode diminuir para sempre. Por exemplo, se você começa com 1 milhão e vai diminuindo, precisa parar após, no máximo, 1 milhão de subtrações.

Resumindo, o rabisco nos diz que

17 dividido por 5 dá 3 com resto 2
5 dividido por 2 dá 2 com resto 1
2 dividido por 1 dá exato com resto zero,

e o processo termina quando o resto chega a zero.

Euclides usou esse rabisco para solucionar um problema de aritmética: dados dois inteiros, calcule o maior fator comum. É o maior inteiro que divide exatamente ambos os números; costuma ser abreviado como mdc, significando máximo divisor comum. Por exemplo, se os números são 4.500 e 840, o mdc é 120.

O modo como me ensinaram a fazer isso na escola é decompor ambos os números em fatores primos (fatorar) e ver que fatores eles têm em comum. Por exemplo, suponhamos que estejamos procurando o mdc de 68 e 20. Decompondo em fatores primos:

$$68 = 2^2 \times 17 \quad 20 = 2^2 \times 5$$

O mdc é $2^2 = 4$.

Esse método é limitado a números pequenos o suficiente para serem fatorados de forma rápida. É irremediavelmente ineficiente para números maiores. Os gregos antigos conheciam um método mais eficaz, um procedimento a que deram o rebuscado nome de *antifairese*. Nesse caso, ela funciona assim:

68 dividido por 20 dá 3 com resto 8
20 dividido por 8 dá 2 com resto 4
8 dividido por 4 dá exato com resto zero
Parou!

É a mesma coisa que o cálculo anterior com 17 e 5, mas agora todos os números valem quatro vezes o tamanho (exceto o resultado de cada divisão pelo outro, que permanece o mesmo). Se você fizer o rabisco com um retângulo 68 × 20, obterá as mesmas figuras que antes, mas o quadradinho final é 4 × 4, não 1 × 1.

O nome técnico é algoritmo de Euclides. Um algoritmo é uma receita para cálculo. Euclides colocou esse algoritmo nos seus *Elementos* e o utilizou como base para sua teoria dos números primos. Em símbolos o rabisco funciona assim. Pegue dois inteiros positivos $m \leq n$. Comece com o par (m, n) e substitua-o por $(m, n - m)$ em ordem numérica, primeiro o menor, ou seja, transforme

$$(m, n) \to (\min(m, n - m), \max(m, n - m))$$

onde min e max são mínimo e máximo, respectivamente. Repita. Em cada etapa o número maior do par fica menor, então o processo pode acabar com um par $(0, h)$, digamos. Então esse h é o mdc que se está procurando. A prova é fácil: qualquer fator tanto de m quanto de n é também um fator de m e $n - m$, e vice-versa. Assim, em cada passo, o mdc permanece o mesmo.

Esse método é genuinamente eficiente: você pode usá-lo à mão para números realmente grandes. Como prova, eis uma questão para você. Ache o mdc de 44.758.272.401 e 13.164.197.765.

Resposta na p.293

•••

Eficiência euclidiana

Qual é a eficiência do algoritmo de Euclides?

Cortando um quadrado de cada vez é mais simples para propósitos teóricos, porém a forma mais compacta, em termos de divisão com resto, é a melhor para se usar na prática. Ela engloba todos os cortes usando um tamanho de quadrado fixo numa única operação.

A maior parte do trabalho computacional ocorre na etapa da divisão, então podemos estimar a eficiência do algoritmo contando quantas vezes essa etapa é aplicada. A primeira pessoa a investigar essa questão foi A.A.-L. Reynaud, e em 1811 ele provou que a quantidade de divisões é, no máximo, m, o menor dos dois números. Essa é uma estimativa muito pobre, e mais tarde ele chegou a $m/2 + 2$, não muito melhor. Em 1841, P.-J.-E. Finck reduziu a estimativa para $2\log_2 m + 1$, que é proporcional à quantidade de dígitos decimais em m. Em 1844, Gabriel Lamé provou que a quantidade de divisões é, no máximo, cinco vezes a quantidade de dígitos decimais de m. Então, mesmo para dois números com cem dígitos, o algoritmo obtém a resposta em não mais que quinhentos passos. Em geral, não se consegue fazer isso com a mesma rapidez usando fatores primos.

Qual é o pior cenário? Lamé provou que o algoritmo roda mais devagar quando m e n são membros consecutivos da sequência de Fibonacci

1   1   2   3   5   8   13   21   34   55   89   ...

na qual cada número é a soma dos dois anteriores. Para esses números, exatamente *um* quadrado é eliminado por vez. Por exemplo, com $m = 34$, $n = 55$, obtemos

   55 dividido por 34 dá 1 com resto 21
   34 dividido por 21 dá 1 com resto 13
   21 dividido por 13 dá um com resto 8
   13 dividido por 8 dá 1 com resto 5
   8 dividido por 5 dá 1 com resto 3
   5 dividido por 3 dá 1 com resto 2
   3 dividido por 2 dá 1 com resto 1
   2 dividido por 1 dá exato.

É um cálculo inusitadamente longo para números tão pequenos.

Os matemáticos também analisaram a quantidade média de etapas de divisão. Com n fixo, a média do número de divisões com m pequeno é aproximadamente

$$\frac{12}{\pi^2} \ln 2 \ln n + C$$

onde C, chamada *constante de Porter*, é

$$-\frac{1}{2} + \frac{6 \ln 2}{\pi^2}(4\gamma - 24\,\pi^2\zeta'(2) + 3\ln 2 - 2) = 1,467$$

Aqui $\zeta'(2)$ é a derivada da função zeta de Riemann calculada em 2, e γ é a constante de Euler, aproximadamente 0,577. Seria difícil achar um problema coerente que levasse a uma seleção mais abrangente de constantes matemáticas em uma única fórmula. A razão entre essa fórmula e a resposta exata tende a 1 à medida que n se torna maior.

123456789 vezes X

Às vezes ideias muito simples conduzem a resultados misteriosos. Tente multiplicar 123456789 por 1, 2, 3, 4, 5, 6, 7, 8 e 9. O que você nota? Quando começa a dar errado?

Respostas na p.293. Para uma continuação, ver p.157.

O signo do um: terceira parte 🔎
Das Memórias do dr. Watsup

Pilhas de papéis cobertos de rabiscos enigmáticos brotavam feito cogumelos de toda e qualquer superfície plana nos aposentos de Soames. Isso, entendam, não era incomum; a sra. Soapsuds com frequência o repreendia em relação ao seu sistema de encher o lixo até o fundo, mas de nada adiantava. Mas dessa vez os rabiscos eram somas.

"Posso obter 8 usando dois 1's sem envolver a hipotética expressão para 7", anunciei. "Na verdade

$$8 = \lfloor \sqrt{\sqrt{(11!)}} \rfloor$$

Mas, juro pela minha vida, não consigo derivar o 7."

"Esse aí parece traiçoeiro", concordou Soames. "Mas o seu resultado traz progresso de outro modo:

$$14 = \lfloor \sqrt{\sqrt{(8!)}} \rfloor$$
$$15 = \lfloor \sqrt{\sqrt{(8!)}} \rfloor$$

onde, é claro, substituímos a sua expressão por 8 onde é necessário. Posso escrever detalhadamente…"

"Não, não, Soames, já estou convencido."

"Mas agora temos mais duas *lacunas* em 12 e 13. No entanto, Watsup, desconfio que esses problemas estejam relacionados. Vejamos… Bem,

$$32 = \lfloor \sqrt{\sqrt{\sqrt{(15!)}}} \rfloor$$

e já temos 15 usando apenas dois 1's. Então

$$12 = \lfloor\sqrt{\sqrt{\sqrt{\sqrt{\sqrt{(32!)}}}}}\rfloor$$
$$13 = \lceil\sqrt{\sqrt{\sqrt{\sqrt{\sqrt{(32!)}}}}}\rceil$$

e mais

$$16 = \lfloor\sqrt{\sqrt{\sqrt{(13!)}}}\rfloor$$
$$17 = \lceil\sqrt{\sqrt{\sqrt{(13!)}}}\rceil$$

e finalmente

$$7 = \lceil\sqrt{\sqrt{\sqrt{(16!)}}}\rceil$$

que resolve a questão de forma inteiramente satisfatória. Assim, substituindo, um de cada vez, os vários números, descobrimos que

$$7 = \lceil\sqrt{\sqrt{\sqrt{((\lfloor\sqrt{\sqrt{\sqrt{((\lceil\sqrt{\sqrt{\sqrt{\sqrt{\sqrt{((\lfloor\sqrt{\sqrt{\sqrt{((\lceil\sqrt{\sqrt{((\lfloor\sqrt{\sqrt{(11!)}}\rfloor)!)}}\rceil)!)}}\rfloor)!)}}}}}\rceil)!)}}}\rfloor)!)}}}\rceil$$

Estou mortificado por não ter visto isso logo."

"Será que essa é a solução mais simples, Soames?", eu disse, engasgando. "Espero que não!"

"Não faço ideia. Talvez alguma pessoa engenhosa pudesse se sair melhor. É difícil ter certeza nesse tipo de assunto. Estou seguro de que hão de nos informar por telegrama se tiverem algo melhor que os nossos débeis esforços."

"Em todo caso", prossegui, "se podemos exprimir qualquer inteiro n com dois 1's, agora podemos exprimir todo intervalo de $n-17$ até $n+17$."

"Exatamente, Watsup. A nossa busca fica mais simples por enquanto. Tudo que precisamos é de uma série de números, cada um excedendo o anterior por não mais que 35, de modo que os intervalos se encostem ou se sobreponham. Isso nos possibilitará alcançar o maior número desses mais 17."

"O que significa...", comecei.

"Que devemos ser *sistemáticos*!"

"É isso."

"Nós já chegamos... lembre-me, Watsup. Consulte essas suas extensas anotações."

Mergulhei em diversas pilhas de documentos e acabei encontrando o meu caderno debaixo de uma doninha empalhada. "Chegamos até 32,

Soames, se incluirmos a nossa observação anterior quando estávamos procurando o 7."

"E, é claro,

$$33 = \lceil \sqrt{\sqrt{\sqrt{(15!)}}} \rceil\text{''}$$

ele disse. "Muito bem. Então, de preferência precisamos exprimir 78, 103, 138, e assim por diante, com dois 1's. Mas podemos usar números menores se forem mais convenientes. Contanto que o aumento seja de, no máximo, 35 de um para o seguinte."

Várias horas de intensos cálculos, e mais pilhas de papéis, levaram a uma lista curta, mas vital:

$$71 = \lceil \sqrt{(7!)} \rceil \quad 79 = \lfloor \sqrt{\sqrt{(8!)}} \rfloor \quad 80 = \lceil \sqrt{\sqrt{(8!)}} \rceil \quad 120 = 5!$$

mas pouco mais.

"Talvez eu tenha sido apressado demais em desprezar os fatoriais duplos, Watsup."

"Muito provavelmente, Soames."

Soames fez um meneio e escreveu:

$$105 = 7!!$$

Então, num repentino surto de inspiração, acrescentou

$$19 = \lfloor \sqrt{(8!!)} \rfloor$$
$$20 = \lceil \sqrt{(8!!)} \rceil$$

exclamando: "Se conseguirmos encontrar um jeito de escrever 18 com dois 1's, então ampliamos o intervalo em torno de qualquer inteiro n expressivo usando dois 1's: podemos então lidar com $n - 20$ até $n + 20$!" Fez uma pausa para tomar fôlego e acrescentou: "Se isso falhar, as únicas lacunas serão $n - 18$ e $n + 18$, que talvez possamos deduzir de outras maneiras."

"Penso que é hora de fazer um balanço", eu disse. Passei os olhos pelas nossas anotações rabiscadas. "Parece-me que exprimimos todos os números de 1 a 33 usando quatro 1's. Então

$$43 = \lfloor \sqrt{\sqrt{(10!)}} \rfloor$$
$$44 = \lceil \sqrt{\sqrt{(10!)}} \rceil$$

precisam de apenas dois 1's, de modo que preenchemos imediatamente tudo entre 26 e 61. Há uma lacuna no 62 (porque é 44 + 18, e ainda estamos encalhados no 18 se quisermos usar apenas dois 1's) mas podemos fazer 63 e 64. Agora, com base em 80, podemos continuar até 97. Aí encalhamos de novo em 98, mas conseguimos 99 e 100."

"De fato com muito mais facilidade", explicou Soames:

$$99 = \frac{11}{.1 \times 1}$$

$$100 = \frac{1}{(.1 \times .1)}$$

$$101 = \frac{1}{(.1 \times .1)} + 1$$

"Então estamos completos até 100", eu disse, "com as exceções de 62 e 98."

"Mas 98 podemos ajeitar por meio de 105, junto com todos os números até 122", Soames retrucou.

"Ah, eu tinha esquecido que podíamos fazer 105 com dois 1's."

"E como 120 = 5!, também possível de ser expresso usando dois 1's, podemos chegar a 137. Na verdade, podemos chegar também a 139 e 140."

"Então as únicas lacunas até 140 são 62 e 138", concluí.

"Assim parece", Soames concordou. "Fico me perguntando se essas lacunas podem ser preenchidas por algum outro método."

Você consegue achar algum modo de escrever 62 e 138 com quatro 1's, sem usar nada mais esotérico do que as funções utilizadas por Soames e Watsup até o momento? Resposta na p. 293.

Soames e Watsup ainda não terminaram. Mas o fim está próximo: O signo do um se encerra na p. 137.

Números taxicab*

Srinivasa Ramanujan foi um matemático indiano autodidata com um impressionante talento para fórmulas – geralmente fórmulas muito estranhas, ainda que com seu próprio tipo de beleza. Foi trazido para a Inglaterra, em 1914, pelos matemáticos Godfrey Harold Hardy e John Edensor Littlewood, de Cambridge. Em 1919, teve uma doença pulmonar terminal e morreu na Índia em 1920. Hardy escreveu:

Srinivasa Ramanujan

> Lembro-me de ter ido visitá-lo uma vez quando estava doente em Putney. Eu tinha ido de táxi, um táxi de número 1.729, e comentei que parecia ser um número muito sem graça, e esperava que não fosse um mau presságio. "Não", ele replicou, "é um número muito interessante – é o menor número possível de ser expresso como a soma de dois cubos [positivos] de duas maneiras diferentes."

A observação de que

$$1.729 = 1^3 + 12^3 = 9^3 + 10^3$$

foi publicada pela primeira vez por Bernard Frénicle de Bessy em 1657. Se se permitirem cubos negativos, então o menor número desses é:

$$91 = 6^3 + (-5)^3 = 4^3 + 3^3$$

Os teóricos dos números generalizaram o conceito. O número *taxicab* de enésima ordem n, $Ta(n)$, é o menor número que pode ser expresso como a soma de dois cubos positivos em n ou mais modos distintos.

Em 1979, Hardy e E.M. Wright provaram que alguns números podem ser expressos como a soma de qualquer grande quantidade de cubos

---

* Literalmente, "números de táxi". (N.T.)

positivos, de modo que Ta(n) existe para todo n. No entanto, até hoje são conhecidos apenas os seis primeiros:

Ta(1) = 2 = $1^3 + 1^3$
Ta(2) = 1729 = $1^3 + 12^3 = 9^3 + 10^3$
Ta(3) = 87539319 = $167^3 + 436^3 = 228^3 + 423^3$
   = $255^3 + 414^3$
Ta(4) = 6963472309248
   = $2421^3 + 19083^3 = 5436^3 + 18948^3$
   = $10200^3 + 18072^3 = 13322^3 + 166308^3$
Ta(5) = 48988659276962496
   = $38787^3 + 365757^3 = 107839^3 + 362753^3$
   = $205292^3 + 342952^3$
   = $221424^3 + 336588^3 = 231518^3 + 331954^3$
Ta(6) = 24153319581254312065344
   = $582162^3 + 28906206^3 = 3064173^3 + 28894803^3$
   = $8519281^3 + 28657487^3 = 16218068^3 + 27093208^3$
   = $17492496^3 + 26590452^3 = 18289922^3 + 26224366^3$

Ta(3) foi descoberto por John Leech em 1957. Ta(4) foi encontrado por E. Rosenstiel, J.A. Dardis e C.R. Rosenstiel em 1991. Ta(5) foi encontrado por J.A. Dardis em 1994 e confirmado por David Wilson em 1999. Em 2003, C.S. Calude, E. Calude e M.J. Dinneen estabeleceram que o número enunciado acima provavelmente é Ta(6), e em 2008 Uwe Hollerbach anunciou uma prova.

●●

A onda de translação

Pesquisa matemática montando a cavalo?
   Por que não? A inspiração pode baixar em qualquer lugar. Não é você que escolhe.
   Em 1834, John Scott Russell, engenheiro civil e arquiteto naval escocês, estava a cavalo ao longo de um canal, quando notou algo extraordinário:

Eu estava observando o movimento de um barco que era arrastado rapidamente ao longo de um canal estreito por um par de cavalos, quando o barco de repente parou – mas não a massa de água no canal que ele pusera em movimento; esta se acumulou em volta da proa da embarcação num estado de violenta agitação, e então deixando o barco subitamente para trás, propagou-se para diante com muita velocidade, assumindo a forma de uma grande elevação solitária, uma pilha de água arredondada, suave e bem-definida, que continuou seu curso ao longo do canal sem aparentar mudança de forma nem diminuição de velocidade. Segui a cavalo e a alcancei ainda se propagando com uma rapidez de cerca de oito ou nove milhas por hora [cerca de doze a catorze quilômetros por hora], preservando sua figura original de cerca de trinta pés [cerca de dez metros] e uma largura de um pé por um pé [cerca de trinta por trinta centímetros] na metade da altura. Sua altura foi diminuindo aos poucos, e após uma corrida de uma ou duas milhas [cerca de dois a três quilômetros] eu a perdi na ondulação do canal. Assim, no mês de agosto de 1834, aconteceu meu primeiro encontro com aquele belo e singular fenômeno que chamei de Onda de Translação.

Russell ficou intrigado por sua descoberta, porque em geral ondas individuais se desmancham à medida que viajam, ou quebram como as ondas na praia. Construiu na sua casa um tanque de ondas e realizou uma série de experimentos. Estes revelaram que esse tipo de onda é muito estável, e pode percorrer um longo caminho sem mudar de forma. Ondas de diferentes tamanhos viajam com velocidades diferentes. Se uma dessas ondas alcançar outra, ela emerge na frente após uma interação mais complicada. E uma onda grande em águas rasas divide-se em duas: uma média e uma pequena.

Essas descobertas intrigaram os físicos da época, porque a compreensão corrente do fluxo de fluidos não podia explicá-las. Na verdade, George Airy, um renomado astrô-

John Scott Russell

nomo, e George Stokes, a maior autoridade em dinâmica dos fluidos, tiveram dificuldade em acreditar nessa onda. Hoje sabemos que Russell estava certo. Em circunstâncias apropriadas, efeitos não lineares, que estavam além do alcance da matemática da época, se contrapõem à tendência da onda de se desmanchar porque sua velocidade depende de sua frequência. Esses efeitos foram compreendidos pela primeira vez por volta de 1870 por lorde Rayleigh e Joseph Boussinesq.

Em 1895, Diederik Korteweg e Gustav de Vries surgiram com a equação Korteweg-De Vries, que incluía tais efeitos, e mostraram que ela tem soluções de ondas solitárias. Resultados semelhantes foram derivados de outras equações de física matemática, e o fenômeno adquiriu um novo nome: sóliton. Uma série de descobertas importantes levou Peter Lax a formular condições muito genéricas para que as equações tenham sólitons como soluções, e explicou o efeito de "tunelamento". É matematicamente muito diferente da forma como ondas rasas interagem superpondo duas formas, como dois conjuntos de ondulações se cruzando num lago, que é uma consequência direta da forma matemática da equação da onda. O comportamento do tipo sóliton ocorre em muitas áreas da ciência, do DNA até fibras ópticas. Isso levou a uma ampla gama de novos fenômenos com nomes como *breathers*, *kinks** e óscilons.

Há também uma ideia tentadora que ainda não foi posta para funcionar. As partículas fundamentais em mecânica quântica de algum modo parecem combinar duas características distintas. Como a maioria das coisas em nível quântico, elas são ondas, e no entanto juntam-se num aglomerado tipo partícula. Os físicos têm tentado formular equações que respeitem a estrutura da mecânica quântica mas permitam a existência de sólitons. O mais perto que chegaram até agora é uma equação que produz um ínstanton, que pode ser interpretado como uma partícula de vida muito breve, piscando do nada para dentro da existência e desaparecendo imediatamente.

---

* Estes nomes em física matemática são usados em inglês. (N.T.)

Enigma das areias

Dunas barchan. *Esquerda:* Parque Nacional de Paracas, Peru. *Direita:* Região do Helesponto, do Satélite de Reconhecimento de Marte.

Dunas de areia formam uma variedade de padrões: lineares, transversais, parabólicos... Uma das mais intrigantes são as dunas barchan, ou em forma de crescente. O nome provém do Turquestão, e diz-se que foi introduzido na geologia em 1881 pelo naturalista russo Alexander von Middendorf. As barchans podem ser encontradas no Egito, Namíbia, Peru... e até mesmo em Marte. Elas têm forma de crescente, aparecem em uma variada gama de tamanhos e se *movem*. Formam agrupamentos, interagem entre si, rompem-se e unem-se. Em anos recentes, modelos matemáticos forneceram inúmeras percepções a respeito de seus formatos e comportamentos, mas muitos mistérios ainda permanecem.

Dunas são formadas pela interação do vento com os grãos de areia. A ponta arredondada de uma barchan fica de frente para o vento dominante, que empurra a areia para cima na parte dianteira da duna e ao redor dos lados, onde forma dois braços puxados para trás, o que lhe confere o formato característico de crescente. No alto da duna, a areia desmorona pela borda e é sugada pela "face lisa" entre os braços. Um grande vórtice de ar girando, chamado bolha de separação, limpa o espaço entre os braços.

As barchans comportam-se como sólitons (ver seção anterior), embora tecnicamente tenham diferenças em alguns aspectos. Quando o vento sopra empurrando-as, as pequenas dunas se movimentam com velocidade maior que as grandes. Se uma duna pequena alcança uma

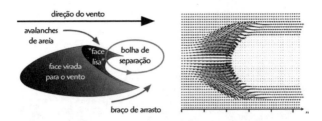

Esquerda: Esquema de uma barchan e da bolha de separação.
Direita: Simulação do movimento dos grãos de areia,
por Barbara Horvat, computada a partir de um modelo matemático.

maior, ela parece ser absorvida por esta, mas após algum tempo é "cuspida" para fora, como se tivesse passado através de um túnel. A pequena então segue adiante, mais rápida que o lerdo paquiderme atrás dela.

Em seu artigo científico, Veit Schwämmle e Hans Herrmann fazem uma apreciação a respeito de semelhanças e diferenças entre colisões de barchans e sólitons. A figura mostra o que acontece se duas dunas têm tamanhos similares. Inicialmente (a) a duna menor está atrás da maior, porém movendo-se mais depressa. Ela atinge a parte de trás da maior (b) e sobe pela sua face virada para o vento, mas encalha num determinado ponto da subida (c). Então, a frente se separa para formar uma duna menor (d).

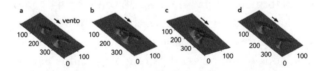

Colisão simulada entre uma barchan pequena e outra grande,
feita por Veit Schwämmle e Hans Herrmann. (a) Instante 0: duna
pequena atrás da grande. (b) Após 0,48 ano: duna pequena alcança
grande e colidem. (c) Após 0,63 ano: dunas estão misturadas.
(d) Após 1,42 ano: duna pequena na frente da grande.

Por alguma combinação de alturas, a duna emergente é maior do que a menor era originalmente a princípio, ao passo que em outras circunstâncias é menor. Esse comportamento difere do comportamento dos sólitons, onde ambas as ondas terminam do mesmo tamanho que começaram. Contudo, há uma faixa intermediária de combinação de alturas para a qual as dunas conservam *exatamente* seus tamanhos e volumes. Nesses casos, comportam-se como sólitons.

Se a duna pequena for muito menor que a grande, ela é simplesmente engolida e forma-se uma barchan maior, única. Se a diferença de alturas for moderada, a colisão pode resultar em "procriação": duas barchans pequenas surgem nas pontas dos chifres da maior e saem movendo-se na frente dela. Barchans de verdade fazem todas essas coisas. A dinâmica das dunas barchans é mais rica que a dos sólitons convencionais.

O π do esquimó

Por que no Ártico π vale apenas 3?
    Porque no frio tudo encolhe.

O signo do um: quarta parte – concluído 🔍
Das Memórias do dr. Watsup

"Belo picles", murmurei.

"Um pepino, acho eu", disse Soames tirando o vegetal encharcado de vinagre do pote e consumindo-o com raiz-forte.

Coloquei a raiz-forte de volta na despensa, junto com o pote de picles.

"Nós temos a opção", observou Soames, "de multiplicar números por 3, 9 ou 10 usando apenas um 1 adicional. Meramente dividimos por $\sqrt{.1}$, $.\overline{1}$ ou $.1$."

Soltei um grito: "Então já sei!

$$62 = 63 - 1 = 7 \times 9 - 1 = \frac{7}{.\overline{1}} - 1$$

lembrando que podemos exprimir 7 usando apenas dois uns – na verdade, pelo menos de dois jeitos diferentes."

"Deixando apenas 138 para nos perturbar."

"É 3 × 46", refleti. "Podemos chegar a 46 usando apenas três 1's? Então poderíamos dividir por $\sqrt{.1}$, conforme você sugeriu."

Uma busca sistemática de pisos e tetos de repetidas raízes quadradas de fatoriais nos conduziu a uma descoberta inesperada: é possível exprimir 46 com apenas *dois* 1's. Apresento apenas a solução: a rota para sua descoberta envolveu muitos fracassos e becos sem saída. Começamos, por exemplo, com a representação de 7 usando somente dois 1's:

$$7 = \lceil \sqrt{\sqrt{\sqrt{((\lfloor \sqrt{\sqrt{\sqrt{((\lceil \sqrt{\sqrt{\sqrt{\sqrt{((\lfloor \sqrt{\sqrt{\sqrt{((\lceil \sqrt{\sqrt{((\lfloor \sqrt{\sqrt{(11!)}} \rfloor)!) \rceil }!) \rfloor)!) \rceil}!)\rfloor)!)\rceil}!)\rfloor)!) \rceil$$

Então observe que:

$70 = \lfloor \sqrt{7!} \rfloor$
$37 = \lceil \sqrt{\sqrt{\sqrt{\sqrt{\sqrt{70!}}}}} \rceil$
$23 = \lceil \sqrt{\sqrt{\sqrt{\sqrt{\sqrt{37!}}}}} \rceil$
$26 = \lceil \sqrt{\sqrt{\sqrt{\sqrt{23!}}}} \rceil$
$46 = \lfloor \sqrt{\sqrt{\sqrt{\sqrt{26!}}}} \rfloor$
$138 = \dfrac{46}{\sqrt{.1}}$

Trabalhando de trás para a frente e substituindo as fórmulas pelos números, o resultado final expressa 138 com apenas três 1's.

"Devo escrever explicitamente, Soames?"

"Pelo amor dos céus, não! Qualquer um que queira ver a fórmula inteira pode fazer isso sozinho."

Radiante com esse sucesso inesperado, eu queria ir ainda mais longe na nossa lista. Mas Soames simplesmente deu de ombros: "Talvez o problema mereça cálculos adicionais. Talvez não."

Um pensamento me ocorreu: "Poderíamos provar que qualquer número pode ser obtido com quatro 1's – talvez até menos – iterando pisos e tetos de repetidas raízes quadradas de fatoriais?"

"É uma conjectura plausível, Watsup, mas, para ser franco, não vejo caminho para uma prova, e o esforço de tanta aritmética mental está começando a se fazer notar."

Ele estava caindo de volta na depressão. Desesperadamente sugeri: "Você poderia tentar logaritmos, Soames."

"Pensei neles logo no começo, Watsup. Você talvez fique surpreso em saber que usando nada mais que logaritmos, função exponencial e função teto, *qualquer* inteiro positivo pode ser expresso usando apenas *um* 1."

"Não, não, eu quis dizer usando logaritmos como recurso de cálculo, não na fórmula..." Mas Soames ignorou meus protestos.

"Lembre-se de que a função exponencial é

$$\exp(x) = e^x \text{ onde } e = 2,71828...$$

e sua função inversa é o logaritmo natural

$$\ln(x) = \text{qualquer que seja } y \text{ que satisfaça } \exp(y) = x$$

não é mesmo, Watsup?" Afirmei que pelo que sabia era sim.

"Então meramente observe que

$$n + 1 = \lceil \ln(\lceil \exp(n) \rceil) \rceil$$

cuja prova é imediata."

Olhei abestalhado para ele, mas consegui emitir um sufocado "É claro, Soames."

"Então iteramos:

$$1 = 1$$
$$2 = \lceil \ln(\lceil \exp(1) \rceil) \rceil$$
$$3 = \lceil \ln(\lceil \exp(\lceil \ln(\lceil \exp(1) \rceil) \rceil) \rceil) \rceil$$
$$4 = \lceil \ln(\lceil \exp(\lceil \ln(\lceil \exp(\lceil \ln(\lceil \exp(1) \rceil) \rceil) \rceil) \rceil) \rceil) \rceil$$

e..."

Rapidamente agarrei sua mão que escrevia. "Sim, Soames, eu compreendo. É uma variação um tanto disfarçada do método de Peano, que rejeitamos antes por causa da sua trivialidade."

"Então, Watsup, o jogo não está mais de pé, se forem permitidas exponenciais e logaritmos."

Concordei, com alguma tristeza, pois logo ele pegou sua clarineta e começou a tocar uma composição atonal, sem ritmo, de algum obscuro compositor da Europa Oriental. Soava como um gato preso num rolo compressor. Um gato surdo para notas. Com a garganta rouca.

Agora seu humor sombrio estaria inabalável.

Aqui termina o Signo do um.

Exceto que ainda não contei o que é um subfatorial. Isso vem a seguir.

•••

Seriamente desarranjado

Hora de explicar subfatoriais.

Suponha que *n* pessoas tenham cada uma um chapéu. Todas elas pegam um deles e colocam na cabeça. De quantas maneiras isso pode ser feito de modo que ninguém use seu próprio chapéu? Tal tarefa é chamada de *desarranjo*.

Por exemplo, se houver três pessoas, Alexandra, Bethany e Charlotte, digamos – então seus chapéus podem ser distribuídos de seis maneiras:

    ABC   ACB   BAC   BCA   CAB   CBA

Para ABC e ACB, Alexandra recebe seu próprio chapéu, portanto estes não são desarranjos. Para BAC, Charlotte recebe seu chapéu. Para CBA, Bethany recebe seu chapéu. Nos restam, então, dois desarranjos: BCA e CAB.

Com quatro pessoas – suponha que Deirdre entre no jogo – há 24 arranjos:

    ~~ABCD~~ ~~ABDC~~ ~~ACBD~~ ~~ACDB~~ ~~ADBC~~ ~~ADCB~~
    ~~BACD~~ BADC ~~BCAD~~ BCDA BDAC ~~BDCA~~
    ~~CABD~~ CADB ~~CBAD~~ ~~CBDA~~ CDAB CDBA
    DABC ~~DACB~~ ~~DBAC~~ ~~DBCA~~ DCAB DCBA

mas quinze deles (os riscados) atribuem a alguém seu próprio chapéu.

(É só remover qualquer coisa que tenha A na primeira posição, B na segunda, C na terceira e D na quarta.) Então existem nove desarranjos.

O número de desarranjos de n objetos é o subfatorial (representado por $!n$ ou $n_{¡}$). Isso tem diversas definições. A mais simples provavelmente é:

$$!n = \left\lfloor \frac{n!}{e} + \frac{1}{2} \right\rfloor$$

Seus valores começam:

$!1 = 0$ $!2 = 1$ $!3 = 2$ $!4 = 9$
$!5 = 44$ $!6 = 265$ $!7 = 1.854$ $!8 = 14.833$
$!9 = 133.496$ $!10 = 1.334.961$

Lançar uma moeda honesta não é honesto

Lançamento de moeda

A moeda honesta é um utensílio da teoria da probabilidade, com igual probabilidade de dar cara ou coroa. Costuma ser considerada o epítome da aleatoriedade. Por outro lado, uma moeda pode ser modelada como um sistema mecânico simples, e como tal seu movimento é completamente determinado pelas condições iniciais ao ser lançada – sobretudo a velocidade vertical, a taxa de giro inicial e o eixo de rotação. Isso torna o movimento não aleatório. Então de onde vem a aleatoriedade num lançamento de moeda? Retomarei esse assunto após relatar uma descoberta relacionada.

Persi Diaconis, Susan Holmes e Richard Montgomery mostraram que lançar uma moeda "honesta" na verdade não é honesto. Existe um viés pequeno, mas bem-definido: quando a moeda é lançada, a probabilidade de cair com a mesma face para cima que a orientação sobre o seu polegar é ligeiramente maior. Na verdade, a chance de isso acontecer é de 51%. Essa análise presume que a moeda não salta ao atingir o chão, o que é aceitável na grama, ou quando é pega na mão, mas não quando cai sobre uma superfície de madeira.

O viés de 51% torna-se estatisticamente significativo só depois de cerca de 250 mil lançamentos. E surge porque o eixo em torno do qual a moeda gira pode não ser horizontal. Em um caso extremo, suponha que o eixo forme um ângulo reto com a moeda, então ela permanece sempre na horizontal enquanto gira, como um torno de cerâmica. Nesse caso, ela cairá sempre do mesmo jeito que começou, uma chance de 100% de não virar. O outro caso extremo é quando o eixo de rotação é horizontal e a moeda gira exatamente na vertical. Embora, a princípio, o estado final seja então determinado pela velocidade de lançamento para cima e a taxa de giro quando a moeda sai da sua mão, mesmo pequenos erros na especificação desses números implicam que a moeda caia com a mesma face para cima com que foi lançada apenas 50% das vezes. Com esse tipo de lançamento, o estado predeterminado de uma moeda mecânica é tornado aleatório pelos pequenos erros.

Geralmente o eixo de rotação não está em nenhuma dessas situações extremas, mas em algum ponto intermediário e perto da horizontal. Então há uma ligeira tendência a favor de que ela caia do mesmo modo que foi lançada. Cálculos detalhados levam à cifra de 51%. Experimentos com máquinas de lançamento de moedas confirmam esse número razoavelmente bem.

Na prática uma moeda real é aleatória, com 50% de chance de dar cara ou coroa, por nenhuma dessas razões. É aleatória porque a posição inicial da moeda, quando está apoiada no polegar, é aleatória. No longo prazo, a moeda começa com cara para cima metade das vezes e coroa para cima na outra metade. Isso afasta o viés de 51% porque o estado inicial não é conhecido quando a moeda é lançada.

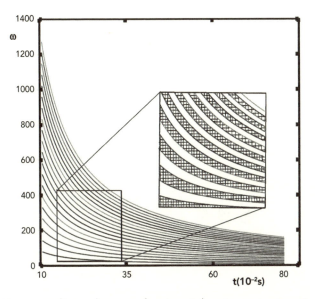

Como cara (branco) e coroa (sombreado) variam com a taxa de rotação inicial (na vertical) e o tempo gasto no ar (na horizontal) quando o eixo de rotação é horizontal. As faixas cara/coroa tornam-se estreitamente espaçadas quando a taxa de giro é alta.

Para mais informações, ver p.294

Jogando pôquer por correspondência

Suponha que Alice e Bob – os tradicionais participantes de qualquer intercâmbio criptográfico – queiram jogar pôquer, especificamente o *five card stud*. Mas Alice está em Alice Springs, Austrália, e Bob está em Bobbington, cidadezinha em Staffordshire, Inglaterra. Será que podem mandar as cartas um para o outro pelo correio? O problema principal é *dar* as cartas, uma "mão" de cinco para cada jogador. Como ambos podem ter certeza de que cada um tem uma mão do mesmo baralho, sem que o outro conheça sua mão?

Se ele simplesmente lhe mandar cinco cartas por correio, ela não pode ter certeza de que ele não as tenha visto; além disso, quando Bob joga as cartas daquela que é alegadamente a sua mão, Alice não pode ter certeza de ele ter somente cinco cartas para trabalhar, ou se tem acesso ao resto do baralho e está apenas fingindo usar uma mão fixa de cinco cartas, distribuídas no começo do jogo.

Se esta mão chegasse pelo correio, você poderia ter quase certeza de que a pessoa que deu as cartas não está trapaceando. Mas para a maioria das mãos, como saber?

De modo surpreendente, *é, sim*, possível jogar cartas, como por exemplo pôquer, por correspondência, ou por telefone, ou na internet, sem qualquer perigo de algum dos jogadores estar trapaceando. Alice e Bob podem usar a teoria dos números para criar códigos e recorrer a uma complicada série de intercâmbios. Seu método é conhecido como protocolo de conhecimento zero, um meio de convencer alguém de que você possui um item específico de conhecimento *sem dizer qual é*. Por exemplo, você poderia convencer um sistema bancário *online* de que conhece o código de segurança no verso do seu cartão de crédito, sem transmitir nenhuma informação útil sobre o código em si.

Hotéis muitas vezes guardam valores de hóspedes em um cofre na área de recepção. Para garantir segurança, cada cofre tem duas chaves:

uma fica com o gerente e a outra com o hóspede. *Ambas* as chaves são necessárias para abrir o cofre. Alice e Bob podem usar uma ideia semelhante:

1. Alice guarda uma carta em cada um de 52 "cofres", usando cadeados cujos segredos só ela sabe. Ela envia o baralho a Bob.
2. Bob (que não sabe destrancar os cofres para ver que cartas estão dentro) escolhe cinco cofres e os manda de volta para Alice. Ela os destranca e recebe suas cinco cartas.
3. Bob escolhe outros cinco cofres e põe um cadeado extra em cada um. Ele conhece os segredos para destrancar esses cinco, mas Alice não sabe. Ele envia os cofres para Alice.
4. Alice tira os cadeados *dela* desses cofres e os manda de volta para Bob. Agora ele pode abri-los para receber suas cinco cartas.

Depois dessas preliminares, o jogo pode começar. As cartas são reveladas mandando-as para o outro jogador. Para provar que ninguém trapaceou, eles podem destrancar todos os cofres depois do fim do jogo.

Alice e Bob convertem essa ideia em matemática extraindo as características essenciais. Eles representam as cartas por um conjunto combinado de 52 números. Os cadeados de Alice correspondem a um código A, conhecido apenas por ela. Este é uma função, uma regra matemática, que muda o número de cada carta c em outro número Ac. (Estou tomando liberdades com a notação ao não escrever $A(c)$, tentando evitar falar sobre funções "compostas".) Alice também conhece o código inverso A^{-1}, que decodifica Ac de volta para c. Ou seja,

$A^{-1}Ac = c$

Bob não conhece nem A nem A^{-1}.

Do mesmo modo, os cadeados de Bob correspondem a códigos B e B^{-1}, conhecidos apenas por Bob, tais que

$B^{-1}Bc = c$

Com essas preliminares, o método corresponde ao procedimento de cadeados da seguinte maneira:

1. Alice manda todos os 52 números $Ac_1, \ldots, Ac_{52}$ para Bob. Ele não tem ideia de a que cartas eles correspondem – na prática, Alice embaralhou as cartas.
2. Bob "dá" cinco cartas para Alice e cinco para si mesmo. Manda as cartas de Alice para ela. Para simplificar a notação, consideremos apenas uma delas, e vamos chamá-la de Ac. Alice pode descobrir c aplicando A^{-1}, de modo que ela sabe quais cartas tem na mão.
3. Bob precisa descobrir quais são suas cinco cartas, mas só Alice sabe como descobri-las. Mas não pode mandar suas cartas para Alice porque aí ela saberá quais são. Então para cada carta Ad na sua mão ele aplica seu próprio código B para obter BAd, e manda *isso* para Alice.
4. Alice pode aplicar novamente A^{-1} para "remover seu cadeado", mas dessa vez há um problema: o resultado é

$$A^{-1}BAd$$

Em álgebra comum poderíamos trocar de lugar A^{-1} e B, obtendo

$$BA^{-1}Ad$$

que equivale a

$$Bd$$

Então Alice poderia mandar de volta para Bob, que aí aplicaria B^{-1} para achar d.

No entanto, funções não podem ser trocadas de lugar dessa maneira. Por exemplo, se $Ac = c + 1$ (de modo que $A^{-1}c = c - 1$) e $Bc = c^2$, então

$$A^{-1}Bc = Bc - 1 = c^2 - 1$$

enquanto

$$BA^{-1}c = (A^{-1}c)^2 = (c - 1)^2 = c^2 - 2c + 1$$

que é *diferente*.

A forma para contornar este obstáculo é evitar esse tipo de função, e estabelecer códigos de modo que $A^{-1}B = BA^{-1}$. Neste caso, diz-se que A e B *comutam*, porque um pouquinho de álgebra transforma isto na condição equivalente $AB = BA$. Note que no método físico os cadeados de Alice e Bob de fato comutam. Podem ser aplicados em qualquer ordem, e o resultado é o mesmo: um cofre com dois cadeados.

Alice e Bob podem, portanto, jogar pôquer por correspondência se conseguirem estabelecer dois códigos A e B *comutativos*, de modo que o algoritmo de decodificação A^{-1} seja conhecido apenas por Alice e B^{-1} seja conhecido apenas por Bob.

Bob e Alice combinam um número primo grande p, que pode ser de conhecimento público. Combinam 52 números $c_1, \ldots c_{52}$ (mod p) para representar as cartas.

Alice escolhe um número a entre 1 e $p - 2$ e define sua função código A como

$Ac = c^a$ (mod p)

Usando teoria básica dos números, a função inversa (decodificadora) é da forma

$A^{-1}c = c^{a'}$ (mod p)

para um número a' que ela pode calcular. Alice mantém em segredo tanto a como a'.

Da mesma forma, Bob escolhe um número b e define sua função código B como

$Bc = c^b$ (mod p)

com a inversa

$B^{-1}c = c^{b'}$ (mod p)

para um número b' que ele pode calcular. Bob mantém em segredo tanto b como b'.

As funções código A e B comutam, porque

$ABc = A(c^b) = (c^b)^a = c^{ba} = c^{ab} = (c^a)^b = B(c^a) = BAc$

onde todas as equações valem (mod p). Então Alice e Bob podem usar A e B conforme está descrito.

Eliminando o impossível 🔍
Das Memórias do dr. Watsup

"Watsup!"

"Hã... hein?"

"Quantas vezes eu já lhe disse para não trazer exemplares da *Strand** para esta casa?"

"Mas... como..."

"Você conhece os meus métodos. Não para de tamborilar com impaciência, como faz quando está me esperando para sair. E os seus olhos ficam se desviando para o jornal enrolado no bolso do seu casaco. Que está com volume demais para ser o *Daily Reporter*, apesar do que diz a primeira página. Então deve conter uma revista. Como essa é a única que você habitualmente esconde de mim, a identidade dela jamais esteve em dúvida."

"Sinto muito, Soames. Eu só tinha esperança de adquirir algumas percepções comparativas em métodos investigativos a partir dos escritos do companheiro do, hã, charlatão que mora do outro lado da rua."

"Ora! O homem é uma fraude! Um palhaço que se autodenomina detetive!"

Há horas em que Soames pode ser ditatorial. Na verdade, são poucos os momentos em que ele não o é, agora que penso no assunto. "Ocasionalmente tenho conseguido filtrar alguns palpites úteis das efusões de insipidez do meu explorado colega, Soames", objetei.

"Tais como?", ele perguntou em tom agressivo.

"Fico impressionado com o argumento dele: 'Depois de ter eliminado o impossível, aquilo que resta, por mais improvável que seja, deve estar...'"

"... errado", Soames interrompeu bruscamente a minha sentença. "Se o que resta é na verdade improvável, então você quase que seguramente usou alguma premissa não explícita ao declarar as outras explicações como impossíveis."

Consistência não é uma das virtudes de Soames. "Bem, talvez, mas..."

---

* *The Strand Magazine*, revista onde foram publicadas as aventuras de Sherlock Holmes. (N.T.)

"Nem 'mas' nem meio 'mas', Watsup!"

"Mas em outras ocasiões você tem concordado que..."

"Ora! A realidade não é improvável, Watsup. Pode parecer que é, mas sua probabilidade é de 100%, *porque aconteceu*."

"Sim, tecnicamente, mas..."

"Bem, vamos direto ao ponto. Esta manhã, Watsup, enquanto você estava fora comprando aquele lixo indecente, recebi uma visita inesperada. O duque de Bumbleforth."

"A fina flor de Londres", eu disse. "Um nobre de impecável probidade, um modelo para todos nós."

"De fato. Contudo ele me informou... Bem, houve, ele disse, um jantar em Bumbleforth Hall, no qual o conde de Maundering tentou entreter os convidados arranjando dez taças de vinho numa fila e enchendo as cinco primeiras – assim." Soames mostrou com os nossos copos, enchendo-os com um Madeira já azedado que tínhamos resolvido jogar fora. "Então ele desafiou os convidados a rearranjar as taças de modo a alternarem uma cheia e uma vazia."

"É fácil", comecei.

"Se você mover quatro taças, sim. Intercalando a segunda com a sétima e a quarta com a nona. Dessa maneira." (Ver a figura abaixo.) "No entanto, o desafio do conde era obter o mesmo resultado movendo apenas *duas* taças."

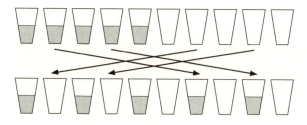

Como resolver o quebra-cabeça em quatro movimentos

Pressionei meus dedos uns contra os outros, numa atitude de profundo pensar, e após um momento fiz um desenho grosseiro esboçando as disposições inicial e final. "Mas, Soames, as quatro taças que você

Eliminando o impossível

mencionou devem terminar todas em posições diferentes! Então as quatro precisam ser movidas!"

Ele assentiu. "Então, Watsup, agora você eliminou o impossível."

"Por Deus, sim, eliminei, Soames! Sem dúvida."

Ele começou a encher o cachimbo de tabaco. "Então o que você conclui se eu lhe disser que, segundo o duque de Bumbleforth, depois que todos os convidados expressaram opiniões similares, o conde de Maundering demonstrou uma solução."

"Eu... hã..."

"Você é forçado a concluir que o honorável duque, um rebento do Império Britânico, um homem de elevada nobreza... é na verdade um mentiroso. Pois não existe solução, segundo você provou."

Minha cara caiu. "Sim, parece mesmo... Não, espere, talvez *você* não esteja me dizendo..."

"Meu caro doutor, confesso de livre e espontânea vontade que vez ou outra eu oculto coisas, sempre tendo no coração o seu melhor interesse, mas não nessa ocasião. Você tem a minha palavra."

"Então... estou chocado com o comportamento do duque."

"Vamos lá, Watsup. Tenha fé no caráter britânico."

"O conde trapaceou?"

"Não, não, não. Nada do tipo. Você pode se sair melhor do que isso, doutor. Pode haver uma outra explicação bastante prosaica que você não levou em consideração. Na verdade, prevejo que em breve estará me dizendo quanto a resposta é infantil de tão simples."

Soames então contou-me o que Maundering fizera.

"Ah, não, infantil de tão sim...", eu comecei. Parei abruptamente, e sou obrigado a dizer, em nome da sinceridade, que admito ter ficado absolutamente rubro.

Qual foi a solução de Maundering? Resposta na p.294.

Potência de mexilhão

Uma idílica cena litorânea: uma baía tranquila com ondas quebrando nos rochedos, adornados por grupos de mariscos e algas do mar. Mas esses leitos de mexilhões estáticos e sossegados na verdade são um enxame de atividade. Para vê-la, basta acelerar o fluxo do tempo. Em fotos tiradas ao longo de lapsos de tempo, os mexilhões estão constantemente em movimento. Eles se agarram às pedras usando fios especiais, secretados pela sua base. Soltando alguns fios e formando novos em outros locais, os mexilhões conseguem controlar suas posições sobre as pedras. Por um lado (a base?), eles gostam de ficar próximos a outros mexilhões porque assim não correm o risco de serem arrancados da rocha pelas ondas. Por outro, conseguirão mais alimento se não houver mais mexilhões por perto para competir com eles. Diante desse dilema, eles fazem o que qualquer organismo sensato faria: acham um meio-termo. Organizam-se de tal modo que têm um monte de vizinhos próximos, mas pouco distantes. Ou seja, congregam-se em placas. Você pode vê-las a olho nu, mas não como se formam.

Aglomerados de mexilhões azuis

Em 2011, Monique de Jager e seus colaboradores aplicaram a matemática de percursos aleatórios para deduzir como a estratégia de agrupamento de mexilhões poderia ter evoluído. Um percurso aleatório é muitas vezes comparado à trajetória do andar de um bêbado: às vezes para a frente, às vezes para trás, sem um padrão claro. Indo um pouco além, um percurso aleatório no plano é uma série de passos cujos comprimentos e direções são escolhidos ao acaso. Diferentes regras para as escolhas – diferentes distribuições de probabilidade para comprimentos e direções – levam a percursos com diferentes propriedades. No movimento browniano, os comprimentos distribuem-se segundo uma curva do sino, em torno de um tamanho médio específico. Em um percurso de Lévy, a probabilidade de um passo é proporcional a alguma potência fixa de seu tamanho, de modo que muitos passos curtos são ocasionalmente interrompidos por um passo muito mais longo.

A análise estatística dos passos observados mostra com clareza que um percurso de Lévy encaixa-se com o que mexilhões localizados sobre lodaçais entre marés efetivamente fazem, ao passo que o movimento browniano não se encaixa. Isso está de acordo com modelos ecológicos que demonstram, pela matemática, que um percurso de Lévy dispersa os mexilhões com maior rapidez, abre-se para novos sítios e evita a competição com outras espécies de mariscos. O que, por sua vez, sugere por que essa estratégia particular pode ter se desenvolvido. A seleção natural proporciona um ciclo de retroalimentação entre as estratégias de movimento e as instruções genéticas, o que faz com que sejam utilizadas. Um único mexilhão tem maior probabilidade de sobreviver se empregar estratégias que aumentem suas chances de obter alimento e reduzam as de ser arrastado por uma onda.

A equipe de De Jager usou observações de campo a respeito do que os mexilhões fazem e simulações de modelos matemáticos do processo evolucionário. Ambas mostraram que os percursos de Lévy têm probabilidade de evoluir como resultado desse retorno em relação ao nível de população, e as condições para que essa estratégia seja evolucionariamente estável – isto é, não suscetível à invasão de um mutante com estratégia diferente – predizem que o expoente da potência deve ser 2. Os dados de campo indicam um valor de 2,06.

A característica original nesses leitos de mexilhões, neste contexto, é que a efetividade de uma estratégia de movimento individual depende do que todos os outros mexilhões estão fazendo. A tática de cada mexilhão é determinada pela sua própria genética, mas o valor de sobrevivência dessa estratégia depende do comportamento coletivo de toda a população local. Então, vemos aqui como o ambiente – na forma de outros mexilhões – interage com as "escolhas" genéticas individuais para produzir uma formação-padrão no nível da população.

Mais informações na p.295

Prova de que o mundo é redondo

A maioria de nós tem consciência de que nosso planeta é redondo – apesar de não ser uma esfera exata: é um pouquinho achatado nos polos. E tem irregularidades suficientes para transformá-lo numa batata se exagerarmos a discrepância em relação a um esferoide num fator de cerca de 10 mil. Alguns – muito poucos – cabeças-duras persistem na crença de que o mundo é plano, embora os antigos gregos, há 2.500 anos, tenham acumulado evidências a respeito de sua forma esférica e convencido os clérigos medievais, e, desde então, mais evidência vem se acumulando. A crença na Terra plana quase morreu, mas foi ressuscitada por volta de 1883 com a fundação da Sociedade Zetética, que, em 1956, veio a tornar-se a Sociedade da Terra Plana. Você pode achar material sobre ela na internet e segui-la no Facebook e no Twitter.

Existe um meio fácil e quase infalível para você mesmo verificar que o nosso planeta não pode ser plano se aplicarmos a geometria usual de Euclides. Ele requer um acesso à internet ou a um agente de viagens tolerante, mas nenhum outro dispositivo especial, e não se trata de olhar o seu formato na Wikipedia. O método não mostra por si só que a Terra é redonda, mas uma extensão sistemática e cuidadosa seria capaz de fazer exatamente isso. Discutirei em um momento modos potenciais de negar essa evidência. Não alego que não haja saída – se você acredita na Terra plana *sempre* haverá uma saída. Mas nesse exemplo, os estratagemas padronizados são ainda menos convincentes do que os habituais. Em todo caso, o argumento traz uma revigorante mudança em relação à evidência científica usual para um mundo redondo.

Não estou pensando em fotos de satélites de um planeta redondo – elas são, é claro, falsificadas. Todos nós sabemos que a Nasa nunca foi à Lua, tudo foi feito em Hollywood, o que prova que são fraudes. E tampouco nada que se apoie em medições científicas: esses tais cientistas são conhecidos falsificadores, chegam a fingir que acreditam em evolução e aquecimento global, que não passam de tramas da esquerda para impedir pessoas de bem, que vivem corretamente, de acumular quantias obscenas de dinheiro, que são de direito divino.

Não, o que tenho em mente é uma evidência comercial: horários de voos. Você pode consultá-los na internet: certifique-se de usar voos reais, que existam, não cálculos de tempo de voo que pressupõem uma Terra redonda.

Por razões comerciais todos os maiores aviões de passageiros voam mais ou menos à mesma velocidade. Se não voassem, outras empresas ficariam com todos os negócios das empresas mais lentas. Voam pela rota mais curta, sujeita a regulamentos locais, por razões similares. Então podemos usar tempos de viagem como estimativas razoavelmente acuradas de distâncias. (Para reduzir os efeitos do vento, pegue uma média de tempos de voo adequada em ambas as direções – na prática, a média aritmética habitual é bastante boa, mas dê uma olhada na p.295.) A técnica topográfica da triangulação, que constrói uma rede de triângulos, pode ser usada então para mapear as localizações dos aeroportos envolvidos. Para o propósito de mostrar que uma Terra plana não dá certo, podemos assumir que seja plana e ver o que isso implica. Topógrafos costumam trabalhar com uma distância inicial, a medida-padrão, e calculam todo o restante a partir dos ângulos do triângulo, mas nós temos o luxo de usar distâncias reais (em unidades de horas de voo).

A figura mostra uma triangulação baseada em seis aeroportos principais. Com variação um pouco maior ou menor, este é o único arranjo planar razoavelmente de acordo com os tempos de voo. Comecemos por Londres e somemos a distância de 12 até a Cidade do Cabo. Depois disso, colocamos Rio de Janeiro e Sydney. Suas localizações são únicas, exceto que o mapa inteiro poderia ser refletido da direita para a esquerda sem mudar as distâncias. Essa ambiguidade não tem importância, mas você precisa, sim, confirmar que Rio de Janeiro e Sydney estão em lados

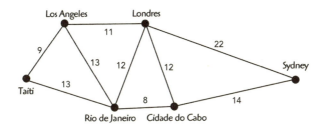

A Terra plana em mapa de empresa aérea

opostos em relação à linha que vai de Londres à Cidade do Cabo. Se estivessem do mesmo lado, o tempo de voo entre elas seria de cerca de onze horas, mas na verdade é de dezoito. Em seguida, você pode acrescentar Los Angeles e finalmente localizar o Taiti, mais uma vez usando horas a mais para eliminar ambiguidades.

Agora podemos utilizar a hipótese da Terra plana para fazer uma previsão. A distância do Taiti a Sydney, medida no mapa, é de aproximadamente 35 horas. (Como se percebe, a rota via Rio e Cidade do Cabo é quase uma linha reta e a soma das distâncias é 35.) Então, esse é o tempo *mínimo* que deveria levar para viajar de avião, sem contar escalas.

O número real é de oito horas. Mesmo descontando erros sem importância, a diferença é grande demais, e a hipótese de um planeta plano deve ser rejeitada. Com uma rede contendo muito mais aeroportos, e valores mais precisos, poderíamos mapear o formato básico de grande parte do planeta muito acuradamente – ainda em unidades de horas de voo. Para determinar a escala não é preciso saber a velocidade de voo dos aviões, nem ao menos medir a distância de algum outro modo.

Claro, todo adepto do conceito da Terra plana bem-informado conhece formas de palavras e de física não convencional podem "explicar" esses resultados. Talvez algum tipo de campo de distorção altere a geometria, de modo que a imagem literal de um plano com sua medida usual de distância esteja errada. Isso funciona de verdade: uma projeção equiangular azimutal da Terra vista do polo norte faz exatamente isso, e pode-se transferir tudo de uma Terra redonda para uma plana, inclusive as leis da física, utilizando a projeção em um disco plano. O único se-

Logotipo da ONU: projeção equiangular azimutal da Terra redonda para um disco plano

não é que se perde a região em torno do polo sul. O logotipo da ONU representa justamente isso, e tem sido usado pela Sociedade da Terra Plana para "provar" que suas opiniões são corretas. No entanto, esse tipo de mudança é trivial e sem sentido. É um modelo lógico equivalente a uma Terra redonda com geometria convencional. Matematicamente não passa de uma forma ingênua de admitir que "não é plana", no significado ortodoxo da expressão. Assim, métrica alterada e desculpas semelhantes não atrapalham em nada.

Efeitos do vento? Talvez haja um vento realmente forte soprando do Taiti para Sydney? Ele teria de soprar a mais de 1.000 km/h, mas pior que isso: a trajetória em linha reta entre o Taiti e Sydney é muito próxima da rota Taiti-Rio-Cidade do Cabo-Sydney que já levamos em consideração. Se pudermos ir do Taiti a Sydney realmente depressa explorando o vento, pelo menos uma dessas rotas está levando tempo demais.

A linha de defesa seguinte seria o recurso-padrão de negação: é tudo uma enorme conspiração. Sim, mas de quem? Os tempos listados nos sites de reservas na internet não podem estar errados, porque milhões de pessoas viajam de avião todo dia e a maioria delas notaria se os horários programados estivessem amiúde muito errados. Mas as empresas aéreas poderiam estar todas conspirando para voar mais devagar do que o necessário em algumas rotas, de modo que a maior parte do meu mapa deveria encolher, possibilitando ir do Taiti a Sydney em meras quatorze horas. É preciso dividir por quatro ou mais para que isso se torne possível, de modo que um jato de passageiros convencional pudesse realmente ir de Londres a Sydney em cinco horas se a empresa aérea não estivesse deliberadamente voando mais devagar para nos convencer de que o planeta é redondo.

Ao contrário das conspirações de cientistas, que só têm sentido para quem não conhece nenhum cientista,* esta tem a falha de ser extremamente fatal. Ela requer que a maioria das companhias aéreas perca, todos os dias, enormes somas de dinheiro em combustível desperdiçado e prive-se de vencer a concorrência voando por rotas que levariam a metade do tempo das atuais. Uma conspiração para fazer a Terra parecer redonda, usando a métrica dos horários de voos, exigiria que centenas de companhias do setor privado se dispusessem, por vontade própria, a jogar fora vastas somas de dinheiro. Você ficou louco?

Pode-se sempre, é claro, apelar para aquela velha ideia guardada na gaveta: quando todo o resto falha, ignore a evidência.

• •

123456789 vezes X – continuação

Não é preciso parar no 9 (ver página 127). Tente multiplicar 123456789 por 10, 11, 12, e assim por diante. O que você nota agora?

Resposta na p.295

---

* Não estou me referindo à hipótese de que cientistas são em sua maioria honestos. Refiro-me ao prazer que todos eles têm em provar que os outros estão errados, o que, entre outras coisas, é como eles são promovidos. Conspirações maciças ainda não fariam sentido mesmo que todos os cientistas fossem picaretas.

157

O preço da fama

O topólogo polonês Władysław Roman Orlizc introduziu o que agora se conhece como espaços de Orlicz. São conceitos altamente técnicos em análise funcional. Um dia sua fama revelou-se contraproducente. Como a maioria dos seus compatriotas, ele morava em um apartamento muito pequeno, e um dia recorreu aos funcionários da municipalidade pedindo um apartamento maior. A resposta foi: "Concordamos que o seu apartamento é muito pequeno, mas precisamos negar seu pedido pois o senhor tem seus próprios espaços."

Władysław Orlicz

O mistério do losango dourado
Das Memórias do dr. Watsup

O espetacular sucesso das nossas empreitadas conjuntas encorajou-me mais uma vez a reassumir minha prática médica, e providenciei a construção de uma pequena clínica na minha casa. Mas tive o cuidado de permitir flexibilidade suficiente para as ocasiões em que Soames pudesse requerer meus serviços, com ou sem aviso prévio adequado. Assim, quando o telegrama chegou, passei o paciente para meu substituto, dr. Jekyll, e mandei vir um táxi para me levar ao 222B da Baker Street.

Quando cheguei aos aposentos de Soames encontrei-o cercado por pedaços de papel. Na sua mão, uma tesoura.

"Belo quebra-cabeça", comentou ele. "Meramente uma tira retangular de papel, atada com um nó simples feito à mão. É difícil imaginar que o destino de um homem depende dele."

"Pelos céus, Soames! Como é possível?"

Tira de papel com nó

"Um sórdido caso de extorsão, Watsup. A evidência está ligada à forma criada quando o nó é puxado o mais apertado possível e em seguida achatado. Desconfio que acabe se revelando o símbolo de uma sociedade secreta, e se puder provar isso, meu caso estará completo." Segurou o nó diante dos meus olhos. "E então, Watsup, que forma veremos, hein?"

Rapidamente esbocei no meu caderno um nó manual simples.

Nó simples feito em laçada fechada

"É bem sabido que quando um nó está em uma laçada fechada, ele tem uma simetria tríplice", eu disse, sentindo-me especialmente astuto. "Portanto, eu esperaria uma forma triangular ou hexagonal."

"Experimentemos, então", disse Soames. "E depois atacaremos a tarefa mais difícil de provar que nossos olhos não nos iludem."

Qual é a forma do nó achatado? Tente você mesmo.
A resposta e uma prova estão na p.296.

Uma potente progressão aritmética

Uma progressão aritmética (sequência de números com diferença constante) é *potente* se o segundo termo for um quadrado, o terceiro termo um cubo, e assim por diante. Ou seja, o k-ésimo termo é uma potência de ordem k. (Isso não impõe condição sobre o primeiro termo, uma vez que todos números são primeiras potências de si mesmos.) Por exemplo, a progressão 5, 16, 27 tem três termos, uma diferença comum de 11, e

$$5 = 5^1 \qquad 16 = 4^2 \qquad 27 = 3^3$$

Um modo trivial de obter uma progressão potente com n termos é repetir n vezes o número $2^{n!}$. Esta é uma primeira potência, um quadrado, um cubo, e assim por diante, até a enésima potência. A diferença comum é zero.

Em 2000, John Robertson provou que excluindo progressões como essa, onde o mesmo número se repete — diferença comum valendo zero — a progressão potente mais longa possível tem cinco termos. Ver John P. Robertson, "The maximum length of a powerful arithmetic progression", in *American Mathematical Monthly*, 107, 2000, p.951. Para obter essa progressão, comece com os números 1, 9, 17, 25, 33, que formam uma progressão aritmética com diferença comum 8, e multiplique cada um deles por $3^{24}5^{30}11^{24}17^{20}$. Os números resultantes também formam uma progressão aritmética com diferença comum 8 vezes esse número. São eles:

(1) 10529630094750052867957659797284314695762718513641400
204044879414141178131103515625

(2) 94766670852750475811618938175558832261864466622772601
836403914727270603179931640625

(3) 17900371161075089875528021655383334982796621473190380
3468762950040400028228759765625

(4) 2632407523687513216989414949321078673940679628410350051011219853535294532775878906253

(5) 347477793126751744642602773310382384960169710950166206733481020666658878326416015625

A diferença comum é:

84237040758000422943661278378274517566101748109131201632359035313129425048828125000

Sendo os cinco termos a_1, a_2, a_3, a_4, a_5, então:

a_1 é a primeira potência de si mesmo (obviamente)

$a_2 = 3078419575898491388288844129170837402343 75^2$ é um quadrado

$a_3 = 5635779747116948576103515625^3$ é um cubo

$a_4 = 71628899846110664 0625^4$ é uma quarta potência

$a_5 = 51072299355515625^5$ é uma quinta potência

Uau!

(É mais fácil verificar que os termos são as potências especificadas se você trabalhar com fatores primos.)

Por que as bolhas da Guinness descem?

Qualquer um que tome cerveja encorpada escura, tal como a Guinness, já viu uma coisa que parece absurda diante da física convencional. As bolhas na cerveja se movem para baixo. Pelo menos, é isso o que parece. Mas bolhas são mais leves do que o líquido em volta, então experimentam um empuxo que as empurra para *cima*.

É um verdadeiro mistério, ou pelo menos era até 2012, quando um grupo de matemáticos o solucionou. A propósito, eram irlandeses (ou domiciliados na Irlanda): William Lee, Eugene Benilov e Cathal Cummins, da Universidade de Limerick.

O mesmo efeito ocorre em outros líquidos, porém é mais fácil de ser observado na cerveja encorpada porque bolhas de cores claras aparecem com mais nitidez em uma cerveja escura. E o efeito é realçado porque as bolhas da cerveja encorpada contêm nitrogênio, além do dióxido de carbono que é encontrado em todas as cervejas, e bolhas de nitrogênio são menores e duram mais tempo.

Parte da resposta é fácil: só estamos vendo as bolhas que estão próximas ao vidro. As que estão no meio ficam ocultas da nossa visão pelo tom escuro da cerveja. Então, talvez algumas bolhas estejam subindo e outras descendo. O que isso não explica é por que *existem* bolhas descendo. Elas não deveriam descer.

Até alguns anos atrás nem sequer sabíamos se tudo não passava de uma ilusão de ótica. Uma explicação alternativa é que o efeito é causado por ondas de densidade – regiões onde as bolhas se amontoam. As bolhas sobem mas as ondas de densidade vão no sentido contrário. Esse tipo de comportamento é comum em ondas. Por exemplo, a água nas ondas do mar não viaja junto com a onda – ela se move basicamente dando voltas no mesmo lugar. O que se move é a localização das partes mais altas da água. É sabido que ondas que quebram na praia de fato sobem pela areia; no entanto, parte disso é o efeito da água rasa, e a água corre de volta para o mar. Se a água viajasse junto com as ondas, teria de se amontoar ainda mais alto na praia, o que não faz muito sentido. Embora a água não recue numa medida significativa, este exemplo familiar mostra a diferença entre aonde a água vai e aonde as ondas vão. Agora voltemos às bolhas.

É uma teoria bastante plausível, mas em 2004 um grupo de cientistas escoceses liderados por Andrew Alexander, trabalhando com colegas na Califórnia, produziu vídeos provando que as bolhas realmente se movem para baixo. A equipe liberou os resultados no Dia de São Patrício. Usaram uma câmera acelerada para reduzir a velocidade do movimento e seguir bolhas individuais. Descobriram que as bolhas encostadas nas paredes do copo tendiam a grudar, de modo que não se moviam para cima. Contudo, as bolhas próximas ao meio tinham liberdade de subir, o que fazia a cerveja flutuar para cima no meio e descer nas laterais, arrastando as bolhas junto.

A equipe irlandesa aprimorou essa explicação, mostrando que a descida não é causada pelas bolhas presas às paredes do copo. O que faz com

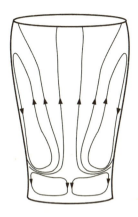

Fluxo da Guinness em um copo:
descendo nas laterais

que isso aconteça é o formato do recipiente. A cerveja escura geralmente é bebida em um copo de paredes curvas, mais largo no alto do que na base. Usando cálculos e experimentos de dinâmica dos fluidos, o grupo descobriu que quando as bolhas junto à parede sobem, o fazem em linha reta, como seria de esperar. Mas a parede se inclina afastando-se da vertical, então na verdade as bolhas se movem afastando-se da parede. A cerveja perto da parede é, portanto, mais densa do que a que está no meio do copo, então tende a deslizar para baixo pela sua lateral, levando junto o líquido que está próximo. Então a cerveja circula: para cima no meio e para baixo perto das laterais.

As bolhas estão *sempre* subindo em relação à cerveja, mas nas paredes a cerveja desce mais rápido do que as bolhas sobem, portanto estas também acabam descendo. Nós vemos as bolhas, mas não podemos ver com facilidade o movimento da cerveja.

Mais informações na p.299

Séries harmônicas aleatórias

A série infinita

$$1 + \frac{1}{2} + \frac{1}{3} + \frac{1}{4} + \cdots + \frac{1}{n} + \cdots$$

é chamada pelos matemáticos de *série harmônica*. O nome é livremente relacionado com a música, onde os tons harmônicos de uma corda vibrando têm comprimentos de onda ½, ⅓, ¼, e assim por diante, do comprimento de onda fundamental da corda. Contudo, a série não tem significação musical. Sabe-se que ela é divergente, o que significa que a soma até *n* termos torna-se maior à medida que fazemos *n* grande o bastante. Ela diverge muito lentamente, mas diverge. Na verdade, os primeiros 2^n termos somam mais do que $1 + n/2$. Por outro lado, se mudarmos o sinal de qualquer outro termo, obtemos a série harmônica alternada

$$1 - \frac{1}{2} + \frac{1}{3} + \frac{1}{4} + \cdots + (-1)^{n+1}\frac{1}{n} + \cdots$$

que converge. Sua soma é ln 2, que é mais ou menos 0,693.

Byron Schmuland refletiu a respeito do que acontece caso sinais sucessivos sejam escolhidos ao acaso, lançando uma moeda e atribuindo um sinal de mais para "cara" e um sinal de menos para "coroa". Ele provou que, com probabilidade um, essa série converge (a série harmônica divergente corresponderia a tirar CCCCCC… para sempre, o que tem probabilidade zero). No entanto, a soma depende do resultado da sequência de lançamentos.

Agora surge a questão: qual é a probabilidade de se obter uma soma específica? A soma pode ser qualquer número real, positivo ou negativo, então a probabilidade de se obter qualquer número específico é zero (este é geralmente o caso para "variáveis aleatórias contínuas"). A maneira de lidar com isso é introduzir uma função distribuição de probabilidade (ou densidade). Esta determina a probabilidade de se obter uma soma em uma dada *gama* de valores, digamos entre dois números *a* e *b*. Essa probabilidade é a área sob a função distribuição entre $x = a$ e $x = b$.

Para uma série harmônica modificada usando lançamento aleatório de moeda, a distribuição de probabilidade tem a aparência da figura abaixo. Parece um pouco com a familiar curva do sino, ou distribuição normal, mas o topo tem aspecto achatado. Ela tem simetria esquerda-direita, correspondente à troca de "caras" e "coroas" na moeda simétrica.

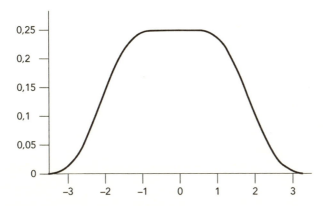

Distribuição de probabilidade para série harmônica aleatória

Esse problema é objeto de aula em "matemática experimental", na qual cálculos de computador são empregados para sugerir conjecturas interessantes. Parece que o pico central tem altura 0,25, ou seja, ¼. Parece também que os valores da função em −2 e + 2 são 0,125, ou seja, ⅛. Em 1995, Kent Morrison conjecturou que ambas as afirmações são verdadeiras, mas em 1998 ele mudou de ideia, tendo investigado as conjecturas com maior detalhe. Considerando dez casas decimais, em $x = 0$ a densidade tem valor 0,2499150393, um pouco menos que ¼. No entanto, para as mesmas dez casas decimais o valor em $x = 2$ é 0,1250000000, que ainda parece ser ⅛. Todavia, para 45 casas decimais, o valor acaba sendo:

0,124999999999999999999999999999999999999999764

que difere de ⅛ por menos de 10^{-42}.

O artigo de Schmuland ["Random harmonic series", in *American Mathematical Monthly*, 110, 2003, p.407-16] explica por que essa probabilidade é tão próxima, mas não exatamente ⅛. Então, aqui uma conjectura muito plausível da evidência experimental revela-se *falsa*. É por esse motivo que os matemáticos insistem em provas, exatamente como Hemlock Soames insiste em evidência.

Os cães que brigam no parque 🔍
Das Memórias do dr. Watsup

Em minha habitual caminhada matinal pelo Equilateral Park, ao lado da Marylebone Road, próximo ao pub Dog and Triangle, observei um incidente curioso, e ao chegar ao número 222B da Baker Street não pude me conter e contei ao meu colega:

"Soames, acabei de presenciar um curioso..."

"Incidente. Você viu três cães no parque", disse ele, sem piscar um olho.

"Mas como... É claro! Há lama nas minhas calças, e os padrões dos respingos indicam..."

Soames deu uma risadinha. "Não, Watsup, minha dedução tem outra base. Ela não me diz apenas que você viu três cães no parque, mas que eles estavam brigando."

"Isso mesmo! Mas o incidente curioso não foi esse. Teria sido curioso se os cães *não* tivessem brigado."

"Verdade. Preciso me lembrar dessa observação, Watsup. Muito pertinente."

"Curioso foi o que precedeu a briga. Os cães surgiram ao mesmo tempo nos três cantos do parque..."

"Que é um triângulo equilátero cujos lados medem todos 60 jardas", interrompeu-me Soames.

"Hã, sim. No instante em que apareceram, cada cachorro olhou para o outro no sentido horário, e imediatamente começou a correr nessa direção."

"Todos com a mesma velocidade de 4 jardas por segundo."

"Curvo-me ao seu juízo. Como resultado, todos os três cães seguiram trajetos curvos e colidiram simultaneamente no centro do parque. Numa fração de segundo estavam brigando, e eu tive de separá-los."

"Daí os rasgos no seu casaco e nas calças e as marcas de dentes na sua perna, que vejo terem sido infligidas por um setter ruivo, um retriever e um cruzamento de buldogue e lébrel irlandês. Com uma pata esquerda manca."

"Ah."

"E usando uma coleira de couro vermelha. Com um sino. Que está enferrujado e não toca mais. Você foi observador o suficiente para notar quanto tempo os cães levaram para colidir?"

"Negligenciei olhar meu relógio de bolso, Soames."

"Ah, vamos lá, Watsup! Você olha, mas não *vê*. No entanto, nesse caso o tempo pode ser deduzido a partir dos fatos já estabelecidos."

Assuma que os cães sejam pontos. Resposta na p.299.

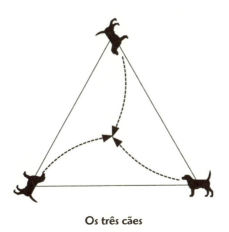

Os três cães

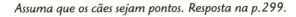

Qual é a altura daquela árvore?

Há um velho truque dos guardas-florestais para estimar a altura de uma árvore sem que precisem trepar nela ou usar equipamento topográfico. Pode ser uma boa maneira de quebrar o gelo numa festa ao ar livre se houver uma árvore adequada na vizinhança. Eu o aprendi em Toby Buckland, "Digging deeper", in *Amateur Gardening*, 20 out 2012, p.59. Recomenda-se vestir calças.

Ponha-se a uma distância razoável da árvore, com as costas viradas para ela. Curve-se e olhe para trás pelo meio das pernas. Se não conseguir enxergar o topo, afaste-se até conseguir. Nesse ponto, a sua distância da base da árvore será aproximadamente igual à altura dela.

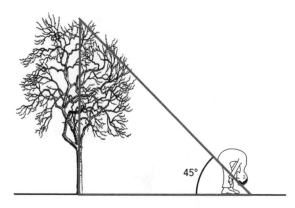

Estimando a altura de uma árvore

A técnica, se é que posso chamá-la assim, é uma simples aplicação de geometria euclidiana. Ela funciona porque o ângulo em que a maioria de nós consegue olhar de baixo para cima pelo meio das pernas é aproximadamente 45°. Então, a linha de visão até o topo da árvore é a hipotenusa de um triângulo isósceles com um ângulo reto e os outros dois ângulos iguais.

É óbvio que a exatidão do método depende da flexibilidade do seu corpo, mas não está muito errado para a maioria das pessoas. Buckland comenta: "Vá em frente, é mais barato do que ioga e oferece uma visão do mundo que a maioria de nós não apreciou desde a infância!"

Por que meus amigos têm mais amigos do que eu?

Oh, meu Deus! Todo mundo parece ter mais amigos do que eu!

Acontece no Facebook, acontece no Twitter. Acontece em qualquer rede social virtual e acontece na vida real. Acontece se você conta sócios comerciais ou parceiros sexuais. É uma experiência humilhante quando você começa a checar seus amigos para ver quantos amigos *eles* têm. Não só a maioria deles tem mais do que você: em média, *todos* têm mais do que você.

Por que *você* é tão impopular em comparação com o resto das pessoas? É muito preocupante. Mas não há necessidade de ficar chateado. A maioria dos amigos das pessoas tem mais amigos do que elas próprias têm.

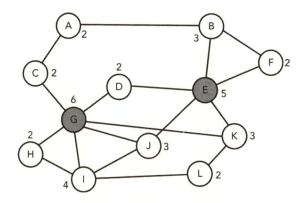

Grafo de amostra de amizades

É provável que isso soe estranho. Todo mundo em uma dada rede social tem *em média* a mesma quantidade de amigos, ou seja, a média – e há apenas uma. Alguns têm mais, outros têm menos, mas a média é... a média. Então parece intuitivamente plausível que os amigos deles tenham, em média, *também* o mesmíssimo número de amigos. Mas isso é verdade?

Vamos experimentar um exemplo. Ele não foi inventado para ser incomum; é o primeiro que me ocorreu. A maioria das redes se comportará de maneira similar. O grafo (acima) mostra doze pessoas, com linhas ligando os amigos. (Assumimos que todas as amizades sejam em ambas as direções. Nem sempre é o caso nas redes sociais, mas o efeito ainda ocorre mesmo assim.) Tabulemos alguns números básicos:

PESSOA	NÚMERO DE AMIGOS	NÚMERO DE AMIGOS DELES	MÉDIA DA COLUNA ANTERIOR
Alice	2	3, 2	**2,5**
Bob	3	2, 5, 2	3
Cleo	2	2, 6	**4**
Dion	2	5, 6	**5,5**
Ethel	5	3, 2, 2, 3, 3	2,6
Fred	2	3, 5	**4**
Gwen	6	2, 2, 2, 4, 3, 3	2,67
Hemlock	2	6, 4	**5**
Ivy	4	6, 2, 3, 2	3,25
John	3	5, 6, 4	**5**
Kate	3	5, 6, 2	**4,33**
Luke	2	4, 3	**3,5**

Usei negrito para assinalar os números na coluna final que são maiores do que os números na segunda coluna. Esses são os casos em que os amigos da pessoa X têm, em média, mais amigos que a pessoa X. *Oito em doze* números estão em negrito, e há mais um onde os dois valores são iguais.

A média dos números na coluna dois é 3. Ou seja, o número médio de amigos, por toda a rede social, é 3. Mas a maioria das entradas na coluna quatro é maior que isso. Então, o que está errado com a intuição aqui?

A resposta são as pessoas como Ethel e Gwen, que têm uma quantidade imensa de amigos, aqui cinco e seis, respectivamente. Devido a isso, elas são contadas com muito mais frequência quando estamos olhando para quantos amigos têm os *amigos* das pessoas. E então contribuem mais para o total da coluna três, e portanto para a média. Por outro lado, pessoas com poucos amigos aparecem com muito menos frequência, e contribuem menos.

Os seus amigos não são uma amostra típica. Pessoas com muitos amigos estarão super-representadas entre eles, porque há uma chance maior de você ser um dos amigos delas. Pessoas com poucos amigos estarão sub-representadas. Esse efeito distorce a média no sentido de um valor mais alto.

Isso pode ser observado na coluna três da tabela. O número 5 ocorre cinco vezes na coluna três, um para cada um dos amigos de Ethel; da mesma maneira, 6 ocorre seis vezes na coluna três, um para cada um dos amigos de Gwen. Por outro lado, a contribuição de Alice para a coluna três (não na linha dela, mas quando ela aparece como amiga em outra linha) são apenas duas vezes 2: uma de Bob e outra de Cleo. Então Ethel contribui com 25 e Gwen com maciços 36, enquanto a coitadinha da Alice só contribui com quatro.

Àqueles que têm, será dado.

Isso *não* ocorre na coluna dois: todo mundo contribui com a sua cota para a média, que é 3.

Na verdade, a média de todos os números na coluna quatro é 3,78, bem maior do que 3. Eu provavelmente deveria usar uma média ponderada: somar todos os números na coluna três e dividir por quantos são. Isso é 3,33, mais uma vez maior que 3.

Espero que você se sinta mais feliz agora.

Há uma prova na p.300

A estatística não é maravilhosa?

Estatisticamente, 42 milhões de ovos de crocodilo são postos todo ano. Desses, apenas metade é chocada. Daqueles que chocam, ¾ são comidos por predadores no primeiro mês. Do restante, apenas 5% estão vivos após um ano, por uma ou outra razão.

Se não fosse a estatística, todos seríamos devorados por crocodilos.

A aventura dos seis convidados
Das Memórias do dr. Watsup

Há muito me aflige o fato de Soames ter um sincero desprazer por jantares formais. Ele despreza conversa mole e fica pouco à vontade na companhia de mulheres, especialmente mulheres atraentes como minha amiga Beatrix. Mas de tempos em tempos ele é obrigado a engolir a pílula, enfrentar a fera, encarar a banalidade e participar de eventos sociais que incluem o belo sexo. E nesses eventos, de um instante a outro, é capaz de ficar taciturno, detestável, charmoso, tagarela ou alguma combinação desses comportamentos.

Essa ocasião particular foi um modesto *tête-à-tête* com Aubrey e Beatrix Sheepshear (irmão e irmã) e Crispin e Dorinda Lambshank (marido e mulher). Eu conhecia todos os quatro, é claro. Beatrix é uma senhora encantadora, solteira e atualmente sem nenhum pretendente, acredito eu. Soames conhecia apenas a mim, o que eu temia pudesse fazer com que dominasse o pior lado da sua personalidade, mas eu tinha a esperança de ampliar seu círculo social. Os Sheepshear e os Lambshank não se conheciam, exceto os homens, que pertenciam ao mesmo clube.

Tudo isso ficou claro para Soames quando os convidados chegaram, e logo estávamos sentados todos juntos. A presença de Soames tornou a conversa espasmódica, então me atrevi a servir alguns copos de um modesto mas aceitável xerez, dando-lhe uma dose dupla.

"Que singular! Vejo tanto um trio de conhecidos mútuos como um trio de estranhos mútuos", eu disse, tentando desajeitadamente quebrar o gelo.

"Um trio não pode ser singular", Soames resmungou, mas a um gesto meu manteve a calma. Enchi de novo seu copo.

Beatrix pediu-me uma explicação, e eu apressei-me em atendê-la. "Você, Aubrey e eu, cada um de nós conhece os outros dois: um trio de conhecidos mútuos."

"Penso que somos mais que meros conhecidos, John", ela replicou.

"Fico encantado em ouvir isso, cara senhora", eu disse, "mas estava buscando uma palavra que se pudesse aplicar a qualquer par de pessoas. Em contraste, Soames, você e Dorinda são estranhos mútuos, no sentido de que não se conheciam socialmente até agora. É claro que a fama de Soames o precedia."

"De fato, sim", disse Crispin, lançando-me um olhar azedo.

"Agora, penso que esse fato é bastante notável…"

"Pois não deveria pensar, Watsup", interrompeu Soames. "Pelo menos, não deveria considerar digno de nota que no mínimo um desses trios, de conhecidos ou estranhos, devesse ocorrer."

"Por que não?", indagou Aubrey.

"Porque pelo menos um desses trios deve ocorrer *sempre* que seis pessoas são reunidas", respondeu Soames. "Não importa quem conheça quem."

"Puxa, estou de queixo caído!", disse Aubrey. "Inacreditável, não?"

"Como pode ter tanta certeza, sr. Soames?", inquiriu Beatrix, os olhos brilhando – e não somente por causa do xerez, suspeitava eu.

"Porque, cara senhora, pode ser provado."

"Oh. Por favor, prossiga, sr. Soames. Considero esses assuntos fascinantes." Soames inclinou a cabeça, mas detectei um tênue, fugaz sorriso. Ele pretende ser imune aos encantos femininos, mas sei que é fingimento. Ele carece apenas de confiança. Eu esperava que aquilo continuasse, pois Beatrix é bonita e recatada e seria um bom partido para qualquer homem compatível. Eu, por exemplo.

"A prova pode ser compreendida de maneira extremamente simples por meio de um diagrama", explicou Soames. Levantou-se, atravessou a sala até a mesa de jantar e pegou alguns pratos e talheres, desfazendo-se dos meus protestos junto com vários guardanapos, a mostarda e um vaso de aspidistra.

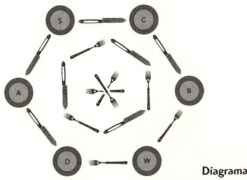

Diagrama de Soames

"Os pratos representam nós seis", começou ele, escrevendo nossas iniciais sobre eles com um bastão de maquiagem, que presumivelmente guardara como lembrança da época em que contemplava uma carreira de palco. "Um garfo ligando duas pessoas representa que são conhecidas; uma faca significa que são estranhas."

"Apontando adagas entre si, então", disse Beatrix. Apressei-me em aplaudir sua presença de espírito e encher seu copo.

"Por exemplo, Watsup e eu somos ligados por um garfo que cruza o centro da mesa, mas sou ligado a todos os outros por uma faca. Agora, como Watsup tão astutamente ressaltou, WAB é um triângulo de garfos e SBD um triângulo de facas. Meu argumento, porém, é que *qualquer que seja a maneira* de arrumarmos facas e garfos, haverá pelo menos um triângulo formado por talheres idênticos."

"Podem ser ambos, sr. Soames?", perguntou Beatrix. Seus olhos seguiam cada movimento de Soames.

"Às vezes, madame, mas nem sempre. Em caso extremo, se todos os talheres forem garfos então não haverá triângulos de facas, e se forem só facas então não haverá triângulo de garfos."

Beatrix assentiu, olhar sério na face. "Parece, então", ela ponderou, "que à medida que os garfos são substituídos por facas e diminui a oportunidade de se formar um triângulo de garfos, aumenta a oportunidade de se formar um triângulo de facas."

Soames aquiesceu. "Muito bem colocado, madame. A prova é meramente uma questão de mostrar que este último vem a acontecer antes que o primeiro cesse de existir. Para ser preciso, escolhamos um prato. Qualquer prato. Cinco talheres apontam na direção dele. Pelo menos três deles precisam ser do mesmo tipo. Por quê?"

"Porque se houvesse dois ou menos de cada, haveria no máximo quatro talheres", Beatrix disse de imediato.

"Muito bem!", exclamei, antes que Soames pudesse dar um cumprimento similar.

"Agora", prosseguiu ele, "consideremos um conjunto de três talheres idênticos – vamos admitir que sejam garfos, o caso das facas é semelhante – e olhemos os pratos para os quais eles apontam. Diferentes da escolha original, é claro. Agora, ou um desses pratos é ligado ao outro por um garfo, ou…"

"Todos os três são ligados por facas!", ela gritou. "No primeiro caso, achamos um triângulo de garfos; no segundo, um de facas. Por que, sr. Soames, agora que o senhor explica com tanta clareza parece..."

"Absurdamente óbvio", suspirou Soames, tomando um grande gole de xerez.

Esse comentário de certa forma cortou seu entusiasmo, e eu fiz um gesto desculpando-me pela rudeza do meu amigo. Seu sorriso instantâneo foi muito gratificante.

Esta área da matemática é chamada Teoria de Ramsey.
Mais informações na p.301.

Como escrever números muito grandes

Quantos grãos de areia há no Universo? O maior dos antigos matemáticos gregos, Arquimedes, decidiu combater a crença predominante de que a resposta era infinita, achando um meio de exprimir números muito grandes. Seu livro *O contador de areia* assumia que o Universo tinha o tamanho que os filósofos gregos julgavam ter, e que era inteiramente preenchido de areia. Calculou então que haveria (na nossa notação decimal) no máximo 1.000. ... .000 grãos de areia, com 63 zeros sucessivos.

Esse é um número grande, mas não infinito. Existem números maiores?

Os matemáticos sabem que não existe um número (inteiro) maior que todos. Os números podem ter o tamanho que se queira. A razão é simples: se houvesse um número maior que todos os outros, sempre seria possível aumentá-lo somando 1. A maioria das crianças que dominam a notação decimal rapidamente percebe que sempre se pode tornar um número maior (e, de fato, dez vezes maior) adicionando um zero a mais no final.

Contudo, embora a princípio não haja limite para o tamanho de um número, há muitas vezes limitações práticas na forma que escolhemos para escrever os números. Por exemplo, os romanos o faziam usando as letras I (1), V (5), X (10), L (50), C (100), D (500) e M (1.000), combinando-as em grupos para obter números intermediários. Assim,

1 a 4 eram escritos I, II, III, IIII, exceto que esse IIII era muitas vezes substituído por IV (5 *menos* 1). Nesse sistema, o maior número que se pode escrever é:

MMMMCMXCIX = 4.999

e pode-se tirar mil, se forem usados no máximo três M's.

No entanto, os romanos às vezes precisavam de números maiores. Para simbolizar 1 milhão, punham uma barra (o nome usado era *vinculum*) sobre o M, de modo a obter $\overline{\text{M}}$. Em geral, uma barra sobre um número multiplicava seu valor por mil, mas essa notação raramente era utilizada. Quando a usavam, era apenas uma barra, então o máximo a que chegavam eram poucos milhões. As limitações de seu sistema simbólico mostram que o tamanho dos números que podem ser escritos depende da notação usada.

Hoje, podemos ir bem mais longe. Um milhão é 1.000.000 – patético. Podemos obter números *muito* maiores apenas adicionando mais zeros no final, e ajustando os espaços de modo a manter o agrupamento-padrão de três dígitos. No Ocidente, os nomes dicionarizados para números grandes refletem essa prática: começam com milhão, bilhão, trilhão... e param em centilhão. Como os seres humanos nunca conseguem manter as coisas simples, sobretudo quando se trata de matemática, essas palavras tinham (ou pelo menos costumavam ter) significados diferentes nos dois lados do Atlântico. Nos Estados Unidos, 1 bilhão é 1.000.000.000, mas no Reino Unido era 1.000.000.000.000, o que os norte-americanos chamariam de trilhão.* Mas em nosso mundo interconectado, o sistema norte-americano prevaleceu, talvez porque *"milliard"* – o termo britânico para mil milhões – é (a) obsoleto e (b) facilmente confundido com *"million"* [milhão]. E 1 bilhão é um belo número redondo para finanças internacionais, pelo menos até os bancos do mundo jogarem fora tanto dinheiro na crise financeira que tivemos que nos acostumar a pensar em trilhões.

---

* Embora com certeza o leitor saiba, não custa lembrar que nossa notação é igual ao sistema utilizado nos Estados Unidos, ou seja, 1 bilhão são 1.000 milhões, e não 1 milhão de milhões, como no Reino Unido e em outros países da Europa. (N.T.)

Um modo mais simples de escrever esses números é usar potências de 10. Assim, 10^6 representa 1 seguido de seis zeros, que é 1 milhão. O 6 é chamado de *expoente*. Um bilhão é 10^9 (ou 10^{12} no velho sistema britânico). Um centilhão é 10^{303} (ou 10^{600} britânicos). As extensões reconhecidas para nomes dicionarizados vão até 1 milinilhão, 10^{3003}. Há diversos sistemas e a vida é curta demais para entrar em todos eles ou, na realidade, fazer adequadamente as distinções entre eles.

Dois outros nomes para números grandes, também encontrados na maioria dos dicionários, são *googol* e *googolplex*. Um googol é 10^{100} (1 seguido de cem zeros). O nome foi inventado pelo sobrinho de nove anos de James Newman, Milton Sirotta. Ele também sugeriu um número maior, o googolplex, que definiu como "1 seguido de zeros escritos até você se cansar". Uma certa falta de precisão levou a um refinamento: "1 seguido de googol zeros."

Isso é mais interessante, porque recai no mesmo tipo de problema com que os romanos se depararam, exceto que chegaram lá bem mais cedo. Se você realmente tentar escrever um googolplex em notação decimal, 1.000.000.000... não chegará ao final durante o seu tempo de vida. E nem chegaria ao final durante o tempo de vida do Universo inteiro até hoje. Admitindo que os cálculos cosmológicos convencionais estejam corretos, você provavelmente não chegaria lá até o Universo acabar. Em todo caso, não teria lugar para escrever todos esses zeros mesmo que cada um fosse do tamanho de um quark.

No entanto, há um modo compacto de escrever um googolplex: expoentes iterados. Ou seja:

$$10^{10^{100}}$$

E uma vez que você começa a pensar nessas linhas, pode chegar a alguns números realmente grandes. Em 1976, o cientista da computação Donald Knuth inventou uma notação para números muito grandes, que, entre outras coisas, aparece em algumas áreas da ciência da computação teórica. Quando eu digo "muito grandes" refiro-me a *muito* grandes – tão grandes que não há como sequer começá-los a escrever em notação convencional. O googolplex, que é 1 seguido de 10^{100} zeros, fica minúsculo comparado com a maioria dos números que podem ser expressos usando a notação *seta-para-cima* de Knuth.

Knuth começa por escrever

$a \uparrow b = a^b$

Então, por exemplo, 10↑2 = 100, 10↑3 = 1.000, 10↑100 é um googol e 10↑(10↑100) é um googolplex. A convenção usual acerca da ordem em que os expoentes são tomados (começando da direita para a esquerda) permite-nos escrever isso de forma mais simples como 10↑10↑100. Não é necessária muita imaginação para vir com, digamos, 10↑10↑10↑10↑10↑10↑10.

Mas isso é só o começo. Seja

$a \uparrow\uparrow b = a \uparrow a \uparrow \ldots \uparrow a$

onde a ocorre b vezes. Os exponenciais são calculados começando pela direita, então (por exemplo)

$a \uparrow\uparrow 4 = a \uparrow (a \uparrow (a \uparrow a))$

Por exemplo,

$2 \uparrow\uparrow 4 = 2\uparrow(2\uparrow(2\uparrow 2)) = 2\uparrow(2\uparrow 4) = 2\uparrow 16 = 65.536$

e

$3\uparrow\uparrow 3 = 3\uparrow 3\uparrow 3 = 3\uparrow 27 = 7.625.597.484.987$

Os números logo se tornam impossíveis de serem escritos dígito por dígito. Por exemplo, 4↑↑4 tem 155 dígitos decimais. Mas o *ponto* é exatamente esse: a notação seta-para-cima fornece um modo compacto de especificar números gigantes. No entanto, nós mal começamos. Agora seja

$a\uparrow\uparrow\uparrow b = a\uparrow\uparrow a\uparrow\uparrow \ldots \uparrow\uparrow a$

onde a ocorre b vezes do lado direito. Mais uma vez, as ↑↑ setas são calculadas a partir da direita. Você pode ver o quadro: continuamos com

$a\uparrow\uparrow\uparrow\uparrow b = a\uparrow\uparrow\uparrow a\uparrow\uparrow\uparrow \ldots \uparrow\uparrow\uparrow a$
$a\uparrow\uparrow\uparrow\uparrow\uparrow b = a\uparrow\uparrow\uparrow\uparrow a\uparrow\uparrow\uparrow\uparrow \ldots \uparrow\uparrow\uparrow\uparrow a$

e assim por diante, onde sempre a ocorre b vezes e podemos calcular começando pela direita.

R.L. Goodstein desenvolveu a notação de Knuth e a simplificou, levando a expressões que chamou de hiperoperadores. John Conway desenvolveu uma notação similar de "seta em cadeia" com setas horizontais e parênteses.

Na teoria das cordas, uma área da física teórica que busca unificar a relatividade com a mecânica quântica, o número 10↑10↑500 aparece: é o número de estruturas potencialmente diferentes para o espaço-tempo. Segundo Don Page, o tempo finito mais longo calculado de maneira explícita por um físico é o reles

10↑10↑10↑10↑10↑1,1 anos.

Esse é o tempo de recorrência de Poincaré para o estado quântico de um buraco negro com a massa do Universo inteiro; ou seja, o tempo que levaria até o sistema retornar ao seu estado inicial e, com efeito, a história começasse a se repetir.

Número de Graham

Em algumas ocasiões, os matemáticos necessitam de números maiores do que os físicos. E não é só por divertimento: é porque esses números na realidade aparecem em problemas razoáveis. O número de Graham, nome dado em honra ao norte-americano Ron Graham, aparece em análise combinatória – a matemática de contar diferentes formas de arranjar objetos ou satisfazer condições.

Em 1978, Graham e Bruce Rothschild estavam trabalhando em um problema sobre hipercubos, análogos multidimensionais do cubo. Um quadrado tem quatro vértices, um cubo tem oito, um hipercubo quadridimensional tem dezesseis e um hipercubo n-dimensional tem 2^n vértices. Eles correspondem a todas as possíveis sequências de n 0's e 1's em um sistema de n coordenadas.

Pegue um hipercubo n-dimensional e desenhe linhas unindo *todos* os pares de vértices. Pinte cada aresta de vermelho ou de azul. Qual é o menor valor de n para que *toda* pintura colorida dessas contenha pelo menos um conjunto de quatro vértices, no mesmo plano, de modo que todas as arestas que se juntem neles tenham a mesma cor?

Os dois matemáticos provaram que tal número n existe, o que está longe de ser óbvio. Graham havia encontrado anteriormente uma prova mais simples, mas teve de usar um número maior; na notação de seta-para-cima de Knuth é no máximo:

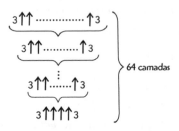

64 camadas

Aqui os números abaixo das chaves horizontais mostram quantas setas ocorrem acima de cada chave. Trabalhando de trás para a frente a partir da camada da base: há 3↑↑↑↑3 setas para cima na camada anterior (63ª). Então use *esse* número de setas na 62ª camada para obter um novo número. Então use *esse* número de setas na 61ª camada...! Desculpe, mas é impossível escrever qualquer um desses números em notação decimal padrão. Sob esse aspecto são muito piores que um googolplex. Mas esse é o charme deles...

Esse é o número de Graham, e ele é realmente gigantesco. E aí está. O valor encontrado por Graham e Rothschild é menor, mas ainda ridículo de tão grande e mais difícil de explicar, então não explicarei.

Por ironia, pessoas que trabalham nessa área conjecturam que o número pode ser *muito* menor. Na verdade, que $n = 13$ bastaria. Mas isso ainda não foi provado. Graham e Rothschild provaram que n precisa ser no mínimo 6; Geoff Exoo subiu para 11 em 2003; o melhor resultado até agora é que n deve ser no mínimo 13, provado em 2008 por Jerome Barkley.

Ver p. 302 para mais informações

Não consigo conceber quanto é isso

Quando cientistas mencionam números grandes, tais como a idade do Universo (13,798 bilhões de anos ou cerca de 4,35 sextilhões de segundos) ou a distância até a estrela mais próxima (0,237 ano-luz ou cerca de 2,24 trilhões de quilômetros) todos tendemos a dizer coisas como "não consigo conceber quanto é isso". O mesmo vale para o custo da crise financeira global, sendo que uma das estimativas mais altas é £1,162 trilhão para a economia do Reino Unido.* Digamos que por volta de 1 trilhão, £10^{12}.

Milhões, bilhões, trilhões – na cabeça de muita gente é tudo praticamente a mesma coisa: grande demais para poder se conceber.

Essa incapacidade de internalizar grandes números afeta a nossa visão a respeito de muita coisa, sobretudo política. Houve muito protesto, especialmente do setor de linhas aéreas, quando o Eyjafjallajökull, na Islândia, cuspia cinzas vulcânicas obrigando a maior parte dos voos no Reino Unido a permanecer em terra. (Eu mesmo não fiquei muito feliz: devia viajar de avião para Edimburgo e, de repente, tive de mudar de planos e ir de carro.) O custo foi estimado em £100 milhões por dia: £10^8.

Para ser justo, essa foi a perda de um número relativamente pequeno de companhias aéreas. Mas a dimensão do protesto talvez tenha sido maior do que a causada pela crise financeira.

O grande segredo em comparar números grandes é que você não *precisa* concebê-los. Na verdade, é melhor não fazê-lo. A matemática – na realidade, a aritmética básica – faz isso para você. Por exemplo, podemos perguntar quanto tempo a proibição dos voos teria de demorar para custar à economia a mesma quantia que a crise dos bancos. Aí vai o cálculo:

Custo da crise dos bancos: £10^{12}
Custo por dia do vulcão: £10^8
$10^{12}/10^8 = 10^4$ dias = 27 anos

---

* Este valor é mais que o custo final porque os bancos devolveram dinheiro e parte dele foi apoio temporário. Em março de 2011 a cifra era de £450 bilhões, quase a metade do valor.

Considero esse período de tempo eminentemente concebível, e não tenho dificuldade em reconhecer que é um período bem mais longo do que um dia. Então, posso *calcular* que o impedimento dos voos precisaria ter durado 27 anos para causar tanto prejuízo econômico quanto a crise dos bancos, sem ser obrigado a conceber as cifras maiores envolvidas no cálculo.

É para isso que serve a matemática. Não fique tentando conceber valores: use a matemática.

O caso do condutor acima da média
Das Memórias do dr. Watsup

Joguei o jornal em cima da mesa revoltado. "Estou dizendo, Soames – dê uma olhada nessa estatística ridícula!"

Hemlock Soames grunhiu, concentrando-se em acender seu cachimbo.

"Setenta e cinco por cento dos condutores de cabriolés acha que sua habilidade está acima da média!"

Soames ergue os olhos. "O que há de ridículo nisso, Watsup?"

"Bem, eu... Soames, simplesmente não é possível! Eles devem ter uma opinião exagerada sobre si mesmos."

Cabriolé de John Thompson e Adolphe Smith, *Street Life in London*, 1877

"Por quê?"

"Porque a média tem que estar no meio."

O detetive suspirou. "Uma concepção equivocada comum, Watsup."

"Concepção equi... o que há de errado nela?"

"Praticamente tudo, Watsup. Suponha que cem pessoas sejam avaliadas segundo uma pontuação que vá de zero a cem. Se 99 delas tiveram um escore de dez pontos e os outros tiverem zero, qual é a média?"

"Hã... $^{990}/_{100}$... que é 9,9, Soames."

"E quantas estão acima da média?"

"Hã... 99 delas."

"Como disse, uma concepção equivocada."

Eu não fui convencido tão prontamente. "Mas o excesso é pequeno, Soames, e os dados não são representativos."

"Exagerei o efeito para demonstrar sua existência, Watsup. Quaisquer dados distorcidos – assimétricos – têm probabilidade de se comportar de maneira semelhante. Por exemplo, suponha que a maioria dos condutores seja razoavelmente competente, uma minoria significativa seja assustadoramente ruim e uma quantidade mínima seja excelente. Que condutores estão acima da média em tais circunstâncias?"

"Bem... os condutores ruins puxam a média para baixo e os excelentes não chegam a compensar... Que coisa! Os competentes e os excelentes estão *todos* acima da média!"

"De fato", replicou Soames. Bem rápido esboçou um gráfico em uma folha de papel velho. "Com esses dados, que são mais realistas, a média é 6,25, e 60% dos condutores estão acima dela."

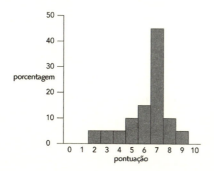

Pontuação hipotética da habilidade de condução segundo os dados de Soames, com 60% dos condutores acima da média

"Então o artigo no *Manchester Mirrorgraph* está errado?", inquiri.

"Você está surpreso, Watsup? Muito poucos de seus artigos são corretos, para ser franco. Mas este cai em uma armadilha comum. Confunde a média com a mediana – que é *definida* como sendo o valor para o qual metade dos participantes está acima da média e a outra metade abaixo. As duas muitas vezes diferem."

"Então não é possível que 75% dos condutores estejam acima da mediana?"

"Só se o número de condutores for zero."

"Mas 75% dos condutores *poderiam* estar acima da média?"

"Sim."

"E eles *não teriam* uma opinião excessivamente exagerada em relação às próprias habilidades?"

Soames suspirou mais uma vez. "Essa, meu caro Watsup, é outra história pintada de outra cor. Existe uma forma de distorção cognitiva chamada ilusão de superioridade. As pessoas imaginam-se superiores a outras, mesmo que não sejam. Quase todos nós sofremos dessa distorção, com a notável exceção de mim mesmo. Um artigo em *Quantitative Phrenology and Cognition* no mês passado reporta que 69% dos condutores de cabriolé suecos avaliam-se acima da *mediana*. E isso, sem dúvida, é uma ilusão."

Ver p.302 para dados modernos genuínos

O cubo-ratoeira

Jeremiah Farrell inventou um *cubo* mágico de palavras obedecendo a princípios similares aos que governam seus quadrados mágicos de palavras – ver p.8-9. Aqui a palavra envolvida é MOUSETRAP [ratoeira] e a numeração mágica das letras é M = 0, O = 0, U = 2, S = 6, E = 9, T = 18, R = 3, A = 1, P = 0. Algumas palavras são nomes próprios e outras são *muito* obscuras. Por exemplo, OSE é o nome de um demônio –

e também de lugares no Japão, na Nigéria, na Polônia, na Noruega e na ilha de Skye. Ainda assim, o impressionante é que consiga ser feito.

camada superior		
MOP	RUE	SAT
RAT	SOP	EMU
USE	MAT	PRO

camada do meio		
EAR	SOT	UMP
SUP	MAE	ROT
TOM	PUR	SEA

camada inferior		
STU	MAP	ORE
MOE	RUT	SAP
RAP	OSE	TUM

Camadas sucessivas do cubo mágico de palavras, ou cubo-ratoeira

Números de Sierpiński

Os teóricos dos números que buscam grandes primos muitas vezes consideram números da forma $k2^n + 1$, para escolhas específicas de k, à medida que n varia. Experimentos sugerem que para a maioria das escolhas de k, esses números incluem pelo menos um primo, frequentemente mais de um. Por exemplo, se $k = 1$, então $1 \times 2^n + 1$ é primo quando $n = 2$, 4, 8. Se $k = 3$, então $3 \times 2^n + 1$ é primo quando $n = 1, 2, 5, 6, 8, 12$. Se $k = 5$, então $5 \times 2^n + 1$ é primo quando $n = 1, 3, 7$. (Em geral, podemos dividir k por quaisquer fatores de 2 para torná-lo ímpar e incluir esses fatores no 2^n. Então podemos assumir que k é ímpar sem perder o caráter genérico. Por exemplo, $24 \times 2^n = 3 \times 2^3 \times 2^n = 3 \times 2^{n+3}$.)

É tentador conjecturar que para qualquer $k \geq 2$ exista pelo menos um número primo da forma $k2^n + 1$. No entanto, em 1960 Wacław Sierpiński provou que existem infinitos números ímpares k para os quais *todos* os números da forma $k2^n + 1$ são compostos – ou seja, não primos. Estes são chamados números de Sierpiński.

Em 1992, John Selfridge provou que 78.557 é um número de Sierpiński, mostrando que todos os números da forma $78.557 \times 2^n + 1$ são divisíveis por pelo menos um dos números 3, 5, 7, 13, 19, 37, 73. Diz-se que estes formam um conjunto de cobertura. Os primeiros dez números de Sierpiński conhecidos são:

78.557	271.129	271.577	322.523	327.739
482.719	575.041	603.713	903.983	934.909

Muitos creem que 78.557 seja o menor número de Sierpiński, mas isso ainda não foi provado nem refutado. Desde 2002, o site www.seventeenorbust.com vem organizando uma busca por números primos da forma $k2^n + 1$, cuja existência provaria que k *não* é um número de Sierpiński. Quando a busca começou, havia dezessete possíveis números de Sierpiński menores que 78.557, mas foram eliminados um a um até que restassem apenas seis: 10.223, 21.181, 22.699, 24.737, 55.459 e 67.607. Ao longo do caminho o projeto descobriu diversos números primos muito grandes.

k	ELIMINADO POR PRIMO DA FORMA $k2^n + 1$
4.847	$4.847 \times 2^{3321063} + 1$
5.359	$5.359 \times 2^{5054502} + 1$
	(na época o quarto maior primo conhecido)
10.223	
19.249	$19.249 \times 2^{13018586} + 1$
21.181	
22.699	
24.737	
27.653	$27.653 \times 2^{9167433} + 1$
28.433	$28.433 \times 2^{7830457} + 1$
33.661	$33.661 \times 2^{7031232} + 1$
44.131	$44.131 \times 2^{995972} + 1$
46.157	$46.157 \times 2^{698207} + 1$
54.767	$54.767 \times 2^{1337287} + 1$
55.459	
65.567	$65.567 \times 2^{1013803} + 1$
67.607	
69.109	$69.109 \times 2^{1157446} + 1$

James Joseph quem?

James Joseph Sylvester foi um matemático inglês que trabalhou com Arthur Cayley na teoria das matrizes e na teoria dos invariantes, entre outras áreas. Ele teve por toda a vida um profundo interesse em poesia, e com frequência acrescentava excertos de seus poemas em seus artigos de pesquisa matemática. Mudou-se para os Estados Unidos em 1841, mas retornou pouco depois. Em 1877, voltou a cruzar o Atlântico, assumindo um posto como primeiro professor de matemática na Universidade Johns Hopkins, tendo fundado o *American Journal of Mathematics*, que é referência até hoje. Regressou à Inglaterra em 1883.

Seu nome era originalmente James Joseph. Quando seu irmão mais velho emigrou para os Estados Unidos, os funcionários da imigração lhe disseram que precisava ter três nomes: primeiro, do meio e sobrenome. Por algum motivo, o irmão adicionou "Sylvester" como novo sobrenome. Então James Joseph fez o mesmo.

James Joseph Sylvester

O assalto de Baffleham
Das Memórias do dr. Watsup

A majestosa casa de lorde Baffleham havia sido assaltada, e algumas esmeraldas e rubis, roubados do cofre. Soames, chamado para investigar, logo passou a suspeitar de duas visitantes, lady Esmeralda Nickett e baronesa Ruby Robham. Ambas enfrentavam tempos difíceis, e sem dúvida tinham sucumbido à tentação. Mas onde estava a prova?

As duas damas admitiram possuir algumas joias, mas alegavam que estas lhes pertenciam. Soames ainda não persuadira o inspetor Roulade a obter um mandado de busca, que poderia resolver a questão, e não pudera inspecionar as caixas de joias das duas senhoras.

"O caso", disse Soames, "depende de exatamente quantas joias as duas senhoras possuem. Se os números combinarem com o que foi roubado, teremos a peça final de evidência de que necessitamos. Roulade está disposto a requerer o mandado de busca, mas apenas se lhe pudermos dizer esses dois números."

"Esmeralda afirmou que possui apenas esmeraldas", murmurei, meio para mim mesmo. "E Ruby diz que tem somente rubis."

"De fato. Tenho certeza de que essas afirmações são verdadeiras. Agora, o testemunho da criada fixa a quantidade de cada tipo de joia entre dois e 101, sem excluir esses dois números."

"A cozinheira está relutante em contar algum conto", eu disse. "Mas eu a persuadi a me dizer o produto dos dois números."

"E o mordomo, também reticente, mas aberto à persuasão na forma de dez soberanos de ouro, contou-me sua soma", replicou Soames.

"Então podemos calcular os dois números resolvendo a equação quadrática!", exclamei empolgado.

"É claro, embora não saibamos qual número aplica-se às esmeraldas e qual aos rubis", ponderou Soames. "Os dados são simétricos. Mas qualquer uma das combinações bastaria para o inspetor Roulade obter um mandado de busca, o que sem dúvida será suficiente."

"Se você me disser o produto", eu disse, "posso resolver a equação."

"Ah, meu caro Watsup, você é *tão* inadequado", Soames queixou-se. "Vamos ver se consigo deduzir os números sem você me dizer... Agora, você sabe quais são os números?"

"Não."

"Eu sabia disso", disse Soames, para meu aborrecimento. Se sabia, *por que perguntar*? Mas subitamente a luz se fez.

"Agora eu sei os números", eu disse.

"Nesse caso, eu também, Watsup."

Quais são os números? Resposta na p.302.

O quatrilionésimo dígito de π

Atualmente sabemos a expansão decimal de π até 12.100.000.000.050 dígitos, cálculo realizado por Shigeru Kondo em 2013 durante um período de 94 dias. Ninguém realmente se importa com a resposta em si, mas esse tipo de quebra de recorde tem conduzido a algumas novas percepções extraordinárias, além de ser um bom meio de testar novos supercomputadores. Uma das descobertas mais curiosas é a de que é possível calcular dígitos específicos de π sem ter de encontrar os anteriores. Mas por enquanto só podemos fazê-lo em notação em base 16, ou hexadecimal, da qual podem ser imediatamente deduzidos dígitos nas bases 8, 4 e 2 (binária). Essa ideia é generalizada para outras constantes além de π, e para base 3, mas ainda não existe uma teoria sistemática. Nada parecido se sabe para a notação decimal, base 10.

A descoberta inicial, a fórmula BBP, é exposta abaixo: ver também o *Almanaque das curiosidades matemáticas*, p.220. Trata-se de uma série infinita que possibilita calcular um dígito hexadecimal específico de π *sem* calcular nenhum dos anteriores. Assim, podemos ter confiança em que o quatrilionésimo dígito binário de π é 0, graças ao Projeto PiHex, e indo ainda mais longe, o du-quatrilionésimo dígito binário de π também é 0, graças a uma computação de 23 dias feita por um dos funcionários do Yahoo!. Apesar disso, seria necessária outra computação igualmente maciça para encontrar o dígito anterior.

Em 2011, David Bailey, Jonathan Borwein, Andrew Mattingly e Glenn Wightwick redigiram um apanhado geral sobre essa área. ["The computation of previously inaccessible digits of π^2 and Catalan's constant", in *Notices of the American Mathematical Society*, 60, 2013, p.844-54]. Descreveram como computar dígitos em base 64 de π^2, dígitos em base 729 de π^2 e dígitos em base 4.096 de um número chamado constante de Catalan, começando pelo décimo trilionésimo dígito.

A história começa com uma série conhecida de Euler:

$$\ln 2 = \frac{1}{2} + \frac{1}{2,4} + \frac{1}{3,8} + \frac{1}{5,16} + \cdots = \sum_{k=1}^{\infty} \frac{1}{k2^k}$$

onde Σ é a notação para somatória. Devido à ocorrência de potências de 2, essa série pode ser convertida em um método para computar dígitos binários específicos de ln 2. As computações permanecem viáveis, mas levam muito mais tempo, à medida que a posição do dígito em questão vai se tornando maior.

A fórmula BBP (Bailey-Borwein-Plouffe) é

$$\pi = \sum_{n=0}^{\infty} \left(\frac{4}{8n+1} + \frac{2}{8n+4} + \frac{1}{8n+5} + \frac{1}{8n+6} \right) \left(\frac{1}{16} \right)^n$$

e as potências de 16 possibilitam computar dígitos hexadecimais específicos de π. Como $16 = 2^4$, a série também pode ser usada para encontrar dígitos binários.

Será esta abordagem limitada a essas duas constantes? A partir de 1997, os matemáticos buscaram séries infinitas similares para outras constantes, e tiveram êxito em boa quantidade delas, inclusive

$$\pi^2 \quad \ln^2 2 \quad \pi \ln 2 \quad \zeta(3) \quad \pi^3 \quad \ln^3 2 \quad \pi^2 \ln 2 \quad \pi^4 \quad \zeta(5)$$

onde

$$\zeta(n) = \frac{1}{1^n} + \frac{1}{2^n} + \frac{1}{3^n} + \frac{1}{4^n} + \frac{1}{5^n} + \cdots$$

é a função zeta de Riemann. Também tiveram êxito na constante de Catalan:

$$G = \frac{1}{1^2} + \frac{1}{3^2} + \frac{1}{5^2} + \frac{1}{7^2} + \frac{1}{9^2} + \cdots = 0{,}9115965599417722\ldots$$

Algumas dessas séries geram dígitos de base 3 ou alguma potência de 3. Por exemplo, a impressionante fórmula de David Broadhurst

$$\pi = \frac{2}{27} \sum_{k=0}^{\infty} \frac{1}{729^k} \left(\frac{243}{(12k+1)^2} - \frac{405}{(12k+2)^2} - \frac{81}{(12k+4)^2} - \frac{27}{(12k+5)^2} \right.$$
$$\left. - \frac{72}{(12k+6)^2} - \frac{9}{(12k+7)^2} - \frac{9}{(12k+8)^2} - \frac{5}{(12k+10)^2} + \frac{1}{(12k+11)^2} \right)$$

pode ser usada para computar dígitos de π^2 na base $729 = 3^6$.

π é normal?

Os dígitos de π parecem aleatórios, mas não podem ser realmente aleatórios já que sempre são obtidos os mesmos números toda vez que se calcula π, excluindo erros. Costuma-se acreditar que, como quase todas as sequências aleatórias de dígitos, *toda* sequência finita ocorre em alguma região da expansão decimal de π. De fato, com frequência infinita, embora com montes de entulho entre duas ocorrências sucessivas, e na mesma proporção que se esperaria para uma sequência aleatória.

É possível provar que essa propriedade, chamada normalidade, vale para "quase todos" os números: numa gama suficientemente ampla de números, a proporção dos que são normais aproxima-se quanto se queira de 100%. Mas isso deixa uma brecha, porque qualquer número dado, em particular π, pode ser uma exceção. Será que é? Não sabemos. Até bem pouco tempo a questão parecia irremediável, mas fórmulas como as que vimos acima abriram uma nova linha de ataque, que poderia muito bem resolver a questão para dígitos binários (ou hexadecimais).

O elo surge por meio de outro procedimento matemático: iteração. Aqui começamos com um número, aplicamos alguma regra para obter outro e voltamos a aplicar a regra repetidamente, de modo a obter uma sequência de números. Por exemplo, se começarmos com 2 e a regra for "eleve ao quadrado", a sequência será:

2 4 16 256 65.636 4.294.967.296 ...

Os dígitos binários de um número com ln 2 podem ser gerados pela fórmula iterativa

$$x_{n+1} = 2x_n + \frac{1}{n} \pmod 1$$

começando de $x_0 = 0$. O símbolo (mod 1) significa "subtrair a parte inteira", então π (mod 1) = 0,14159... Essa fórmula levaria à prova de que ln 2 é normal para a base 2 se fosse possível demonstrar que os números resultantes estão distribuídos de maneira uniforme sobre o intervalo de 0 a 1. Tal "equidistribuição" é bastante comum. Infelizmente, ninguém sabe como provar que o mesmo vale para a fórmula iterativa acima, mas a ideia é promissora e talvez possamos chegar lá.

Existe uma fórmula iterativa similar, porém mais complicada, para π:

$$x_{n+1} = \left(16x_n + \frac{120n^2 - 89n + 16}{512n^4 - 1024n^3 + 712n^2 - 206n + 21}\right) \pmod{1}$$

Se os resultados estiverem equidistribuídos, π é normal em notação binária.

Essa questão levou a uma descoberta final muito estranha. Suponha que estiquemos o intervalo de 0 a 1 por um fator de 16, de modo que $y_n = 16x_n$ varie de 0 a 16. Então as partes inteiras de y_n sucessivos variam de 0 a 15. De modo experimental, esses números são *precisamente* os dígitos hexadecimais sucessivos de $\pi - 3$. Isso foi verificado em computador para os primeiros 10 milhões de dígitos. Com efeito, esse procedimento parece fornecer uma fórmula para o enésimo dígito hexadecimal de π. A computação fica cada vez mais difícil quanto mais se avança, e levou 120 horas.

Há sólidas razões para se esperar que esse enunciado seja verdadeiro, mas não equivalem a uma prova rigorosa. Sabe-se que ocorrem muito poucos erros, se é que ocorre algum. Como nenhum acontece para os primeiros 10 milhões de iterações, existe uma chance de um em 1 bilhão de que vá ocorrer algum erro posterior. No entanto, isso não é prova – apenas um motivo excelente para esperarmos que alguma possa ser encontrada.

Uma conjectura final, também baseada em evidência sólida, mostra como essa área é estranha. Ou seja: nada disso pode ser feito para aquela outra constante bem conhecida e, a base dos logaritmos naturais, aproximadamente igual a 2,71828. Parece haver algo de especial em π quando comparado com e.

Um matemático, um estatístico e um engenheiro...

... foram às corridas. Depois, encontraram-se num bar. O engenheiro estava afogando suas mágoas. "Não consigo entender como perdi todo o meu dinheiro. Medi os cavalos, calculei qual era o mais robusto e eficiente mecanicamente, calculei a velocidade com que seria capaz de correr..."

"Tudo muito certo", disse o estatístico, "mas você se esqueceu da variabilidade individual. Eu fiz uma análise estatística das corridas anteriores dos cavalos, e usei métodos bayesianos e estimativas de probabilidade máxima para descobrir que cavalo tinha a maior probabilidade de ganhar."

"E ele ganhou?"

"Não."

"Deixem-me pagar-lhes um trago", disse o matemático, tirando uma carteira recheada. "Eu me dei muito bem hoje."

É claro que aí estava um homem que sabia alguma coisa a respeito de cavalos. Os outros insistiram para que ele lhes contasse o segredo.

Com relutância, ele acedeu. "Consideremos um número infinito de cavalos esféricos idênticos..."

Lagos de Wada

A topologia é, com frequência, contraintuitiva. O que a torna difícil, mas também interessante. Eis um fato topológico estranho com aplicações em análise numérica.

Duas regiões do plano podem compartilhar uma curva fronteiriça comum; pense na fronteira Inglaterra-Escócia ou Estados Unidos-Canadá. Três ou mais regiões podem compartilhar um *ponto* fronteiriço comum: na região dos Estados Unidos conhecida como Four Corners, os estados de Arizona, Colorado, Novo México e Utah se encontram.

Four Corners

Com um pouco de engenhosidade qualquer número de regiões pode ser arranjado de modo a compartilhar *dois* pontos fronteiriços em comum. Mas não parece possível que três ou mais regiões tenham mais do que dois pontos fronteiriços em comum. Muito menos que todos eles tenham exatamente a mesma fronteira.

No entanto, isso pode ser feito.

Primeiro, devemos ser precisos quanto ao que é um ponto fronteiriço. Suponha que tenhamos alguma região no plano. Não precisa ser um polígono: pode ter uma forma bem complicada – qualquer reunião de pontos. Digamos que um ponto reside na *oclusão* da região se *cada* disco circular com centro nesse ponto e raio diferente de zero (por menor que seja) contiver algum ponto na região. Digamos que um ponto está no *interior* da região se algum disco circular com centro nesse ponto e raio diferente de zero estiver contido na região. Agora, a *fronteira* da região consiste de todos os pontos localizados em sua *oclusão* que não estejam no seu interior.

Entendeu? O ponto está na borda, mas não dentro, basicamente.

Para uma região poligonal, delimitada por uma série de segmentos de reta a fronteira consiste desses segmentos de reta, então nesse caso o que definimos está de acordo com o conceito usual. Pode-se provar que três ou mais regiões poligonais não podem ter todas a mesma fronteira. Mas isso não vale para regiões mais complicadas. Em 1917, o matemático japonês Kunizō Yoneyama publicou um exemplo de três regiões que têm *exatamente a mesma fronteira*. Ele disse que seu professor Takeo Wada havia proposto a ideia. E, portanto, as regiões (ou algo do tipo) são conhecidas como Lagos de Wada.

Construímos as três regiões, passo a passo, usando um processo infinito. Comece com três regiões quadradas.

Comecemos com três quadrados...

Então estenda a primeira região adicionando uma trincheira que englobe todas as três regiões. Faça isso de forma que todo ponto na borda de qualquer quadrado fique sempre perto da trincheira. E também assegure-se de que a trincheira não se feche em si mesma, deixando um vazio na região resultante.

Cave uma trincheira...

Agora estenda a segunda região adicionando uma trincheira ainda mais estreita que envolva todas as três regiões construídas até agora.

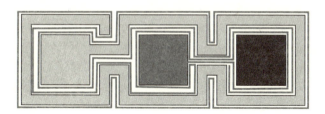

Cave uma trincheira mais estreita...

Continue assim, com uma trincheira ainda mais estreita a partir da terceira região. Depois volte para a primeira região adicionando uma trincheira ainda mais fina, e assim por diante.

Repita essa construção infinitas vezes. As regiões resultantes têm trincheiras infinitamente complicadas, infinitamente finas. Mas como cada região sucessiva vai ficando mais e mais próxima de *tudo* o que foi construído antes, todas as três regiões têm a mesma fronteira (infinitamente complicada).

A mesma ideia funciona se começarmos com quatro regiões ou mais: *todas* as regiões construídas têm a mesma fronteira.

Os Lagos de Wada foram originalmente inventados para mostrar que a topologia do plano não é tão simples e direta como poderíamos imaginar. Muitos anos depois, descobriu-se que tais regiões surgem de maneira natural em métodos numéricos para resolver equações algébricas. A equação cúbica $x^3 = 1$, por exemplo, tem somente uma solução real $x = 1$, mas também tem duas soluções *complexas* $x = -½ + ½\,i\sqrt{3}$ e $x = -½ - ½\,i\sqrt{3}$ onde $i = \sqrt{-1}$. Os números complexos podem ser visualizados como pontos em um plano, com $x + iy$ correspondendo ao ponto de coordenadas (x, y).

Um método-padrão de se encontrar aproximações numéricas para uma solução começa com um número complexo escolhido aleatoriamente, calculando então um segundo número de uma maneira específica e repetindo o processo até que os números fiquem bem próximos. O resultado está, então, perto da solução. Qual das três soluções é aquela da qual estamos nos aproximando depende de onde começamos, e isso ocorre de forma muito intrincada. Vamos colorir os pontos no plano complexo segundo a solução à qual eles conduzem: digamos, cinza médio se ela for $x = 1$, cinza-claro se for $x = -½ + ½\,i\sqrt{3}$ e cinza-escuro se for $x = -½ - ½\,i\sqrt{3}$. Então os pontos coloridos de um certo tom de cinza definem uma região, e pode-se provar que todas as três regiões têm *a mesma fronteira*.

Ao contrário da construção de Wada, as regiões aqui não estão conectadas: elas se dividem em infinitos pedaços separados. No entanto, é surpreendente que regiões de tal complexidade surjam de modo natural em um problema tão básico de análise numérica.

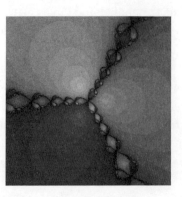

As três regiões correspondentes a soluções da equação cúbica

O último versinho de Fermat

Por tantos e tantos séculos a fio
Para sábios e curiosos um desafio
Mas por fim a luz se fez:
Fermat, ao que parece, tinha razão –
Às margens adicionou-se um montão.*

O erro de Malfatti
Das Memórias do dr. Watsup

"Extraordinário!", exclamei.

Soames olhou na minha direção, obviamente incomodado por ser interrompido na meticulosa observação da sua extensa coleção de moldes de gesso com pegadas de esquilos.

"A resposta parece óbvia – porém, aparentemente está errada!", bradei.

"O óbvio costuma estar errado", disse Soames. "Errado", repetiu como clarificação.

"Já ouviu falar de Gian Francesco Malfatti?", perguntei.

"O assassino do machado?"

"Não, Soames, esse foi 'Hacker' Frank Macavity."

"Ah. Minhas desculpas, Watsup, é claro que você está correto. Estou distraído. Minha amostra de rastros do *Ratufa macroura* está desintegrando. O esquilo cinzento gigante."

"Malfatti foi um geômetra italiano, Soames. Em 1803 ele quis saber como cortar três colunas cilíndricas de uma peça de mármore em forma de cunha de modo a maximizar seu volume total. Presumiu que o problema é equivalente a desenhar três círculos dentro de uma seção transversal triangular da cunha, de maneira a maximizar a área total."

---

* No original: "A challenge for many long ages/ Had baffled the savants and sages/ Yet at last came the light:/ Seems the Fermat was right —/ To the margin add two hundred pages." (N.T.)

"Uma premissa ingênua mas possivelmente correta", retrucou Soames. "Embora as colunas possam ser cortadas inclinadas, em diagonal."

"Hã, eu não tinha... Mas vamos supor que a premissa dele estivesse correta, uma vez que a questão pode sempre ser reformulada de maneira conveniente. Então pareceu óbvio a Malfatti que a solução precisa envolver três círculos, cada um deles tangente aos outros dois e a um dos lados do triângulo." Mais do que depressa desenhei um esboço:

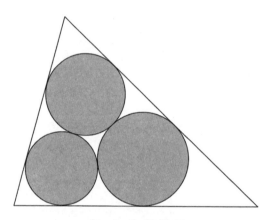

Círculos de Malfatti

"Estou vendo a falácia", disse Soames, naquele seu jeito irritantemente displicente que adota quando capta de imediato as complexidades que estão além da maioria dos mortais comuns.

"Confesso que eu não", retruquei. "Pois se um círculo está dentro de um triângulo, sem se sobrepor aos outros, e *não* é tangente, então ele pode ser aumentado."

"Correto", confirmou Soames. "Mas isso meramente prova a suficiência, não a necessidade, das condições de tangência."

"Soames, estou ciente disso. Mas de que outra maneira os círculos poderiam ser dispostos?"

"Poderia haver outros modos de ocorrência para a tangência, é claro. Por exemplo, Watsup: você considerou o caso mais simples, o de um triângulo equilátero?"

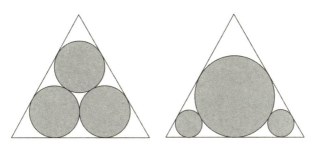

Dois arranjos possíveis para um triângulo equilátero

"Primeiro", disse Soames, "há o arranjo de Malfatti, a figura da esquerda. Mas e a figura do lado direito? Mais uma vez, nenhum círculo pode ser aumentado, mas o padrão das tangências é diferente. Os círculos pequenos são tangentes ao maior, mas não entre si. E cada um deles é tangente a dois lados do triângulo."

Observei as figuras. "À primeira vista, Soames, o primeiro arranjo tem área maior."

Ele riu. "O que só serve para mostrar, Watsup, como o olho é fácil de ser enganado. Suponha que o triângulo tenha lado de comprimento unitário. Então o arranjo de Malfatti tem área de 0,31567, mas o outro tem área de 0,31997, que é ligeiramente maior."

Há horas em que a erudição de Soames me deixa sem fôlego. "A diferença pode ser pequena, Soames, mas a implicação é decisiva. Malfatti está errado."

"De fato, Watsup. E mais ainda, a diferença entre o arranjo de Malfatti e o arranjo correto pode às vezes ser muito maior. Por exemplo, se for um triângulo isósceles comprido

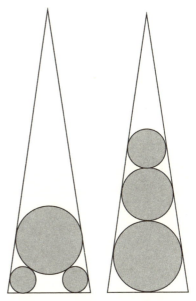

Um triângulo isósceles fino.
Esquerda: **Arranjo de Malfatti.**
Direita: **Área maior.**

e fino, então a solução correta empilha os três círculos um sobre o outro, e a área é quase o dobro da do arranjo de Malfatti."

Soames fez uma pausa para atirar com violência o molde desmanchado dos rastros do *Ratufa macroura* através da sala dentro da lareira. "A ironia", acrescentou, "é que o arranjo de Malfatti *nunca* é o melhor. O algoritmo ganancioso – encaixe o maior círculo possível dentro do triângulo, depois encontre o maior que se encaixe no vão restante e finalmente faça o mesmo com o terceiro círculo – sempre é superior, e realmente fornece a resposta correta.

Mais informações na p.304

•••

Restos de quadrados

Quadrados perfeitos terminam em um dos seguintes algarismos: 0, 1, 4, 5, 6 ou 9. Nunca terminam em 2, 3, 7 ou 8. Na verdade, o algarismo final do quadrado de um número depende apenas do algarismo final do número:

> Se um número termina em 0 então seu quadrado termina em 0.
> Se um número termina em 1 ou 9 então seu quadrado termina em 1.
> Se um número termina em 2 ou 8 então seu quadrado termina em 4.
> Se um número termina em 5 então seu quadrado termina em 5.
> Se um número termina em 4 ou 6 então seu quadrado termina em 6.
> Se um número termina em 3 ou 7 então seu quadrado termina em 9.

Teóricos dos números preferem formular esse tipo de efeito em termos de inteiros em algum módulo (próxima página). Se o módulo é 10, então os únicos números que precisam ser considerados são 0 a 9: os possíveis restos quando se divide qualquer número por 10. Seus quadrados (mod 10) são

$$0\ 1\ 4\ 9\ 6\ 5\ 6\ 9\ 4\ 1$$

e a lista de regras para algarismos finais de quadrados é um modo diferente de dizer a mesma coisa.

Além do 0 inicial, a lista de quadrados (mod 10) é simétrica: os números 1 4 9 6 aparecem depois do 5 em ordem inversa, 6 9 4 1. A simetria surge porque n e $10 - n$ têm os mesmos quadrados módulo 10. De fato, $10 - n$ é a mesma coisa que $-n$ (mod 10) e $n^2 = (-n)^2$. Esses quatro números, portanto, ocorrem *duas vezes* na lista; 0 e 5 uma vez; mas 2, 3, 7 e 8 nem chegam a ocorrer. Não é muito democrático, mas é a realidade.

O que acontece se usarmos um módulo diferente? Os valores dos quadrados, nesse módulo, são chamados *resíduos quadráticos*. (Aqui "resíduo" é sinônimo de resto de uma divisão por aquele módulo.) A parte restante são *não resíduos quadráticos*.

Por exemplo, suponha que o módulo seja 11. Então os quadrados perfeitos possíveis (de números menores que 11) são

0   1   4   9   16   25   36   49   64   81   100

que, quando reduzidos (mod 11), geram

0   1   4   9   5   3   3   5   9   4   1

Então, os resíduos quadráticos (mod 11) são

0   1   3   4   5   9

e os não resíduos são

2   6   7   8

Eis uma breve tabela:

MÓDULO m	QUADRADOS (MOD m)	RESÍDUOS QUADRÁTICOS
2	0 1	0 1
3	0 1 1	0 1
4	0 1 0 1	0 1
5	0 1 4 4 1	0 1 4
6	0 1 4 3 4 1	0 1 3 4
7	0 1 4 2 2 4 1	0 1 2 4
8	0 1 4 1 0 1 4 1	0 1 4

MÓDULO m	QUADRADOS (MOD m)	RESÍDUOS QUADRÁTICOS
9	0 1 4 0 7 7 0 4 1	0 1 4 7
10	0 1 4 9 6 5 6 9 4 1	0 1 4 5 6 9
11	0 1 4 9 5 3 3 5 9 4 1	0 1 3 4 5 9
12	0 1 4 9 4 1 0 1 4 9 4 1	0 1 4 9

À primeira vista, há poucos padrões aparentes além daqueles já mencionados. Na verdade, isso é parte do charme da área: enquanto há padrões, é preciso escavar um pouco para encontrá-los. Vários dos maiores matemáticos dedicaram um bocado de atenção a essa área, entre eles Euler e Carl Friedrich Gauss.

Quando elevamos um número ao quadrado, nós o multiplicamos por si mesmo, e quando se trata de multiplicação, o que mais importa na teoria dos números são os primos. Então, vale a pena começar com módulos primos: 2, 3, 5, 7, 11 na tabela acima. O módulo 2 é excepcional: os únicos resíduos possíveis módulo 2 são 0 e 1, e ambos são quadrados. Para todos os outros números primos, cerca da metade dos resíduos são quadrados e o restante não é. Mais precisamente, se p é primo ímpar então há $(p+1)/2$ resíduos quadráticos distintos e $(p-1)/2$ não resíduos. Os resíduos quadráticos geralmente são quadrados de dois números distintos, n^2 e $(-n)^2$ para um n adequado. No entanto, 0 ocorre apenas uma vez porque $-0 = 0$.

Módulos compostos complicam a história. Agora o mesmo resíduo quadrático pode às vezes ser o quadrado de mais de dois números. Por exemplo, 1 ocorre quatro vezes para módulo 8, como quadrado de 1, 3, 5 e 7. A melhor maneira de dar sentido a tudo isso é usar álgebra abstrata moderna, mas vale a pena dar uma olhada em módulo 15, que tem dois fatores primos: $15 = 3 \times 5$. Agora a lista de quadrados fica:

n	0	1	2	3	4	5	6	7	8	9	10	11	12	13	14
n^2	0	1	4	9	1	10	6	4	4	6	10	1	9	4	1

Então os resíduos quadráticos módulo 15 são

$0 = 0^2$
$1 = 1^2, 4^2, 11^2, 14^2$
$4 = 2^2, 7^2, 8^2, 13^2$
$6 = 6^2, 9^2$
$9 = 3^2, 12^2$
$10 = 5^2, 10^2$

Alguns resíduos ocorrem uma vez, outros duas vezes, outros, ainda, quatro vezes. Aqueles que ocorrem menos de quatro vezes são quadrados de números divisíveis ou por 3 ou por 5, os fatores primos de 15. Todos os outros números ocorrem em grupos de quatro, todos tendo o mesmo quadrado.

Esse é um padrão genérico para qualquer módulo da forma pq onde p e q são primos *ímpares* distintos. Os números entre 0 e $pq - 1$ que não são divisíveis nem por p nem por q dividem-se em grupos de quatro, cada um deles tendo o mesmo quadrado. (O padrão falha se um dos números primos é 2: por exemplo $10 = 2 \times 5$, e já vimos que nesse caso os quadrados ocorrem ou em pares ou sozinhos.)

Em álgebra acostumamo-nos com a ideia de que todo número positivo tem *duas* raízes quadradas: uma positiva e outra negativa. Mas em aritmética módulo pq a maioria dos números (aqueles que não são divisíveis por p ou q) têm *quatro* raízes quadradas distintas.

Esse fato curioso tem uma aplicação notável, para a qual voltamo-nos agora.

Cara ou coroa por telefone

Suponha que Alice e Bob queiram jogar cara ou coroa, com chances de 50-50. Como vimos (p.143), Alice mora em Alice Springs e Bob em Bobbington. Será que podem jogar por telefone? O nó da questão é o mesmo do pôquer. Se Alice lança a moeda, ou, de forma equivalente, executa qualquer atividade com dois resultados igualmente prováveis, e o anuncia para Bob, ele não tem ideia se ela está lhe dizendo a verdade. Hoje em dia poderiam jogar pelo Skype e assistir à moeda sendo lançada, mas, mesmo assim, o resultado poderia ser desvirtuado gravando-se vários lançamentos de antemão e enviando um vídeo em lugar do lançamento real.

Tirar cara ou coroa é como jogar pôquer só com duas cartas, então poderiam adaptar o método apresentado na p.144. No entanto, há outra maneira refinada de se obter o mesmo resultado usando resíduos quadráticos. Eis como.

Alice escolhe dois números primos grandes p e q. Ela os guarda para si, mas envia o seu produto $n = pq$ para Bob. Você poderia pensar que Bob talvez pudesse encontrar p e q fatorando n, mas, pelo que se sabe até agora, não existe nenhum método prático de se fazer isso quando os números são suficientemente grandes – digamos cem dígitos para cada um. O computador mais rápido usando o algoritmo mais rápido levaria mais do que a vida inteira do Universo. Então, Bob é obrigado a permanecer na ignorância dos números primos reais envolvidos. Contudo, há meios muito rápidos de testar um número de cem dígitos para ver se é primo. Assim, Alice pode achar p e q por tentativa e erro.

Bob escolhe, ao acaso, um inteiro x (mod n), que guarda para si.

Se ele for extremamente pedante, poderá checar com rapidez se x é múltiplo de p e q: não dividindo por esses números, já que não os conhece, mas achando o mdc de x e n usando o algoritmo de Euclides (p.121). Se o resultado não for 1 ele então conhecerá ou p ou q, então o processo precisa ser repetido com um novo x. Mas na prática ele não precisa se incomodar, pois a partir do momento em que p e q têm cem dígitos, a probabilidade de p ou q dividir um x escolhido aleatoriamente é de 2×10^{-100}.

Bob agora calcula x^2 (mod n), o que também pode ser feito bem rápido, e envia para Alice. Eles combinaram que se ela puder deduzir corretamente ou x ou $-x$, vence ("cara"). Caso contrário, perde ("coroa").

Pela seção anterior Alice sabe que inteiros módulo pq que não são divisíveis nem por p nem por q têm exatamente quatro raízes quadradas. Como x e $-x$ têm o mesmo quadrado, eles são da forma $a, -a, b, -b$ para a e b apropriados. Alice conhece p, q e x, o que implica poder computar com facilidade essas quatro raízes quadradas. Duas delas devem ser x e $-x$ de Bob; as outras duas devem ser diferentes. Então Alice tem uma chance de 50% de adivinhar x e $-x$ corretamente – o que equivale a lançar uma moeda para tirar cara ou coroa. Ela escolhe uma dessas quatro, digamos b, e manda para Bob.

Bob diz a Alice se $b = \pm x$ ou não, ou seja, se ela está certa ou errada.

Ah – mas como impedimos Bob de trapacear? E como Bob *sabe* que Alice fez tudo que deveria fazer?

Seja $b = \pm x$ ou não, Bob pode ficar feliz por Alice ter jogado honestamente computando b^2 (mod n). O mesmo vale para x^2.

Se Alice perder, poderá convencer-se de que Bob não mentiu pedindo-lhe que mande os fatores p e q de n. Na maioria das vezes, isso seria impossível, mas *se Alice perdeu*, então Bob conhece *todas as quatro* raízes de x^2, e existe um truque da teoria dos números para calcular p e q rapidamente a partir dessa informação. Na verdade, o máximo fator comum de a e b é um dos dois números primos, e mais uma vez pode ser encontrado usando-se o algoritmo de Euclides. O outro pode ser encontrado fazendo-se a divisão.

Como impedir ecos indesejados

Resíduos quadráticos podem parecer típicas explorações de difícil compreensão feitas por matemáticos puros: um jogo intelectual sem uso prático. Mas é um erro pensar que uma ideia matemática é inútil só porque não deriva abertamente de um problema prático da vida cotidiana. Também é um erro pensar que a vida cotidiana é tão simples e direta quanto aparenta ser. Mesmo algo tão simples quanto um pote de geleia em um supermercado envolve fazer o vidro, cultivar cana-de-açúcar ou beterraba, refinar o açúcar… e em pouco tempo você entra em uma hipótese estatística testando frutas resistentes a doenças e o desenho do navio usado para transportar vários componentes ou o produto final ao redor do globo. Em um mundo de 7 bilhões de pessoas, produção de alimento em massa não é só uma questão de colher algumas amoras e fervê-las.

É verdade que os primeiros matemáticos que surgiram com essas ideias não tinham em mente aplicação específica alguma – apenas acharam que resíduos quadráticos eram interessantes. Mas também estavam convencidos de que compreendê-los seria um poderoso acréscimo à caixa de ferramentas matemáticas. Pessoas pragmáticas não podem usar uma ferramenta a menos que ela exista. E embora possa parecer fazer sentido esperar por uma aplicação antes de se inventar uma ferramenta adequada, ainda estaríamos sentados nas cavernas se tivéssemos feito isso. "Por que você está perdendo tempo triturando essas pedras juntas, Ug? Você deveria estar triturando cabeças de mamutes com um pedaço de pau, como os outros garotos."

Resíduos quadráticos têm muitos usos diferentes. Um dos meus favoritos é o projeto de auditórios para concertos. Quando a música se reflete em um teto plano, o resultado é um eco distinto, que distorce o som e é geralmente desagradável. Por outro lado, um teto que absorva o som faz com que a performance seja sem vida e distorcida. Para se obter uma boa acústica, é preciso permitir que o som se reflita, porém como uma distribuição difusa de sons e não como um eco aguçado. Então os arquitetos encaixam difusores no teto. A questão é: qual deve ser o formato desses difusores?

Difusor de resíduo quadrático (mod 11)

Em 1975, Manfred Schroeder inventou um difusor que consistia em uma série de sulcos paralelos, cujas profundidades derivavam da sequência de resíduos quadráticos para alguns módulos primos. Por exemplo, suponha que o número primo seja 11. Acabamos de ver que os quadrados de 0 a 10, reduzidos módulo 11, são:

0   1   4   9   5   3   3   5   9   4   1

e a sequência repete esses valores periodicamente para números maiores. Ela é simétrica mais ou menos em relação ao centro, entre os dois 3's, porque $x^2 = (-x)^2$ módulo qualquer primo. Compare a figura abaixo, mostrando esses números como retângulos, com o formato do difusor na página anterior. Note que nesse caso as profundidades dos sulcos são obtidas *subtraindo-se* os resíduos de alguma profundidade constante. Isso não tem efeito grave sobre o ponto matemático principal.

Gráfico de resíduos quadráticos (mod 11)

O que há de tão especial nos resíduos quadráticos? Uma característica da onda sonora é sua frequência: quantas ondas atingem o ouvido a cada segundo. Frequências altas dão notas altas, frequências baixas dão notas baixas. Uma característica relacionada com a frequência é o comprimento de onda: a distância entre dois picos sucessivos. Ondas de alta frequência têm comprimento de onda curto e ondas de baixa frequência têm comprimento de onda longo. Ondas de um dado comprimento de onda tendem a entrar em ressonância com cavidades na superfície cujo tamanho seja similar a esse comprimento de onda. Então, ondas com diferentes frequências reagem de maneira diferente quando atingem uma superfície.

O difusor de resíduos quadráticos tem uma encantadora propriedade matemática: ondas com muitas frequências diferentes reagem a ele da mesma maneira. Tecnicamente, sua transformada de Fourier é constante ao longo da gama de frequências. Schroeder ressaltou uma importante consequência: esse formato difunde de igual maneira ondas sonoras de muitas frequências distintas. Na prática, as larguras dos sulcos são escolhidas de modo a evitar a gama de comprimentos de onda que os humanos podem ouvir, e suas profundidades são um múltiplo específico da sequência de resíduos quadráticos, relacionada com a largura.

Quando os sulcos são paralelos, como na figura, o som é difundido lateralmente, em ângulo reto com a direção dos sulcos. Há um análogo bidimensional: um arranjo quadrado de ripas também baseado em resíduos quadráticos, que difunde do mesmo modo o som em todas as direções. Difusores como esse costumam ser encontrados em estúdios de gravação, para melhorar o equilíbrio sonoro e eliminar os ruídos indesejados.

Então, embora Euler e Gauss não tivessem ideia do uso que se faria do seu invento, ou, para ser mais exato, se algum dia seria usado para alguma coisa, ele com frequência desempenha um papel crucial, nos bastidores, quando você ouve música gravada – seja ela clássica, jazz, country, rock, hip hop, trash metal ou seja lá qual for a sua preferência.

Mais informações na p.304

O enigma do azulejo versátil 🔍
Das Memórias do dr. Watsup

"Solucionar um crime é muitas vezes comparado a encaixar as peças de um quebra-cabeça", comentou Soames em meio ao vazio. Aliás, não tão vazio, pois sua cabeça estava envolta em uma nuvem de fumaça azul que emanava do seu cachimbo.

"Uma comparação pertinente!", disse eu, erguendo a cabeça do jornal.

Sorriu secamente. "Nem tanto, Watsup. Ao contrário, uma comparação muito pobre. Quando se investiga um crime, não sabemos quais são as peças, nem se estamos de posse de todas elas. Sem conhecer o quebra-cabeça, como é possível ter certeza da resposta?"

"Sem dúvida, Soames, isso torna-se evidente quando um número suficiente de peças conhecidas se encaixam num padrão elegante."

Suspirou. "Ah, mas pode haver tantas peças, Watsup. E tantos padrões. Decidir qual é o correto exige um certo… *je ne sais quoi*. Mas eu não sei o quê."

Nesse momento ouviu-se uma batida na porta e uma mulher entrou correndo.

"Beatrix!", exclamei.

"Oh, John! Foi roubado!" E correu para os meus braços, soluçando. Fiz o melhor que pude para confortá-la, embora confesse que meu coração estava disparado.

Depois de algum tempo, ela se acalmou. "Por favor, ajude-me, sr. Soames! É um pingente de rubi que herdei da minha falecida mãe. Procurei por ele esta manhã, e tinha sumido!"

"Não se aflija, querida", eu disse, dando tapinhas no seu ombro. "Soames e eu vamos capturar o ladrão e recuperar a joia!"

"Veio num cabriolé?", indagou Soames.

"Sim. Está à espera lá fora."

"Então não percamos tempo para investigar a cena do crime."

Após meia hora engatinhando pelo chão, colhendo amostras de poeira dos cantos de vários aposentos da casa e inspecionando a porta de entrada e os canteiros de flores, Soames balançou a cabeça. "Não há sinal de arrombamento, srta. Sheepshear. Mas há pequenas marcas arranhadas na sua caixa de joias. Muito recentes, e não são suas, pois quem quer que as tenha feito é canhoto." Ele soltou a caixa. "Algum estranho visitou a casa recentemente? Algum vendedor, talvez?"

"Não... Oh! Os colocadores de azulejos!"

Dois homens alegando ser colocadores de azulejos apareceram na porta dos fundos oferecendo-se para reformar o banheiro. "É uma moda nova, sr. Soames. Azulejos quadrados brancos lisos, nos quais é recortado um motivo azul de azulejos de formato mais elaborado. Os Dimworthy mandaram fazer os deles no mês passado, e papai..." Sua voz falhou, embargada, quase em lágrimas. Tomei sua mão.

"A senhora tem o hábito de atender vendedores desconhecidos na porta de casa?", inquiriu Soames.

"Bem, não, sr. Soames. Normalmente contrataríamos apenas uma firma bem-conceituada. Mas estão todas com os horários tomados por meses. E esses pareciam homens honestos, decentes."

"Eles sempre parecem. A senhora deixou algum deles desacompanhado?"

Ela pensou por um momento. "Sim. O assistente ficou para tirar as medidas do banheiro enquanto o patrão me mostrava os motivos."

"Tempo de sobra para roubar um item pequeno mas valioso. Eles são espertos: não sendo gananciosos, asseguraram que o roubo não fosse percebido imediatamente. Deixaram alguma documentação?"

"Não."

"Voltaram desde então?"

"Não, estou aguardando um orçamento por escrito para o trabalho."

"Arrisco-me a predizer que esse orçamento não virá, madame. É um *modus operandi* que no nosso ramo chamamos de 'roubo mediante distração'."

Durante a semana seguinte, um fluxo regular de senhoras contratou os serviços de Soames com relatos semelhantes. Os vendedores variavam quanto à aparência, mas Soames não se surpreendeu. "Disfarces", comentou.

A resolução veio no décimo terceiro caso, na residência da sra. Amelia Fotherwell. Soames notou um torrão de lama grudado na porta do banheiro, no qual estava engastado um pedacinho de osso. A composição da lama e a natureza do osso levaram a um pátio de terra próximo a uma fábrica de sardinhas em conserva em um labirinto de ruas estreitas atrás de Albert Dock.

"Então agora nós forçamos a entrada em busca de evidência?", perguntei, minha mão já tocando o revólver.

"Não: isso pode alertar o ladrão. Retornamos a Baker Street e passamos em revista todo o caso.

"Diga-me, Watsup", disse ele, enquanto dividíamos uma garrafa de vinho do Porto. "Que características todos esses roubos têm em comum?" Apontei os que me vieram à mente. "Muito bem. Mas você omitiu a característica mais significativa. Os motivos dos azulejos. Você tem uma lista deles, sem dúvida."

Peguei meu caderno de anotações. Lá dizia:

- *Sra. Wotton*: três azulejos formando um triângulo equilátero.
- *Beatrix*: quatro azulejos formando um quadrado.
- *Srta. Makepiece*: quatro azulejos formando um quadrado com um buraco quadrado.
- *As gêmeas Cranford*: quatro azulejos formando um retângulo com um buraco retangular.

- *Sra. Broadside*: quatro azulejos formando um hexágono convexo.
- *Sra. Probert*: quatro azulejos formando um pentágono convexo.
- *Lady Cunningham*: quatro azulejos formando um trapézio isósceles.
- *Srta. Wilberforce*: quatro azulejos formando um paralelogramo.
- *Sra. McAndrew*: quatro azulejos formando pás de um moinho.
- *Sra. Tushingham*: seis azulejos formando um hexágono com um buraco hexagonal.
- *Srta. Brown*: seis azulejos formando um triângulo equilátero com triângulos cortados nos vértices.
- *Lady Jenkin-Glazeworthy*: doze azulejos formando um dodecágono (polígono regular de doze lados) com um buraco em forma de estrela regular de doze lados.
- *Sra. Fotherwell*: doze azulejos formando um dodecágono com um buraco em forma de estrela de doze lados com formato de uma lâmina de serra circular.

"Uma coleção notável", disse Soames. "Penso que é hora de mandar um dos Irredutíveis de Baker Street até o inspetor Roulade, pedindo-lhe que vasculhe as instalações perto de Albert Dock."

"O que está esperando que a polícia encontre?"

"Pense, Watsup: cada uma dessas senhoras nos disse que o motivo era composto de um número de azulejos idênticos."

"Sim."

"Mas os motivos são muito variados, sugerindo que embora cada um utilizasse um formato diferente, motivos distintos exigem formatos de azulejos distintos. Essas senhoras não conseguem descrever o formato exceto como 'irregular', então não temos evidência de que o mesmo formato tenha sido empregado para cada motivo. Portanto, espero que a polícia encontre treze caixas de azulejos com formatos estranhos: um para cada motivo."

Após um par de horas a sra. Soapsuds apareceu. "O inspetor Roulade, sr. Soames."

O inspetor entrou, acompanhado de um policial carregando uma caixa. "Detive dois suspeitos", declarou o inspetor.

"Roland 'rato' Ratzenberg e 'Cara-de-besouro' McGinty."

"Sim, mas, pelos céus, como... Ah, não importa. Posso detê-los por 24 horas. Mas a evidência é fraca."

Soames pareceu chocado. "Seguramente foram encontradas todas aquelas caixas de azulejos, não? Isso não é apenas uma amostra?"

O inspetor balançou a cabeça. "Não: isso é tudo."

Soames foi até a caixa e a abriu. Continha doze azulejos idênticos. "Oh", disse ele.

"Parece que o caso foi por água abaixo", arrisquei. "Não posso acreditar que uma lista tão variada de motivos possa ser feita de um único formato de azulejo."

Mas Soames de súbito ficou mais animado. "Você pode muito bem estar certo", disse. "A não ser que…" Pegou uma régua e um transferidor e começou a medir um dos azulejos.

Após alguns instantes, um sorriso tomou conta do seu semblante. "Esperto!", disse. "*Muito* esperto." Virou-se para mim: "Fui extremamente tolo, Watsup, e *presumi*, quando deveria ter mantido a mente aberta. Você se lembra do nosso tópico de conversa pouco antes de Beatrix chegar aflita?"

"Hum… quebra-cabeças."

"Isso mesmo. E este caso se sustenta em um dos mais notáveis quebra-cabeças com que já me deparei. Olhe para este azulejo."

"Parece-me um quadrilátero bastante comum", eu disse.

"Não, Watsup: é um quadrilátero bastante extraordinário. Permita-me demonstrar." E começou a desenhar um diagrama.

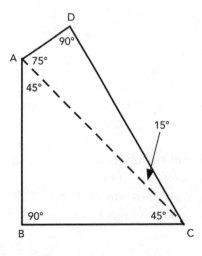

O azulejo versátil (a linha pontilhada está incluída para explicar a geometria)

"Os lados AB e BC são iguais, e ABC é um ângulo reto, então os ângulos BAC e BCA medem 45°", explicou Soames. "O ângulo ACD vale 15°, então BCD vale 60°. O ângulo ADC é novamente um ângulo reto, o que faz com que o ângulo CAD tenha 75°."

O inspetor e eu permanecemos na ignorância. Soames me entregou quatro azulejos. "Watsup, tente encaixar esses quatro de modo a produzir um formato elegante. Do mesmo modo que um detetive deve encaixar pistas para criar uma dedução elegante, para citar uma analogia recente."

"Posso virá-los?"

"Excelente pergunta! Sim, você pode virar qualquer peça se quiser."

Experimentei durante algum tempo. Subitamente, a resposta surgiu diante de mim. "Soames! Eles formam um quadrado – o motivo de Beatrix! Que lindo!"

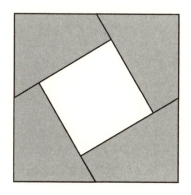

Arranjo de Watsup

Soames espiou o meu pequeno quebra-cabeça. "Realmente é lindo. Você ainda argumenta que uma explicação elegante de como diversas pistas se encaixam constitui evidência definitiva de ter encontrado a parte culpada?"

"De que outro modo a evidência poderia se encaixar tão perfeitamente, Soames?"

"De fato, de que outro modo?" Percebi que era uma pergunta retórica. "Há um buraco no seu arranjo, Watsup", ele prosseguiu, quando declinei responder. "Vamos eliminá-lo." Estendeu o braço e rearranjou as peças de modo a formar um quadrado completo.

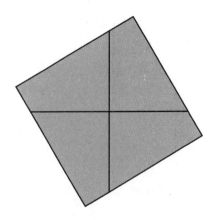

Alternativa de Soames

"Oh", eu disse, envergonhado. "Então, *esse* é o motivo de Beatrix."

"Assim conjecturo eu. Mas não fique desanimado: o seu arranjo é o da srta. Makepiece."

Uma luz se acendeu. "Você acha que exemplares desse único azulejo podem formar os treze motivos?"

"Estou certo de que sim. Veja: eis como três azulejos formam o motivo da sra. Wotton, um triângulo equilátero com um buraco triangular."

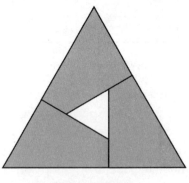

O terceiro arranjo

"Pelos céus, Soames!"

"É um azulejo notavelmente versátil – poderíamos dizer um versatilazulejo", respondeu. "Graças à sua astuta geometria."

"Então tudo que precisamos fazer...", comecei.

"... é encontrar arranjos que combinem com os dez outros motivos!", Roulade terminou a frase para mim.

Soames começou a tirar o fumo do cachimbo. "Estou seguro de que posso deixar essa função para os cavalheiros."

Naquela noite, tomei um cabriolé para a casa do pai de Beatrix, parando apenas para pegar algo no joalheiro. Ela me recebeu na sala de desenho.

Coloquei uma caixa comprida sobre a mesa. "Abra, querida."

Ela estendeu a mão, hesitante, a esperança nascendo em sua adorável face.

"Oh! John, você recuperou meu pingente!" Segurou minha mão. "Como posso lhe agradecer?" Subitamente, ficou em silêncio. "Mas... isto não é meu." De dentro da caixa ela tirou uma joia reluzente. "É um anel de noivado."

"Sim, é. E *pode* ser seu", eu disse ajoelhando-me.

Você consegue descobrir os outros dez arranjos? Resposta na p.304.

• •

A conjectura do *thrackle*

Um grafo é uma coleção de pontos (nós) ligados por linhas (arestas). Quando um grafo é desenhado no plano, as arestas costumam se cruzar. Em 1972, John Conway definiu um *thrackle* como sendo um grafo desenhado no plano para o qual quaisquer duas arestas encontram-se em um nó sem se cruzarem de nenhum outro modo, ou não se encontram em um nó, mas cruzam-se apenas uma vez. Diz-se que o nome foi inspirado em um pescador escocês reclamando que sua linha estava emaranhada ["*thrackled*"].

A figura mostra dois *thrackles*. O da esquerda tem cinco nós e cinco arestas, enquanto o da direita tem seis nós e seis arestas. Conway conjecturou que, para qualquer *thrackle*, o número de arestas é menor ou igual ao número de nós. E ofereceu o prêmio de uma garrafa de cerveja

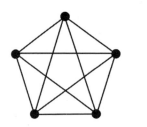 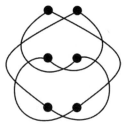

Dois thrackles

para uma prova ou refutação, mas, como os anos foram se passando e ninguém resolveu a charada, o prêmio subiu para mil dólares.

Ambos os *thrackles* mostrados são laçadas fechadas (nós em um círculo), desenhadas com sobreposições. Sabe-se que qualquer laçada fechada com $n \geq 5$ nós pode ser desenhada de modo a formar um *thrackle*. Se isso é verdade, o número A de arestas pode ser igual ao número n de nós sempre que $n \geq 5$. Paul Erdős provou que a conjectura é verdadeira para qualquer grafo com arestas retas. O melhor limite para o tamanho de A foi provado por Radoslav Fulek e János Pach em 2011:

$$A \leq \frac{167}{117} n$$

Mais informações na p.304

Barganha com o diabo

Um matemático, que passara dez infrutíferos anos tentando provar a Hipótese de Riemann, decide vender sua alma ao diabo em troca de uma prova. O diabo promete mostrar-lhe a prova em uma semana, mas nada acontece.

Um ano depois, o diabo reaparece, com ar soturno. "Desculpe, também não consegui provar", ele diz, devolvendo a alma do matemático. Ele faz uma pausa e sua face se ilumina. "Mas penso que encontrei um lema realmente interessante…"

Arriscando-me a estragar a piada, é melhor explicar que em matemática um lema é uma proposição menor cujo principal interesse reside em ser um degrau potencial rumo a algo suficientemente interessante para merecer ser chamado de teorema. Não existe diferença lógica entre um teorema e um lema, mas psicologicamente a palavra "lema" indica que o que foi provado só percorre uma parte do caminho rumo ao que, na verdade, se pretende...

Vou pegar meu casaco.

Um ladrilhamento que não seja periódico

Muitos formatos diferentes ladrilham o plano sem deixar vãos ou se sobrepor. Os únicos polígonos regulares que o fazem são o triângulo equilátero, o quadrado e o hexágono.

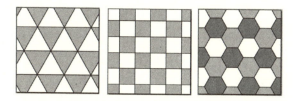

Os três polígonos regulares que podem ladrilhar o plano

Uma imensa gama de formatos menos regulares também ladrilha o plano, tais como o polígono de sete lados na figura a seguir. Ele é obtido a partir de um heptágono regular dobrando três de seus lados por sobre a linha que une suas extremidades.

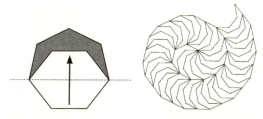

Esquerda: Como fazer o ladrilho do polígono de sete lados a partir de um heptágono regular. *Direita:* Ladrilhamento em espiral.

Os ladrilhamentos com polígonos regulares são *periódicos*, ou seja, reptem-se indefinidamente em duas direções diferentes, como padronagem de papel de parede. O ladrilhamento em espiral não é periódico. No entanto, o polígono de sete lados que ali ocorre também *pode* ladrilhar o plano periodicamente.

Como isso pode ser feito? Resposta na p.305.

Haverá peças que possam ladrilhar o plano, mas não possam fazê-lo periodicamente? Esta pergunta tem profunda conexão com lógica matemática. Em 1931, Kurt Gödel provou que existem problemas indecidíveis em aritmética: enunciados para os quais nenhum algoritmo pode determinar se são verdadeiros ou falsos. (Um algoritmo é um processo sistemático que tem a garantia de parar com a resposta correta.) Seu teorema implica outro, mais substancial: existem enunciados em aritmética que não podem ser nem provados nem refutados.

Seu exemplo de tal enunciado era bastante artificial, e os lógicos se perguntaram se problemas mais naturais poderiam ser também indecidíveis. Em 1961, Hao Wang estava pensando a respeito do problema do dominó: dado um número finito de formatos para ladrilhos, existirá algum algoritmo que possa decidir se podem ou não ladrilhar o plano? Ele mostrou que se existir um conjunto de ladrilhos que possa ladrilhar o plano, mas sem fazê-lo periodicamente, não existe tal algoritmo. Sua ideia era codificar regras de lógica nos formatos dos ladrilhos e usar resultados como os de Gödel. E também funcionou: em 1966, Robert Berger encontrou um conjunto de 20.426 ladrilhos desses, provando que o problema do dominó é de fato indecidível.

Vinte mil formatos diferentes é um bocado. Berger reduziu o número para 104; em seguida, Hans Läuchli reduziu para quarenta. Raphael Robinson reduziu o número de formatos para seis. Roger Penrose descobriu em 1973 o que agora chamamos de ladrilhos de Penrose (ver *Almanaque das curiosidades matemáticas*, p.124), reduzindo o número ainda mais, para apenas dois. Isso deixou um intrigante mistério matemático: existirá um formato único de ladrilho capaz de ladrilhar o plano, mas sem poder ladrilhá-lo periodicamente? (A imagem espelhada do ladrilho também pode ser usada.) A resposta foi encontrada em 2010 por Joshua Socolar e Joan Taylor ["An aperiodical hexagonal tile", in *Journal of Combinatorial Theory Series A*, 118, 2011, p.2.207-31], e é "sim".

Esse ladrilho é apresentado na próxima figura. É um "hexágono decorado", com "regras de encaixe" adicionais, e difere da sua imagem espelhada. Os ornamentos precisam se encaixar conforme é mostrado.

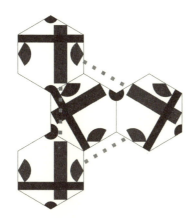

Quatro exemplares do ladrilho de Socolar-Taylor ilustrando regras de encaixe

A figura a seguir mostra a região central de um ladrilhamento do plano. Você pode ver que ele não parece periódico. O artigo explica por que esse ladrilhamento pode ser continuado até cobrir todo o plano, e por que o resultado *não pode* ser periódico. Ver o artigo para detalhes.

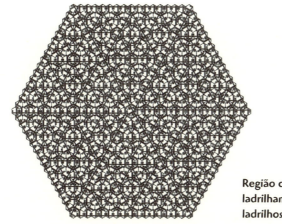

Região central de um ladrilhamento do plano com ladrilhos de Socolar-Taylor

O teorema das duas cores 🔍
Das Memórias do dr. Watsup

"Bem, Soames, eis aqui um belo enigmazinho para alegrar o seu estado de espírito." Joguei o *Daily Reporter* para o meu amigo e companheiro, o detetive quase famoso, que sofria de um surto de depressão porque seu concorrente do outro lado da rua era sem dúvida mais famoso, e com propensão a continuar assim.

Ele jogou o jornal de volta com um rosnado. "Watsup, tenho energia insuficiente para *ler*."

"Então vou ler para você", repliquei. "Parece que o celebrado matemático Arthur Cayley publicou um artigo na *Proceedings of the Royal Geographical Society*, perguntando se..."

"Se um mapa pode ser colorido com no máximo quatro cores de modo que duas regiões adjacentes recebam cores distintas", Soames interrompeu. "É um problema bem antigo, Watsup, e receio que não vá ser solucionado enquanto estivermos vivos." Eu não disse nada, na esperança de tirá-lo da toca, pois esta era a sentença mais longa que ele havia proferido durante a maior parte da semana. Meu estratagema deu certo, pois após um silêncio desconfortável ele continuou: "Um jovem chamado Francis Guthrie apresentou o problema dois anos antes de eu nascer. Incapaz de resolvê-lo, empregou os bons serviços de seu irmão, Frederick, um estudante do professor Augustus de Morgan."

"Ah, sim, Guthrie", me interpus, tendo tido algum contato com a família desse admirável, excêntrico autor de *A Budget of Paradoxes* e flagelo de viciados em matemática em todo lugar.

"De Morgan", Soames prosseguiu, "não fez progresso, então pediu ao grande matemático irlandês sir William Rowan Hamilton, que não lhe deu atenção. E aí o problema definhou até ser retomado por Cayley. Embora eu não tenha ideia do que o levou a escolher publicá-lo nessa revista científica específica."

"Possivelmente", ensaiei, "porque geógrafos são interessados em mapas?" Mas Soames não engoliu.

"Não dessa maneira", disse soltando seu mau humor. "Um geógrafo colore um mapa de acordo com considerações políticas. Adjacência não afetaria a escolha. Veja, Quênia, Uganda e Tanganica são adjacentes, mas em qualquer mapa do Império Britânico estarão coloridos de rosa."

Admiti que de fato era assim. A nossa querida rainha não ficaria contente de outra maneira. "Mas Soames", persisti, "uma pergunta intrigante permanece. Sobretudo porque ninguém parece capaz de respondê-la."

Soames grunhiu.

"Façamos uma tentativa", disse eu, desenhando rapidamente um mapa.

"Curioso", comentou Soames. "Por que você fez todas as regiões circulares?"

"Porque qualquer região sem buracos é topologicamente equivalente a um círculo."

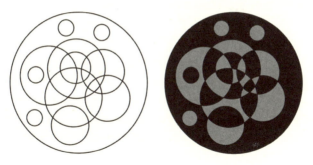

O mapa de Watsup, e como colori-lo

Soames apertou os lábios. "Mesmo assim, é uma escolha pobre, Watsup."

"Por quê? Parece-me que…"

"Watsup, muitas coisas lhe *parecem*, mas poucas realmente são. Apesar de qualquer região ser topologicamente um círculo, duas ou mais regiões podem se sobrepor de uma maneira que é impossível para dois ou mais círculos. Como evidência, o seu mapa requer apenas duas cores." E coloriu cerca de metade das regiões.

"Bem, sim, mas tenho certeza de que um mapa mais elaborado do mesmo tipo…"

Soames balançou a cabeça. "Não, não, Watsup. Qualquer mapa composto inteiramente de regiões circulares, mesmo sendo de diferentes tamanhos, e sobrepondo-se de maneira complicada, pode ser colorido com duas cores. Assumindo, como é sempre o caso em tais questões, que o termo 'adjacente' exija que as regiões compartilhem uma extensão de fronteira comum, não só pontos isolados."

Meu queixo caiu. "Um teorema de *duas* cores! Impressionante!" Soames teve a graça de dar de ombros. "Mas esse teorema pode ser provado?"

Soames reclinou-se na poltrona. "Você conhece os meus métodos."

Resposta na p.305

O teorema das quatro cores no espaço

Soames estava se referindo ao celebrado Teorema das Quatro Cores, que nos informa que dado qualquer mapa no plano, suas regiões podem ser coloridas usando-se no máximo quatro cores distintas, de modo que regiões que tenham uma fronteira comum tenham cores diferentes. (Aqui "fronteira comum" requer que essa fronteira tenha comprimento diferente de zero; isto é, tocarem-se num único ponto não conta.) Esse resultado foi conjecturado em 1852 por Francis Guthrie, e provado em 1976 por Kenneth Appel e Wolfgang Haken usando maciço auxílio do computador.* Sua prova foi desde então simplificada, mas um computador ainda é essencial para executar um grande número de cálculos rotineiros porém complicados.

Poderá haver um teorema análogo para "mapas" no espaço em vez de no plano? Agora as regiões seriam blocos sólidos. Um pouco de raciocínio mostra que tal mapa pode requerer qualquer quantidade de cores. Suponha, por exemplo, que você queira um mapa necessitando de seis cores. Comece com seis esferas distintas. Faça com que a esfera

---

* Ver *Almanaque das curiosidades matemáticas* (p.17-23) para uma discussão do problema e sua eventual solução.

1 estenda cinco finos tentáculos que toquem as esferas 2, 3, 4, 5 e 6. A seguir, faça a esfera 2 estender quatro finos tentáculos que toquem as esferas 3, 4, 5 e 6. Agora passe para a esfera 3, e assim por diante. Então, cada região provida de tentáculos toca todas as outras cinco, de modo que precisam todas ter cores diferentes. Se você fizesse isso com cem esferas, necessitaria de cem cores; com um milhão de esferas, necessitaria de um milhão de cores. Em suma, não há limite para o número de cores requeridas.

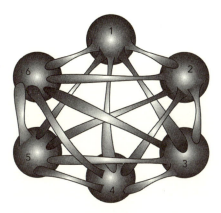

Um "mapa" no espaço necessitando de seis cores

Em 2013, Bhaskar Bagchi e Basudeb Datta ["Higher-dimensional analogues of the map coloring problem", in *American Mathematical Monhtly*, 120, out 2013, p.733-36] perceberam que esse não é o fim da história. Pense em "mapas" formados por um número finito de discos circulares no plano que ou não se sobrepõem ou se toquem em um ponto comum. Suponha que você queira colorir os discos de modo que aqueles *que se tocam* tenham cores diferentes. De quantas você necessita? Acontece que, mais uma vez, a resposta acaba sendo "no máximo quatro".

Na verdade, esse problema é essencialmente equivalente ao Teorema das Quatro Cores. O teorema pode ser reformulado como o problema de colorir os nós de um grafo no plano (ver p.215) sem arestas se cruzando, de modo que se dois nós são ligados por uma aresta, esses nós recebem cores diferentes. Basta criar um nó para cada região do mapa e uma aresta entre dois nós se essas regiões tiverem uma fronteira comum. É possível provar que qualquer grafo no plano pode ser produzido a partir de um conjunto adequado de círculos unindo os centros dos círculos que se tocam. Por exemplo, eis um conjunto de círculos que necessita de quatro cores, o grafo associado a esse conjunto e um mapa com uma distorção topologicamente equivalente ao grafo que *também* necessita de quatro cores.

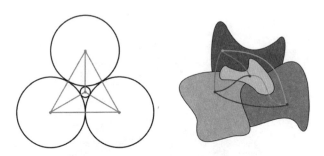

Esquerda: Quatro círculos e o grafo associado (pontos escuros e linhas). *Direita:* Um mapa com um grafo topologicamente equivalente, necessitando de quatro cores.

Podemos estender a formulação do disco naturalmente para três dimensões, usando esferas no lugar de discos. Mais uma vez, ou as esferas não se sobrepõem ou tocam-se em um ponto comum. Suponha que você queira colorir as esferas de modo que aquelas que se tocam tenham cores diferentes. De quantas cores você necessita? Bagchi e Datta explicaram por que esse número precisa ser no mínimo 5 e não maior que 13. O número exato é, ainda hoje, um mistério matemático. Mas é possível provar que são necessárias pelo menos cinco cores. Seu resultado implica que alguns mapas tridimensionais não são equivalentes aos obtidos a partir de esferas.

Resposta na p.307

Cálculo cômico

Para esta aqui você precisa saber um pouco de cálculo. Sabendo que $\int$ é o símbolo de integração, então a função exponencial e^x é sua própria integral:

$$e^x = \int e^x$$

Portanto

$$(1 - \int) e^x = 0$$

então

$$\begin{aligned} e^x &= (1 - \int)^{-1} 0 \\ &= (1 + \int + \int^2 + \int^3 + \int^4 + \ldots) 0 \\ &= 0 + 1 + x + \frac{x^2}{2} + \frac{x^3}{6} + \frac{x^4}{24} + \cdots \\ &= 1 + x + \frac{x^2}{2!} + \frac{x^3}{3!} + \frac{x^4}{4!} + \cdots \end{aligned}$$

O cálculo parece ser absurdo; mesmo a primeira linha deveria ser $e^x = \int e^x \, dx$. E o último passo pega a fórmula

$$1 + y + y^2 + y^3 + y^4 + \ldots = (1 - y)^{-1}$$

para a soma de uma série geométrica infinita e substitui y por $\int$. Essa fórmula é válida quando y é um número menor que $\int$. Mas $\int$ nem sequer é um número, apenas um símbolo. Que ridículo!

Apesar de tudo, o resultado final é a série *correta* de potências para e^x.

Não se trata de uma coincidência. Com as definições certas (por exemplo, $\int$ é um operador, transformando uma função em sua integral, e a fórmula da "série geométrica" funciona para operadores em condições técnicas apropriadas) tudo pode se tornar perfeitamente lógico. Mas que parece estranho, parece.

O problema da discrepância de Erdős

Paul Erdős foi um excêntrico mas brilhante matemático húngaro. Jamais possuiu uma casa nem teve emprego acadêmico regular, preferindo viajar pelo mundo com uma mala e dormir nas casas de colegas compreensivos. Publicou 1.525 artigos de pesquisa matemática, colaborando com 511 outros colegas – número a que ninguém jamais se aproximou. Preferia engenhosidade a teorias matemáticas profundas, e deleitava-se em solucionar problemas que pareciam simples, mas que acabavam não sendo.

Paul Erdős

Suas principais realizações foram em combinatória, mas era capaz de pôr a mão em muitas áreas da matemática. Encontrou uma prova do postulado de Bertrand (sempre há um número primo entre n e $2n$) muito mais simples do que a prova analítica original de Pafnuty Chebyshev. Um ponto alto em sua carreira foi uma prova do teorema dos números primos (a quantidade de primos menores que x é aproximadamente $x/\ln x$) que evitava análise complexa, anteriormente a única rota conhecida para uma prova.

Ele tinha um hábito de vida inteira de oferecer prêmios em dinheiro para soluções de problemas com os quais se deparava e que era incapaz de resolver. Oferecia 25 dólares para a solução de algo que desconfiava ser relativamente fácil e milhares de dólares para algo que acreditava ser realmente difícil. Um exemplo típico do seu tipo de matemática é o Problema da Discrepância de Erdős, avaliado em quinhentos dólares. Foi apresentado em 1932 e resolvido no começo de 2014. É um exemplo notável de como os matemáticos de hoje abordam mistérios de longa data.

O problema começa com uma sequência infinita de números, todos sendo +1 ou −1. Pode ser uma sequência regular, como

+1 −1 +1 −1 +1 −1 +1 −1 +1 −1 ...

ou uma sequência irregular ("aleatória") como

+1 +1 −1 −1 +1 −1 +1 +1 −1 +1 ...

que obtive lançando uma moeda. Ela não precisa conter a mesma proporção de sinais de + e −. *Qualquer* sequência serve.

Um modo de ver que a primeira é regular é olhar cada segundo termo:

−1 −1 −1 −1 −1 ...

As somas dos primeiros *n* termos são

−1 −2 −3 −4 −5 ...

e decrescem ilimitadamente. Se fizermos o mesmo para a segunda sequência, obteremos

+1 −1 +1 +1 −1 ...

com somas

+1 0 +1 +2 +1 ...

que sobem e descem.

Suponha que peguemos uma sequência específica, mas arbitrária, de ± 1's e fixemos um número-alvo positivo C, que pode ser tão grande quanto se queira – 1 bilhão, digamos. Erdős queria saber se existe sempre algum número *d* tal que as somas de termos separados por *d* passos, portanto em posições *d*, 2*d*, 3*d*, e assim por diante, tornam-se maiores que C ou menores que −C em algum momento.

Tendo chegado ao alvo, as somas podem estar entre C e −C: basta atingir o alvo uma única vez. No entanto, deve haver uma distância *d* adequada para *qualquer* alvo C. É claro, *d* depende de C. Isto é, se a sequência for $x_1, x_2, x_3, \ldots$, será que podemos encontrar *d* e *k* tal que

$$|x_d + x_{2d} + x_{3d} + \ldots + x_{kd}| > C \,?$$

O valor absoluto da soma à esquerda é a *discrepância* da subsequência determinada pela distância *d* entre os termos da sequência, e mede o excesso de sinais de + sobre os de − (e vice-versa).

No começo de fevereiro de 2014, Alexei Lisitsa e Boris Konev anunciaram que a resposta à pergunta de Erdős é "sim" se $C = 2$. De fato, se selecionarmos uma subsequência com distância d a partir dos primeiros 1.161 termos de qualquer sequência de ± 1, escolhendo o comprimento apropriado k, o valor absoluto da soma excede $C = 2$. A prova deles requer pesado uso de computador. E os detalhes requerem arquivos de dados de 13 gigabytes. Ou seja, mais do que todo o conteúdo da Wikipedia, de 10 gigabytes. É certamente uma das mais longas provas já feitas, e longa demais para um ser humano checar.

Lisitsa está agora procurando uma prova para $C = 3$, mas o computador ainda não completou os cálculos. É realista pensar que uma solução completa exige a compreensão do que acontece com *qualquer* escolha de C. A esperança é que as soluções computadorizadas para C pequeno revelem alguma ideia nova que um matemático humano pudesse transformar numa prova geral. Por outro lado, a resposta para a pergunta de Erdős poderia ser "não". Se for, existe uma sequência realmente interessante de ± 1's por aí, esperando para ser definida.

O integrador grego
Das Memórias do dr. Watsup

Embora os poderes investigatórios do meu amigo sejam dirigidos principalmente para a elucidação de crimes, de tempos em tempos suas habilidades são aplicadas a serviço da erudição acadêmica. Um desses exemplos foi uma busca singular realizada no outono de 1881 a mando de um abastado, porém recluso, colecionador de manuscritos antigos. Com auxílio de uma página rasgada de um velho caderno, uma lanterna, um punhado de chaves-mestras e um grande pé de cabra, Soames e eu localizamos uma enorme laje e a levantamos para revelar uma escada em espiral que conduzia a uma câmara oculta sob a biblioteca de uma famosa universidade europeia.

Soames consultou o pedaço de papel rasgado, muito danificado por fogo e água. "Os incunábulos perdidos dos Cartonari", explicou.

"Novamente eles!" Soames mencionara esse nome, de passagem, em A aventura das caixas de papelão (ver p.30), mas recusou-se a dizer mais. Agora, eu o pressionei por maiores detalhes.

"O nome significa 'fabricantes de papelão'. É uma sociedade secreta italiana organizada segundo as linhas da maçonaria e dedicada à causa do nacionalismo, estando implicada na fracassada revolução de 1820."

"Lembro-me da revolução com a máxima clareza, Soames. Mas não da organização."

"Poucos realmente têm ciência desse braço oculto." Consultou o pedaço de papel. "A página está quase obliterada, mas não é necessário grande conhecimento em matemática superior para reconhecer que é alguma forma de código de Fibonacci, reescrito na escrita espelhada de Da Vinci e transformado numa sequência de pontos racionais numa curva elíptica."

"Até mesmo uma criança pode ver isso", eu disse, mentindo entre os dentes.

"Exato. Agora, se eu ler essas runas corretamente, deveremos encontrar o que estamos buscando em algum lugar nessas prateleiras."

Após um momento, perguntei: "Soames, o que *estamos* buscando? Dessa vez você escondeu as suas cartas de forma incomum."

"É o conhecimento que encerra grandes perigos, Watsup. Não vi necessidade de expô-lo prematuramente à violência. Mas agora que penetramos no *sanctum* interior… Ah! Aqui está!" Extraiu o que logo reconheci como um códice de pergaminho, soprando séculos de poeira acumulada.

"Que diabos é isso, Soames?"

"Você está com seu revólver de serviço?"

"Nunca estou sem ele."

"Então é seguro dizer-lhe que tenho em minhas mãos… o Palimpsesto de Arquimedes!"

"Ah."

Agora, eu tinha consciência de que um palimpsesto é um documento que foi escrito e depois apagado para permitir nova inscrição, e que os estudiosos podem com dificuldade reconstruir o que foi obliterado, recuperando assim algum evangelho até então desconhecido a partir de um rol de lavanderia de alguma obscura ordem monástica do século

XIV. Arquimedes também me era familiar, como geômetra grego antigo de prodigiosa capacidade. Por conseguinte, era bem visível que Soames havia trazido à luz algum texto matemático antes desconhecido. Mas ele insistia que deveríamos tomar o rumo da saída imediatamente, antes de o Esquadrão de Vingança Inquisitorial cair sobre nós.

De volta à relativa segurança de Baker Street, examinamos o documento.

"É uma cópia bizantina do século X de um trabalho de Arquimedes até aqui desconhecido", disse Soames. "Seu título é vagamente traduzido como O *método*: diz respeito à celebrada obra do geômetra sobre o volume e a área de superfície de uma esfera. Mostra-nos como ele veio a descobrir esses resultados, proporcionando uma compreensão sem paralelo do seu processo de pensamento."

Fiquei pasmo de surpresa, e sem dúvida devia estar parecendo um peixe fora d'água.

"Arquimedes descobriu que se uma esfera está inscrita exatamente em um cilindro, então o volume da esfera é exatamente dois terços do volume do cilindro, e sua área é a mesma da superfície curva do cilindro. Em linguagem moderna, se o raio é r, então o volume é $4/3 \pi r^3$ e a área é $4 \pi r^2$.

"Agora, Arquimedes era um matemático tão extraordinário que foi capaz de encontrar uma prova geométrica logicamente rigorosa desses fatos, que incluiu em seu livro *Sobre a esfera e o cilindro*. Nele utilizou um método de prova complicado, agora conhecido como exaustão. Uma de suas características astuciosas é que precisa-se conhecer a resposta exata para o problema antes de provar que está correta. Então, há muito tempo tem sido um enigma para os estudiosos: como Arquimedes *sabia* qual devia ser a resposta certa?"

"Percebo", eu disse. "Este documento, há muito perdido, explica como ele o fez."

"Exatamente. De modo notável, chega quase a ser uma antecipação, para esse exemplo particular do cálculo integral de Isaac Newton e Gottfried Leibniz, desenvolvido mais de 2 mil anos depois. Mas, como Arquimedes bem sabia, as ideias usadas no *Método* carecem de rigor. Daí seu uso da exaustão, uma abordagem bem diferente."

"Então, *como* ele o fez?", indaguei.

Soames estudou o palimpsesto através da sua lupa. "O grego não é inteiramente clássico, e às vezes pouco claro, mas isso não apresenta dificuldade séria para um linguista perito como eu. Já lhe mostrei meu panfleto sobre decifração de textos antigos obscuros da região do Mediterrâneo? Lembre-me de lhe mostrar.

"Aparentemente Arquimedes começou com uma esfera, um cone e um cilindro de dimensões adequadas. Então imaginou estar pegando uma fatia muito fina de cada um e colocando-as numa balança: uma fatia da esfera e uma fatia do cone de um lado, uma fatia do cilindro do outro. Se as distâncias são escolhidas corretamente, as massas se equilibrarão com perfeição. Como a massa é proporcional ao volume, os volumes estão relacionados pela lei da alavanca."*

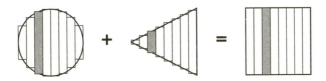

Sólidos fatiados antes de serem colocados em uma balança: detalhes na p.309

"Hã... rogo, relembre-me esta lei", pedi. "Inexplicavelmente não fazia parte do currículo na escola de medicina."

"Deveria ter feito", argumentou Soames. "Teria sido de grande utilidade ao lidar com articulações deslocadas. Não importa. A lei, que foi descoberta e provada por Arquimedes, afirma que o efeito de rotação, ou momento, de uma dada massa a uma determinada distância é a massa multiplicada pela distância. Para um conjunto de massas estar em equilíbrio, o momento total no sentido horário deve ser igual ao momento total no sentido anti-horário. Ou, com a atribuição apropriada de sinais de mais e menos, o momento total deve ser zero."

---

* Obviamente, os três objetos devem ser feitos do mesmo material. (N.T.)

"Er..."

"Uma massa a uma determinada distância se equilibrará com metade dessa massa no dobro da distância, contanto que esta última *esteja no outro braço da balança.*"

"Percebo."

"Desconfio que não, mas deixe-me prosseguir. Dividindo esses sólidos em uma quantidade infinita de fatias infinitamente finas, e colocando-as de modo adequado em sua balança, Arquimedes foi capaz de concentrar a massa inteira da esfera, e a do cone, em um único ponto. As fatias do cilindro, que são círculos idênticos, são dispostas em distâncias diferentes; juntas, reconstituem o cilindro original. Sabendo que o volume do cone, portanto sua massa, é um terço do volume do cilindro, Arquimedes pôde então resolver a 'equação' resultante para o volume da esfera."

"Impressionante", eu disse. "Para mim parece bastante convincente."

"Mas não para um matemático do calibre intelectual de Arquimedes", explicou Soames. "Se as fatias têm grossura finita, o procedimento envolve erros pequenos, porém inevitáveis. Mas se as fatias tiverem grossura zero, terão massa nula. Não existe um ponto de equilíbrio especial quando as massas envolvidas são todas nulas."

Comecei a ver a objeção ao procedimento. "É provável que os erros tornem-se cada vez menores à medida que as fatias se tornam mais finas?", arrisquei.

"De fato, Watsup, de fato. E a abordagem moderna ao cálculo integral converte essa afirmação em uma prova de que esse tipo de processo fornece respostas sensatas. Contudo, essas ideias ainda não estavam à disposição de Arquimedes. Então, ele usou um método não rigoroso para achar a resposta correta, o que lhe permitiu usar a exaustão para provar que a resposta estava correta."

"Impressionante", repeti. "Precisamos publicar o palimpsesto."

Soames fez que não com a cabeça. "E arriscar a ira dos Cartonari? Eu valorizo demais as nossas vidas para atrair a atenção deles."

"Então o que devemos fazer?"

"Devemos guardar o manuscrito em algum lugar seguro. Não de volta na biblioteca, pois a essa altura eles devem ter notado seu desaparecimento e armarão ciladas sutis. Eu o esconderei em alguma *outra* biblioteca erudita. Não, não pergunte qual! Talvez em alguma data futura, quando os tempos estiverem menos tumultuados e a influência de sociedades secretas tiver desaparecido, ele seja redescoberto. Até então, devemos nos contentar em conhecer o método do grande geômetra, ainda que não possamos revelá-lo ao mundo."

Fez uma pausa. "Eu já lhe contei as fórmulas para a área e o volume da esfera. Então aqui está um pequeno e simples enigma para você se divertir. Qual deve ser o raio da esfera, medido em pés, para que sua área em pés quadrados seja exatamente igual ao seu volume em pés cúbicos?"

"Não tenho ideia", respondi.

"Então *descubra*, homem!", ele bradou.

A verdadeira história do palimpsesto de Arquimedes e a resposta do enigma de Soames estão na p.307

Somas de quatro cubos

Somas de quatro *quadrados*, como muitos mistérios matemáticos, têm uma longa história. O grande matemático grego Diofanto, cuja *Arithmetica* de cerca do ano 250 foi o primeiro livro-texto a usar a forma de simbolismo algébrico, indagou se todo número inteiro positivo é a soma de quatro quadrados perfeitos (0 permitido). É fácil verificar esta afirmação de maneira experimental para números pequenos. Por exemplo:

$5 = 2^2 + 1^2 + 0^2 + 0^2$
$6 = 2^2 + 1^2 + 1^2 + 0^2$
$7 = 2^2 + 1^2 + 1^2 + 1^2$

E justamente quando você pensa que 8 vai precisar de mais 1^2, portanto cinco quadrados, 4 vem para salvar:

$8 = 2^2 + 2^2 + 0^2 + 0^2$

Experimentos com números maiores sugerem bastante que a resposta é "sim", mas o problema permaneceu sem solução por mais de 1.500 anos.

Veio a ser conhecido como problema de Bachet, depois que Claude Bachet de Méziriac publicou uma tradução francesa do *Arithmetica*, em 1621. Joseph-Louis Lagrange achou uma prova em 1770. Provas mais simples têm sido encontradas mais recentemente, baseadas em álgebra abstrata.

E quanto a somas de quatro *cubos*?

Também em 1770, Edward Waring afirmou, sem provar, que todo número inteiro positivo é a soma de no máximo 9 cubos e de 19 quartas potências, e indagou se afirmações similares são verdadeiras para potências superiores. Ou seja, dado um número k, existe algum limite para o número de potências de ordem k necessárias para exprimir qualquer número inteiro positivo por meio da soma dessas potências? Em 1909, David Hilbert provou que "sim". (Potências ímpares de números negativos são negativas, o que altera o jogo consideravelmente, então por enquanto restringimos nossa atenção a potências de números positivos.)

O número 23 decididamente requer nove cubos. As únicas possibilidades são 8, 1 e 0, então o melhor que podemos fazer é 8 + 8 + sete 1's:

$$23 = 2^3 + 2^3 + 1^3 + 1^3 + 1^3 + 1^3 + 1^3 + 1^3 + 1^3$$

Então, em geral, não conseguimos com menos de nove cubos. No entanto, essa quantidade pode ser reduzida se ignorarmos um número finito de exceções. Por exemplo, apenas 23 e 239 efetivamente precisam de nove cubos; todos os outros podem ser formados usando oito. Yuri Linnik reduziu para sete permitindo mais algumas exceções, e acredita-se bastante que a quantidade correta, permitindo finitas exceções, seja quatro. O maior número conhecido que precisa de mais de quatro cubos é 7.373.170.279.850, e conjectura-se que não existam números maiores com essa propriedade. Então, é bem provável – mas continua uma questão em aberto – que todo número inteiro positivo suficientemente grande seja a soma de quatro cubos positivos.

Mas, como eu disse antes, o cubo de um número negativo é negativo. O que permite novas possibilidades que não ocorrem para potências pares. Por exemplo:

$$23 = 27 - 1 - 1 - 1 - 1 = 3^3 + (-1)^3 + (-1)^3 + (-1)^3 + (-1)^3$$

usando apenas cinco cubos, enquanto com cubos positivos ou nulos são necessários nove, como acabamos de ver. Mas podemos fazer ainda melhor: 23 pode ser expresso usando apenas quatro cubos:

$$23 = 512 + 512 - 1 - 1.000 = 8^3 + 8^3 + (-1)^3 + (-10)^3$$

Permitir números negativos significa que os cubos envolvidos poderiam ser muito maiores (ignorando o sinal de menos) que o número em questão. Como exemplo, podemos escrever 30 como a soma de três cubos, mas precisamos trabalhar duro:

$$30 = 2.220.422.932^3 + (-283.059.965)^3 + (-2.218.888.517)^3$$

Então, não podemos trabalhar sistematicamente ao longo de uma quantidade limitada de possibilidades, como podemos fazer quando são considerados apenas números positivos.

Experimentos têm levado diversos matemáticos a conjecturar que *todo* inteiro é a soma de quatro cubos inteiros (positivos ou negativos). Por enquanto, essa afirmação permanece misteriosa, mas a evidência é substancial. Cálculos de computador verificam que todo inteiro positivo até 10 milhões é a soma de quatro cubos. V. Demjanenko provou que qualquer número que não seja da forma $9k \pm 4$ é sempre a soma de quatro cubos.

∙∙∙

Por que o leopardo ganhou suas pintas

Leopardos têm pintas, tigres têm listras e leões são lisos. Por quê? Tudo parece bastante arbitrário, como se o Catálogo de Vendas dos Grandes Felinos tivesse uma lista de padronagens de pelos e a evolução escolhesse as que parecessem mais bonitas. Mas estão se acumulando evidências de que não é bem assim. William Allen e alguns colegas investigaram como as regras matemáticas que determinam os padrões estão relacionadas com os hábitos e hábitats dos felinos, e como isso afeta os padrões de evolução.

A razão mais óbvia para a evolução de pelos padronizados é a camuflagem. Se um felino vive na floresta, pintas ou listras dificultam que

Fêmea de leopardo, Kanana Camp, Botsuana

seja visto entre a luz e a sombra. Felinos que atuam em campo aberto, por outro lado, serão vistos com *mais facilidade* se tiverem padronagens fortes. No entanto, teorias como essa são pouco melhores que meras histórias, a menos que possam ser sustentadas por evidência. A verificação experimental é difícil: imagine eliminar as listras nos pelos do tigre por várias gerações, ou dar a ele e a seus descendentes pelagem lisa, para ver o que acontece. Sobram teorias alternativas: os padrões podem existir para atrair parceiros, ou meramente ser consequência natural do tamanho do animal.

O modelo matemático da padronagem felina possibilita testar a teoria da camuflagem. Alguns padrões, tais como as pintas do leopardo, são muito complexos, e o tipo de complexidade está intimamente relacionado ao valor dos padrões como camuflagem. Assim, os pesquisadores classificaram padrões utilizando um esquema matemático inventado por Alan Turing, no qual o padrão é criado por substâncias químicas que reagem entre si e difundem-se ao longo da superfície do embrião em desenvolvimento.

Esses processos podem ser caracterizados por números específicos que determinam a taxa de difusão e o tipo de reação. Esses números atuam como coordenadas no "espaço de camuflagem", o conjunto de todos os padrões possíveis, exatamente como latitude e longitude fornecem coordenadas a respeito da superfície da Terra.

A pesquisa relaciona esses números com dados observacionais em 35 diferentes espécies felinas: o tipo de hábitat que o felino prefere, o que come, se caça de dia ou de noite. Métodos estatísticos identificam relações significativas entre essas variáveis e os padrões de pelagem do animal. Os resultados mostram que os padrões estão intimamente associados com ambientes fechados, tais como florestas. Animais em ambientes abertos, como savanas, têm mais propensão a ter pelagem lisa, como os leões. Senão, geralmente possuem padrões simples. Mas felinos que passam muito tempo em árvores, tais como os leopardos, têm maior propensão a pelos com padronagens. Além disso, elas tendem a ser complexas, não simples pontos ou listras. O método também explica por que os leopardos negros ("panteras") são comuns, mas não existem guepardos negros.

Os dados argumentam contra diversas alternativas à camuflagem. O tamanho do felino e o tamanho de sua presa têm pouco efeito nos padrões. Felinos sociáveis não têm probabilidade maior nem menor de padronagem que felinos solitários, então as marcas provavelmente não são importantes para sinalização social. Esse trabalho não prova que os padrões se desenvolveram unicamente para camuflagem, mas sugere que a camuflagem desempenhou um papel-chave no processo evolucionário.

Leões são lisos porque andam por savanas "lisas". Leopardos têm pintas porque "pinta" uma dificuldade maior de localizar as pintas.

Mais informações na p.310

Polígonos para sempre

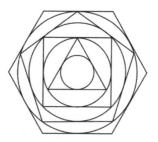

Continue para sempre... Até que tamanho chega?

Aqui está um teste para a sua intuição geométrica e analítica. Comece com um círculo de raio unitário. Desenhe o triângulo equilátero mais ajustado em torno do círculo; então desenhe o círculo mais ajustado em torno do triângulo. Repita o processo, mas em estágios sucessivos use um quadrado, um pentágono regular, um hexágono regular, e assim por diante.

Se esse processo continuar para sempre, a figura se tornará arbitrariamente grande ou permanecerá dentro de uma região limitada do plano?

Resposta na p.310

Ultrassecreto

Na década de 1930, um professor de matemática russo estava conduzindo um seminário em dinâmica dos fluidos. Dois dos participantes habituais, sempre vestidos de farda, eram obviamente engenheiros militares. Nunca discutiam o projeto no qual estavam trabalhando, que se presumia ser ultrassecreto. Mas um dia pediram ao professor ajuda com um problema matemático. A solução de certa equação oscilava, e queriam saber como mudar os coeficientes para torná-la monotônica.

O professor olhou a equação e disse: "Aumentem o comprimento das asas!"

A aventura dos remadores 🔍
Das Memórias do dr. Watsup

Muitas vezes fiquei perplexo pela habilidade de Soames em perceber padrões nas mais inesperadas circunstâncias. E não se poderia encontrar melhor exemplo disso do que em um fato ocorrido no início da primavera de 1877.

Enquanto caminhava pelo Equilateral Park rumo aos aposentos de Soames, um sol recém-brotado irradiava salpicos de luz e sombra através de uma extensão de nuvens fofas e as sebes ressoavam com o cantar dos pássaros. Em um dia tão glorioso parecia realmente indecente permanecer dentro de casa, mas meus esforços de arrancar meu amigo da sua catalogação da abrangente coleção de fósforos usados foram recebidos com indiferença.

"Mais de um caso já esteve vinculado ao tempo que um fósforo levou para queimar, Watsup", grunhiu, transferindo uma medição das pastas para um caderno.

Desapontado, abri o jornal na seção de esportes, e meu olhar foi capturado por um oportuno lembrete de um evento que nem mesmo Soames gostaria de perder. Escapara-me totalmente da lembrança em meio ao zumbido das abelhas e das árvores florindo. Em menos de uma hora estávamos os dois sentados às margens do rio com um cesto de lanche e várias garrafas de um palatável Borgonha, aguardando o início da regata anual.

"Para quem você se inclina, Soames?"

Ele parou de medir o comprimento da marca de queimado em um antigo palito de fósforo escocês, pois insistira em trazer alguns fósforos para ajudar a passar o tempo. "A equipe azul."

"Escuro ou claro?"

"Sim", disse enfaticamente.

"Quero dizer: Oxford ou Cambridge?"

"Sim." Ele balançou a cabeça. "Uma dessas. As variáveis são complexas demais para fazer uma predição, Watsup."

"Soames, minha pergunta foi sobre simpatia, não predição."

Ele me fulminou com o olhar. "Watsup, por que eu haveria de ter simpatia por homens que não conheço?"

Quando Soames está num certo humor, sempre há uma razão. Notei que ele estava dispondo os palitos em padrões que se assemelhavam a espinhas de peixe, e perguntei por quê.

"Eu estava observando a distribuição dos remos, e estou me perguntando por que um arranjo tão ineficiente tornou-se tradicional."

Olhei os dois barcos enquanto se alinhavam no Tâmisa para a Regata Universitária anual. "A tradição com frequência é ineficiente, Soames", esbravejei. "Pois consiste em fazer as coisas do mesmo jeito que sempre foram feitas, em vez de indagar a melhor maneira de fazê-las. Mas não vejo ineficiência aqui. São oito remadores, e os remos apontam alternadamente para a esquerda e para a direita. É chamado de disposição parelha. Para mim parece simétrico e sensato."

Conjunto aparelhado (a seta indica a proa do barco)

Soames soltou um grunhido insatisfeito. "Simétrico? Ahhh! Absolutamente não! Os remos de um lado do barco estão adiante dos remos correspondentes do outro lado. Sensato? A assimetria cria uma força de rotação quando os remadores puxam os remos, fazendo o barco desviar-se para um lado."

"Esta, Soames, é a razão para haver um timoneiro. Que tem um leme."

"Que cria resistência ao movimento do barco para a frente."

"Oh. Mas de que outro modo poderiam ser dispostos os remos? Não é possível sentar dois remadores lado a lado."

"Há 68 alternativas, Watsup; 34 se contarmos as imagens refletidas esquerda-direita como sendo uma só. Nossos amigos alemães e italianos usam arranjos diferentes, para ser específico." E montou dois arranjos estruturais com os palitos de fósforo.

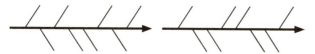

Esquerda: **Disposição alemã.** *Direita:* **Disposição italiana.**

Observei os dois esquemas. "Com certeza arranjos tão estranhos sofrem de problemas ainda piores!"

"Talvez. Vejamos." Apertou os lábios, imerso em pensamentos. "Há inúmeras questões práticas, Watsup, que exigiriam uma análise mais complexa. Para não mencionar mais palitos. Então vou me contentar com o modelo mais simples que posso divisar, na esperança de obter alguma percepção proveitosa. Advirto-o agora, os resultados não serão definitivos."

"Muito justo", concordei.

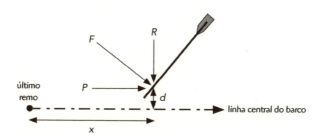

Decomposição das forças. Note que P aponta para a frente e R aponta em uma direção que se afasta do centro do barco porque a extremidade externa do remo é mantida fixa (com boa aproximação) pela resistência da água. Não se esqueça de que o remador fica virado para a popa e puxa o remo para si.

"Consideremos um único remo e calculemos as forças que agem sobre a forqueta quando ela roda, durante a parte da remada em que o remo está dentro da água. Para simplificar, assumirei que todos os remadores tenham a mesma força e remem em perfeita sincronia, de modo a exercer forças idênticas F em qualquer dado instante. Decomponho então essas forças em uma componente P paralela ao eixo do barco e R, em ângulo reto com o barco."

"Todas essas forças variam com o tempo", disse eu.

Soames assentiu. "O que importa é o que a mecânica chama de *momento* de cada força – o quanto ela faz o barco rodar em torno de um ponto escolhido. O momento, você há de se recordar do nosso encontro com o Palimpsesto de Arquimedes, é obtido multiplicando-se a força pela sua distância perpendicular em relação a esse ponto."

Foi a minha vez de assentir. Eu tinha certeza de que me lembrava de algo do tipo.

"Marco a posição do remo mais próximo da popa com um ponto. Este será o nosso ponto escolhido. Agora, a força P tem momento Pd em relação à distância da forqueta ao eixo central do barco, se o remo estiver do lado esquerdo. Mas se estiver do lado direito, o momento será $-Pd$, pois a força age no sentido oposto. Note que os momentos são iguais para todos os quatro remos do mesmo lado do barco. Como consequência, o momento total de todos os oito remos é $4Pd - 4Pd$, que é zero."

"As forças que provocam rotação se cancelam!"

"Para as forças paralelas P, sim. No entanto, o momento da força R é diferente para cada remo, pois depende da distância x entre o remo e o último deles, na popa. Na verdade, ele vale Rx. Se os remos sucessivos estão separados pela mesma distância c, então x assume os valores

$$0 \quad cR \quad 2cR \quad 3cR \quad 4cR \quad 5cR \quad 6cR \quad 7cR$$

à medida que os remos vão se afastando da popa rumo à proa. Portanto, o momento total é

$$\pm 0 \pm cR \pm 2cR \pm 3cR \pm 4cR \pm 5cR \pm 6cR \pm 7cR$$

onde o sinal é mais para os remos do lado esquerdo do barco e menos para os remos do lado direito."

"Por quê?"

"Forças do lado esquerdo fazem o barco rodar no sentido horário, Watsup, ao passo que forças do lado direito viram no sentido anti-horário. Podemos simplificar essa expressão para

$$(\pm 0 \pm 1 \pm 2 \pm 3 \pm 4 \pm 5 \pm 6 \pm 7)\, cR$$

onde o padrão dos sinais de mais e de menos se encaixa na sequência conforme o lado em que o remo está.

"Agora, considere a disposição parelha. Aqui a sequência de sinais é

+ − + − + − + −

de modo que o momento de rotação total é

$(0 - 1 + 2 - 3 + 4 - 5 + 6 - 7)\, cR = -4cR$

"Durante a primeira parte da remada, R aponta para dentro, mas assim que o remo começa a ir para trás o sentido de R se inverte e ela aponta para fora. Assim, o barco primeiro vira em um sentido, depois no outro, criando um movimento serpenteante. O timoneiro precisa usar o leme para corrigir isso, o que – como eu já disse – cria resistência.

"E a disposição alemã? Agora o momento de rotação é

$(0 - 1 + 2 - 3 - 4 + 5 - 6 + 7)\, cR = 0$

quaisquer que sejam c e R. Então não existe *nenhuma* tendência a serpentear."

"E a italiana?", gritei. "Ah, deixe-me tentar! O momento de rotação total é

$(0 - 1 - 2 + 3 + 4 - 5 - 6 + 7)\, cR = 0$

também! Extraordinário!"

"Bastante", replicou Soames. "Agora, Watsup, eis uma pergunta para a sua mente ágil. As disposições alemã e italiana – ou suas imagens refletidas esquerda-direita, cuja diferença é apenas trivial – são as *únicas* maneiras de fazer com que as forças de rotação sejam zero?" Ele deve ter visto a expressão em meu semblante, pois acrescentou: "A pergunta implica separar os números de 0 a 7 em dois conjuntos de quatro, ambos com a mesma soma. Que deve ser 14, pois todos os sete números somam 28."

Resposta na p.311, bem como o resultado da regata de 1877

O quebra-cabeça dos quinze

Este é um velho conhecido, mas nem por isso menos interessante. É um caso fascinante em que um pouco de sagacidade matemática poderia ter poupado um bocado de esforço desperdiçado. Além disso, preciso dele para preparar a próxima seção.

Em 1880, um chefe dos correios de Nova York, chamado Noyes Palmer Chapman, surgiu com o que chamou de joia de quebra-cabeça, e o dentista Charles Pevey ofereceu dinheiro por uma solução. O fato deflagrou uma breve obsessão, mas ninguém ganhou o dinheiro, e a mania logo cessou. O charadista norte-americano Sam Loyd* alegou ter dado início à mania por esse quebra-cabeça na década de 1870, mas tudo o que ele fez foi escrever a respeito dele em 1896, oferecendo um prêmio de mil dólares, o que reviveu o interesse por algum tempo.

O quebra-cabeça (também chamado quebra-cabeça do patrão, jogo dos quinze, quadrado místico e quebra-cabeça dos quinze) começa com quinze blocos quadrados, numerados de um a quinze, capazes de deslizar dentro de um quadrado de dezesseis espaços, portanto com um espaço vazio no lado direito inferior. Os quadradinhos estão em ordem numérica, *exceto* o 14 e o 15. O objetivo é trocar o 14 e o 15 de lugar, deixando todos os restantes como estavam. Isso é feito deslizando qualquer bloco para o espaço vazio adjacente, repetindo o movimento quantas vezes você desejar.

À medida que se movem mais e mais blocos, os números vão ficando misturados. Mas, se for cuidadoso, você pode reordená-los. É fácil assumir que qualquer arranjo pode ser conseguido se você for suficientemente sagaz.

Loyd ficou feliz em oferecer um prêmio tão generoso (na época), pois tinha a certeza de que jamais teria de pagá-lo. Há 16! arranjos potencialmente viáveis: todas as possíveis permutações dos blocos (quinze numerados mais um vazio). A questão é: quais desses arranjos podem ser alcançados por uma série de movimentos permitidos? Em 1879, William

---

* Não é erro tipográfico! O nome não era escrito com L duplo.

Quebra-cabeça dos quinze. Esquerda: Início. Centro: Final. Direita: Colorir os quadradinhos para uma prova de impossibilidade.

Johnson e William Story provaram que a resposta é exatamente metade deles; e – você já devia desconfiar – o arranjo da grana está na outra metade. O quebra-cabeça dos quinze é insolúvel. Mas a maioria das pessoas não sabia disso.

A prova da impossibilidade envolve colorir os quadradinhos como um tabuleiro de xadrez, como na figura da direita. Deslizar um bloco efetivamente faz com que troque de lugar com o quadrado vazio, e cada troca muda as cores associadas ao quadrado vazio. Como o quadrado vazio precisa acabar em sua posição original, o número de trocas precisa ser par. Toda permutação pode ser obtida para alguma série de trocas de lugar; no entanto, metade delas usa uma quantidade par de trocas e a outra usa uma quantidade ímpar.

Há muitas maneiras de se atingir qualquer permutação dada, mas serão todas ímpares ou todas pares. O resultado desejado poderia ser obtido com uma única troca, intercambiando 14 e 15, mas uma só troca é ímpar, de modo que não se pode atingir essa permutação com uma quantidade par de trocas.

Essa condição acaba revelando-se o único obstáculo: movimentos permitidos levam a exatamente metade dos 16! arranjos possíveis. Agora, $16!/2 = 10.461.394.944.000$; é um número tão grande que por mais vezes que você tente, a maioria das possibilidades permanecerá inexplorada. O que pode incentivá-lo a pensar que *qualquer* arranjo deve seguramente ser possível.

O traiçoeiro quebra-cabeça dos seis

Em 1974, Richard Wilson generalizou o quebra-cabeça dos quinze e provou um teorema notável. Ele substituiu os blocos deslizantes por um grafo. Os blocos são representados por números que podem ser deslizados ao longo da aresta, contanto que esta esteja ligada ao nó onde no momento se encontra o quadrado em branco. O quadrado em branco, por sua vez, muda para um novo local. A figura mostra a posição inicial dos blocos. Os nós estarão ligados se os quadrados correspondentes forem adjacentes.

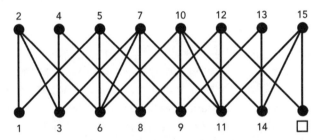

Grafo representando o quebra-cabeça dos quinze

A ideia de Wilson é substituir este grafo por qualquer grafo de conexões. Suponha que este tenha $n + 1$ nós. Inicialmente um nó, marcado pelo quadradinho branco, está vazio (de agora em diante, pense nele como nó 0) e o restante tem um número (de 1 a n) marcado em cima. O quebra-cabeça redunda em mover esses números em torno do grafo, trocando o 0 com o que estiver no nó adjacente. As regras especificam que 0 deve terminar no mesmo lugar onde começou. Os outros n números podem ser permutados de $n!$ maneiras. Wilson perguntou: que fração dessas permutas pode ser conseguida por movimentos permitidos? A resposta depende claramente do grafo, mas não tanto quanto seria de esperar.

Existe uma classe óbvia de grafos para os quais a resposta é inusitadamente pequena. Se os nós formam um anel fechado, o arranjo inicial é o único a que se pode chegar com movimentos permitidos, porque 0 precisa retornar ao ponto de partida. Todos os outros números permanecem na mesma ordem cíclica; não há como um número do grafo dar a volta pelo lado de outro. O teorema de Rick Wilson (assim batizado para evitar confusão com outro matemático chamado Wilson) afirma que exceto anéis fechados, ou *todas* as permutações podem ser conseguidas ou exatamente metade delas (as pares).

Com apenas uma gloriosa exceção.

O teorema revela uma surpresa. Uma surpresa *especial*: um grafo com sete nós. Seis formam um hexágono e o sétimo jaz no meio de uma das diagonais. Há 6! = 720 permutações; metade disso é 360. Mas o número real a que se pode chegar é apenas 120.

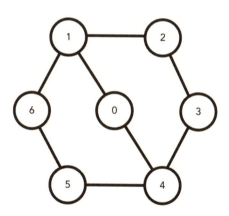

Grafo excepcional de Wilson

O raciocínio envolve álgebra abstrata, ou seja, algumas refinadas propriedades de grupos de permutações. Detalhes em: Alex Fink e Richard Guy, "Rick's Tricky six puzzle: S5 sits specially in S6", in *Mathematics Magazine*, 82, 2009, p.83-102.

Tão difícil quanto ABC

De tempos em tempos os matemáticos têm ideias aparentemente malucas que acabam revelando ter importantes implicações. A Conjectura ABC é uma delas.

Lembra-se do Último Teorema de Fermat? Em 1637, Pierre de Fermat conjecturou que se $n \geq 3$ não existem soluções inteiras diferentes de zero para a equação de Fermat

$$a^n + b^n = c^n$$

Por outro lado, há infinitas soluções quando $n = 2$, tais como as triplas pitagóricas $3^2 + 4^2 = 5^2$. Foram necessários 358 anos para provar que Fermat estava certo, com o trabalho de Andrew Wiles e Richard Taylor (ver *Almanaque das curiosidades matemáticas*, p.58-65).

Tarefa terminada, poder-se-ia pensar. Mas em 1983 Richard Mason percebeu que ninguém havia olhado de perto o Último Teorema de Fermat para *primeiras* potências:

$$a + b = c$$

Você não precisa ser gênio em álgebra para encontrar soluções: $1 + 2 = 3$, $2 + 2 = 4$. Mas Mason queria saber se a questão se torna mais interessante se forem impostas condições mais profundas para a, b e c. O que acabou emergindo foi uma nova conjectura brilhante, a Conjectura ABC (ou Conjectura de Oesterlé-Masser), que revolucionará a teoria dos números se alguém conseguir prová-la. É sustentada por uma vasta quantidade de evidência numérica, mas uma prova parece fugidia, com a possível exceção do trabalho de Shinichi Mochizuki. Voltarei a esse assunto tão logo saibamos do que estamos falando.

Mais de 2 mil anos atrás, Euclides sabia como encontrar todas as triplas pitagóricas, usando o que agora chamaríamos de fórmula algébrica. Em 1851, Joseph Liouville provou que não existe tal fórmula para a equação de Fermat quando $n \geq 3$. Mason preocupou-se com a equação mais simples

$$a(x) + b(x) = c(x)$$

onde $a(x)$, $b(x)$ e $c(x)$ são polinômios. Um polinômio é uma combinação algébrica de potências de x, como $5x^4 - 17x^3 + 33x - 4$.

Mais uma vez, é fácil achar soluções, mas nem todas podem ser "interessantes". O grau de um polinômio é a potência mais alta de x. Mason provou que se a equação vale, os graus de a, b e c são todos menores do que o número de soluções complexas *distintas* para x na equação $a(x)b(x)c(x) = 0$. Acontece que W. Wilson Stothers havia provado a mesma coisa em 1981, mas Mason desenvolveu a ideia.

Os teóricos dos números muitas vezes procuram analogias entre polinômios e inteiros. O análogo natural do teorema de Mason-Stothers seria o seguinte: suponha que $a + b = c$, onde a, b e c são inteiros sem fator comum. Então, o número de fatores primos de cada um deles a, b e c é menor do que o número de primos *distintos* de *abc*.

É lamentável, porém isso é falso. Por exemplo, $14 + 15 = 29$, que tem apenas um fator primo (necessariamente distinto), mas $14 = 2 \times 7$ e $15 = 3 \times 5$, ambos portanto com dois fatores primos. Ooops. Destemidos, os matemáticos tentaram modificar o enunciado até que parecesse ser verdadeiro. Em 1985, David Masser e Joseph Oesterlé fizeram exatamente isso. Sua versão afirma:

> Para todo $\varepsilon > 0$ existem apenas finitas triplas de inteiros positivos, sem fatores comuns, satisfazendo $a + b = c$, de tal modo que $c > d^{1+\varepsilon}$, onde d representa o produto dos fatores *distintos* de *abc*.

Esta é a Conjectura ABC. Se fosse provada, muitos teoremas profundos e difíceis, confirmados ao longo de décadas passadas com enorme trabalho e percepção, seriam consequência direta, e portanto teriam provas mais simples. Além disso, todas essas provas seriam muito semelhantes: monte uma pequena e rotineira estrutura, e então aplique o *Teorema ABC*, como passaria então a ser conhecido. Andrew Granville e Thomas Tucker ["It's as Easy as *ABC*", in *Notices of the American Mathematical Society*, 49, 2002, p.1.224-31] escreveram que uma resolução dessa conjectura teria "um impacto extraordinário sobre a nossa compreensão da teoria dos números. Prová-la ou refutá-la seria incrível."

Voltemos a Mochizuki, um respeitado teórico com sólida trajetória de pesquisa. Em 2012, ele anunciou uma prova da Conjectura ABC em uma série de pré-impressos – artigos ainda não submetidos à publicação oficial. Contrariando sua intenção, o fato atraiu a atenção da mídia, embora fosse seguramente irrealista imaginar que poderia ter sido evitado. Especialistas estão agora checando as quinhentas e tantas páginas da matemática radicalmente nova envolvida. Está exigindo muito tempo e esforço porque as ideias são técnicas, complicadas e heterodoxas; contudo, ninguém está rejeitando a prova por esse motivo. Foi encontrado um erro, mas Mochizuki afirma que ele não afeta a prova. Ele continua postando relatórios de progresso e os especialistas continuam checando.

Anéis de sólidos regulares

Oito cubos idênticos se encaixam, face a face, para formar um cubo com o dobro do tamanho. Oito cubos também se combinam de modo a formar um "anel" – um sólido com um buraco no meio, topologicamente um toro.

Um anel de cubos

Com um pouquinho a mais de esforço, você pode fazer a mesma coisa com três outros sólidos regulares: octaedro, dodecaedro e icosaedro. Em todos os quatro casos os sólidos são exatamente regulares e encaixam-se com perfeição: isso é óbvio para cubos e é uma simples consequência da simetria dos três outros sólidos.

Anéis de octaedros, dodecaedros e icosaedros

No entanto, há *cinco* sólidos regulares, e esse método não funciona para aquele que restou, o tetraedro. Assim, em 1957, Hugo Steinhaus indagou se uma quantidade de tetraedros regulares idênticos podem ser colados face a face de modo a formar um anel fechado. Sua pergunta foi respondida um ano depois, quando S. Świerczkowski provou que tal arranjo é impossível. Os tetraedros são especiais.

Contudo, em 2013, Michael Elgersma e Stan Wagon descobriram um belo anel simétrico óctuplo feito com 48 tetraedros. Świerczkowski estava errado?

Anel de Elgersma e Wagon. *Esquerda:* Vista em perspectiva. *Direita:* Vista do alto para mostrar a simetria óctupla.

De maneira alguma, como Elgersma e Wagon explicaram em seu artigo a respeito da descoberta. Caso esse arranjo seja feito usando tetraedros genuinamente regulares, eles deixam um pequeno vão. É possível fechar o vão alongando as arestas mostradas com linhas mais grossas, passando de uma unidade para 1,00274, uma diferença de uma parte em quinhentas, que o olho humano não consegue detectar.

O vão, exagerado

Świerczkowski perguntou: se você tiver tetraedros suficientes, e quiser encaixá-los em um anel deixando um vão, quão pequeno esse vão pode ser? Você consegue deixá-lo tão pequeno quanto desejar usando uma quantidade suficiente? Ainda não se sabe a resposta para o caso de os tetraedros não poderem se intersectar, mas Elgersma e Wagon provaram que a resposta é "sim" se puderem se interpenetrar. Por exemplo, 438 tetraedros deixam um vão de cerca de uma parte em 10 mil.

438 tetraedros interpenetrantes de Elgersma e Wagon

Eles conjecturam que a resposta continua sendo "sim" mesmo quando os tetraedros não podem se intersectar, mas os arranjos precisam ser mais complicados. Como evidência, descobriram uma série de anéis com vãos cada vez menores. O recorde atual, descoberto em 2014, é um anel quase fechado de 540 tetraedros não intersectantes com um vão de 5×10^{-18}.

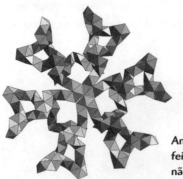

Anel de Elgersma e Wagon feito de 540 tetraedros que não intersectam

Mais informações na p.313

O problema da cavilha quadrada

Esse mistério matemático está aberto por mais de um século. É verdade que toda curva fechada simples no plano (uma curva que não cruze sobre si mesma) contém quatro pontos que são os vértices de um quadrado com lado diferente de zero?

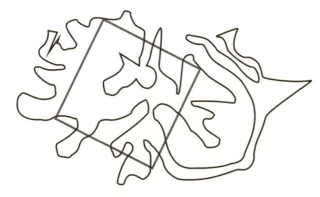

Uma curva fechada simples e um quadrado cujos vértices estão sobre a curva

Aqui "curva" implica que a linha é contínua, sem quebras, mas não precisa ser suave. Pode ter cantos bruscos, e de fato pode ser infinitamente sinuosa. Insistimos que o lado do quadrado é diferente de zero para evitar a resposta trivial: escolher o mesmo ponto para os quatro vértices.

A primeira referência impressa ao Problema da Cavilha Quadrada surgiu em 1911 em um relato a respeito de uma conferência proferida por Otto Toeplitz, que aparentemente reivindicava uma prova. No entanto, nada foi publicado. Em 1913, Arnold Emch demonstrou que a afirmação é verdadeira para curvas convexas suaves, dizendo que não a tinha ouvido de Toeplitz, mas de Aubrey Kempner. O enunciado provou estar correto para curvas convexas, curvas analíticas (definidas por séries de potências convergentes), curvas bastante suaves, curvas com simetria, polígonos, curvas sem pontas e curvatura limitada, curvas bidiferenciáveis em forma de estrela que encontram todo círculo em quatro pontos...

Dá para ser ter uma ideia do quadro. Montes de hipóteses técnicas, nenhuma prova genérica, nenhum contraexemplo. Talvez seja verdade, talvez não. Quem sabe?

Há generalizações. O problema da cavilha retangular indaga se para qualquer número real $r \geq 1$, toda curva fechada simples e suave no plano contém os quatro vértices de um retângulo com lados de razão $r : 1$. Apenas o caso da cavilha quadrada $r = 1$ foi provado. Há algumas extensões para dimensões superiores em condições muito rígidas.

A rota impossível
Das Memórias do dr. Watsup

É com o coração pesado...

Soltei a pena sobre a escrivaninha, tomado de pesar. *Aquela criatura do diabo!* As maquinações do professor Mogiarty haviam causado o falecimento prematuro de um dos maiores detetives a já terem coxeado pelas ruas de Londres disfarçado como um idoso peixeiro russo. A mente mais brilhante que já encontrei, ceifada por um criminoso que – até Soames tê-lo despachado com esse custo! – tinha um dedo em cada ato ignóbil no reino. Exceto o idiota que sempre estaciona sua carruagem bem embaixo da nossa janela, onde seu cavalo...

Por favor, tolere este humilde escriba enquanto ele enxuga uma lágrima máscula para relatar os trágicos acontecimentos.

Soames estivera com humor sombrio por uma semana. Foi quando o vi ajustando o sexto cadeado na janela e enfileirando o terceiro revólver Gatling que comecei a suspeitar de que sua mente estava atribulada de alguma maneira.

"Pode-se dizer que sim", confirmou. "Do mesmo modo que estaria a sua se tivesse se esquivado por pouco de um piano de cauda caindo no seu caminho no trajeto de ida ao barbeiro – aliás, um piano Chickering, pude perceber de imediato pela estrutura de ferro fundido. Antes de ter me recomposto, fui forçado a saltar de lado para me desviar de uma carroça de cervejeiro em disparada conduzida por quatro cavalos, que explodiu uma fração de segundo depois que tive a antevisão de buscar cobertura atrás de um muro próximo. O desabamento imediato do muro, afundando em uma profunda cavidade, chegou perto de perturbar o pouco equilíbrio que me restava, mas consegui girar o corpo até ficar em segurança usando um arpéu que costumo carregar comigo no bolso para tais eventualidades. Bem conveniente, ele é dobrável e o cordel é leve, porém forte. Depois disso, as coisas ficaram um tanto quanto preocupantes.

Se não conhecesse bem o meu amigo, teria pensado que ele estava abalado.

"Por acaso lhe ocorreu, Soames, que talvez alguém esteja tentando fazer-lhe mal?"

Ele deu um ronco de admiração pela minha sagacidade, ou foi o que presumi. "É Mogiarty", afirmou secamente. "Mas dessa vez tenho informação a respeito dele. Mesmo enquanto conversamos, meu astuto plano está em andamento, e todo policial de Londres está atacando esse… Wellington do crime… e seus asseclas. Em breve estará atrás das grades, e então… a forca!"

Ouviu-se uma batida na porta. Um moleque de rua surgiu. "Telegrama 'pro gente fina'!" Soames pegou o papel e deu ao moleque uma moeda de três pence.

"A taxa atual é seis pence", disse o moleque.

"Quem disse isso?"

"Doutro lado da rua, dotô. Aquele sr. Sher…"

"Vão ser só dois e um tapa na orelha se você não der o fora já", disse Soames. O moleque se foi, resmungando baixinho. Soames abriu o papel dobrado. "Sem dúvida notícias sobre o sucesso da oper…" Sua voz sumiu.

"O que é?", perguntei ansioso. Sua face ficara mortalmente pálida.

"Mogiarty escapou!"

"Como?"

"Disfarçado de policial."

"Demônio esperto!"

"Mas eu sei para onde ele foi, Watsup. Você tem dez minutos para ir até sua casa e fazer a mala. Aí pegaremos a balsa que atravessa o canal, diversos trens, uma carruagem, um cabriolé, uma diligência e dois burricos. Um para cada um."

"Mas... Soames! Beatrix e eu estamos casados há menos de um mês! Não posso partir..."

"A nova esposa terá de se acostumar a esse tipo de coisa, Watsup, se é para continuarmos a nossa colaboração."

"Verdade, mas..."

"Não há tempo como o presente. A ausência aproxima os corações. O cão é o melhor... Bem, basta de clichês. O irmão tomará conta dela enquanto você estiver fora. Uma ausência de seis semanas deve ser mais que suficiente."

Percebi que ele não pediria isso de mim sem um motivo premente. Ele precisava de mim. Eu preciso estar à altura da ocasião, não importa o custo pessoal. "Muito bem", acedi, não obstante os sombrios pressentimentos. "Beatrix há de compreender. Aonde iremos?"

"Para as cataratas de Schtickelbach", respondeu com tranquilidade.

Estremeci involuntariamente. Era um nome capaz de provocar terror no coração até mesmo do mais realizado montanhista. "Soames! Isso é suicídio!"

Ele encolheu os ombros. "É onde haveremos de encontrar Mogiarty. Mas primeiro precisamos chegar lá." E puxou um mapa.

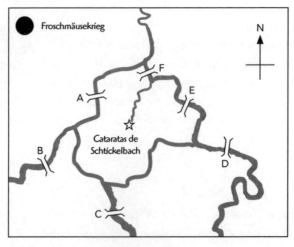

Mapa de Soames

"O mapa mostra a região da Suíça que nos interessa. Observe a rede de rios. Eles nascem no norte e correm através das fronteiras do país. As cataratas de Schtickelbach estão no final de um pequeno rio que se separa de um rio maior."

"Para onde vai o rio depois das cataratas?"

"Ele mergulha para baixo da terra, para alguma passagem subterrânea. Ninguém sabe onde reaparece."

"É uma geologia estranha, Soames."

"A paisagem suíça é uma tormenta, Watsup. Agora, há seis pontes, que marquei com as letras A, B, C, D, E e F. São as únicas pontes dentro do território suíço que ligam as áreas de terra mostradas. O terminal das diligências fica na cidadezinha de Froschmäusekrieg. De lá alugamos burricos e seguimos até as cataratas. Devemos permanecer dentro da Suíça: já será bastante difícil cruzar uma fronteira nacional sem ser notado *uma vez*, e seria extrema tolice repetir a tentativa. Já elaborei uma rota, mas talvez você tenha uma ideia melhor."

Estudei o mapa. "Bem, é simples! Atravessamos a ponte A."

"Não, Watsup. É direto demais, Mogiarty estará esperando por isso, é uma ponte muito avançada. Devemos deixar a ponte A para o fim, na esperança de desorientá-lo. Precisamos atravessar cada ponte no máximo uma vez, para minimizar o risco de atrair a atenção e sermos identificados."

"Então temos de começar pela ponte B", eu disse. "A única continuação é via C, depois D. Nesse ponto temos a escolha de E ou F. Ambas levam às cataratas, então podemos muito bem usar E! Pronto!"

"Como eu disse, devemos deixar A para o fim. Não E."

"Ah, sim. Então seguimos por A – não, é uma rota sem saída, sem ligação posterior com as cataratas. Então deixamos A para depois e atravessamos F... Mas não: esta *também* é uma opção sem saída."

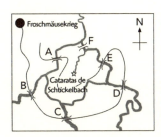 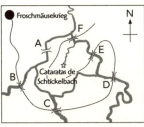

Dois trajetos que não chegam às cataratas

A rota impossível

257

Soames soltou um grunhido indefinido. Conferi a minha análise. "Talvez a ponte F... não. Os mesmos problemas surgem se usamos F em vez de E, depois de cruzar D. *Esse trajeto não existe, Soames!*" Ocorreu-me um pensamento. "A não ser que haja um túnel, ou algum outro meio de atravessar os rios. Uma balsa? Uma canoa?"

"Não há túnel, nem balsa, nem canoa, e não precisamos atravessar os rios. Pontes e terra seca bastam."

"Então a coisa é impossível, Soames!"

Ele sorriu. "Mas, Watsup, eu já lhe disse que *há* uma rota satisfazendo as condições dadas. Na verdade, há no mínimo oito rotas essencialmente diferentes – quero dizer, em que as pontes são cruzadas em diferente ordem."

"*Oito?* Confesso que não vejo nem sequer uma", eu disse, exasperado.

Soames está certo? Resposta na p.314.

• •

O problema final 🔎
Das Memórias do dr. Watsup

Dormi mal e acordei ao alvorecer, para encontrar Soames já vestido, esperto e alvoroçado. "Hora do desjejum, Watsup!", declarou em tom cordial. Se estava apreensivo com o futuro encontro, ocultou com perfeição.

Assim que acabamos nossos pratos de pão, carne e queijo suíço, montamos nos burricos e pegamos nosso caminho subindo por uma estreita trilha. Após algumas milhas amarramos nossos leais corcéis, tendo chegado à base das cataratas de Schtickelbach. Uma caudalosa corrente de água descia entre os lados verticais de um gigantesco abismo, para desaparecer em um profundo buraco no solo, criando um glorioso arco-íris que reluzia ao sol da tarde.

Uma íngreme trilha rochosa levava ao topo das cataratas. À medida que nos aproximávamos, surgiu uma silhueta no perfil horizontal acima de nós.

"Mogiarty", disse Soames. "Não há como confundir aquele maligno perfil." Tirou sua pistola e removeu a trava de segurança. "O inimigo está aprisionado, pois não há caminho de descida exceto por esta trilha. De todo modo, nenhum trajeto que alguém possa percorrer e permanecer vivo. Espere aqui, Watsup."

"Não, Soames! Vou acomp…"

"Não, não vai. O dever de livrar o mundo dessa vil criatura é meu somente. Farei um sinal quando for seguro que você venha juntar-se a mim. Prometa que permanecerá aqui até receber meu sinal."

"Que sinal?"

"Você saberá quando chegar o momento."

Assenti, a despeito das minhas profundas apreensões. Ele ascendeu, desaparecendo rapidamente atrás do penhasco rochoso. A última coisa que vi dele foi um par de rijas botas de escalada.

Esperei. Nenhum sinal.

Então, subitamente, ouvi berros. O vento carregou para longe as palavras e não pude entendê-las. Então escutei os inconfundíveis sons de uma prolongada luta e diversos tiros. Houve um grito, e *alguma coisa* despencou passando por mim em meio à torrente. Estava envolvido pelos borrifos de água e movia-se tão depressa que não pude identificar o que era, mas tinha aproximadamente o tamanho de um homem.

Ou dois homens.

Chocado até o âmago, ainda assim fiz o que Soames me dissera, e esperei.

Nenhum sinal.

Por fim, concluí que algo saíra errado, o que me liberou da minha promessa. Escalei a trilha até o alto. Lá em cima, a rocha subia ainda mais rumo ao céu em um imenso penhasco, barrando meu caminho. Uma saliência coberta de musgo conduzia ao precipício de onde despencava a queda-d'água. De Soames e Mogiarty, nem sinal. Mas, umedecido pelos borrifos, o musgo revelava tênues traços de pegadas.

As pegadas narravam uma história clara para qualquer um que tivesse absorvido as lições de detecção do mestre. Reconheci as inconfundíveis impressões de padrão bifurcado das botas de Soames; as outras pegadas com padrão em zigue-zague, sem dúvida, eram de Mogiarty. Os dois conjuntos de pegadas levavam à beira do precipício, e aqui o solo se desfazia em um barro grosso formado pelo que fora obviamente a luta que eu tinha ouvido.

Retive a respiração horrorizado, pois *não havia pegadas retornando da terrível beirada*.

Conservei suficiente presença de espírito para tentar imaginar o que Soames teria feito, confrontado com tal evidência. Tomando cuidado para não sobrepor as minhas próprias pegadas – pois a polícia local, inepta como sem dúvida seria, é claro que desejaria inspecionar a cena – fiz um meticuloso estudo.

Estava claro que Soames andara *atrás* de Mogiarty, pois suas pegadas às vezes se sobrepunham às do criminoso, mas não o contrário. As pegadas de Mogiarty pareciam mais profundas do que as de Soames, mas meu amigo sempre tivera um andar leve. A desanimadora conclusão era clara: Soames perseguira Mogiarty até a beira do precipício; ali houvera uma luta; ambos os homens, sem dúvida ainda agarrados, despencaram no abismo. Seus corpos estavam agora no interior da terra, em alguma gruta fria e úmida, para nunca mais serem recuperados.

Abatido, caminhei penosamente de volta para a trilha onde a rocha nua não mostrava pegadas. O penhasco pairava acima de mim, inatingível. Raciocinei que se Soames tivesse triunfado teria enviado o sinal e aguardado a minha chegada. Se Mogiarty houvesse vencido, estaria à minha espera, armado até os dentes.

Não havia dúvida concebível de que ambos os homens haviam encontrado o mesmo terrível fim.

Todavia, mesmo ao dar início à minha descida, a voz do meu amigo parecia ecoar na minha mente, e o tom era de zombaria. Estaria meu subconsciente tentando me dizer alguma coisa? O pesar sobrepujou minhas habilidades analíticas, e marchei desolado até os burricos, aos quais me refiro como nossos corcéis. Contudo, a polícia suíça viria a seguir.

O retorno 🔍
Das Memórias do dr. Watsup

Fazia três anos que o nobre sacrifício de Soames libertara o mundo de Mogiarty. Os aposentos do detetive no 222B haviam passado ao seu irmão, Spycraft, e eu assumira a prática médica com máxima seriedade. Uma figura encurvada vestindo roupas esfarrapadas entrou mancando na minha clínica. "É você o cara que é médico? Que escrevia aquelas histórias de detetive naquelas revistas?"

Confirmei meu ofício de médico. "Escrevo, sim, mas infelizmente a *Strand* até agora declinou das minhas contribuições."

"Oh. Deve ser outro velhote. Mas você serve. Estou com uma dor terrível na perna, doc."

"Deve ser ciática", eu disse. "É causada por problema nas costas."

"Na minha *perna*?"

"Os nervos na sua perna estão pinçados em algum ponto da sua espinha."

"Oh, meu Deus! Tenho *nervos* na minha perna?"

"Deite-se no divã e…" Observei a poeira nas roupas. "Não, primeiro deixe-me pôr um pano para você se deitar em cima." Virei as costas e abri o armário.

"Não há necessidade disso, Watsup", disse uma voz familiar.

Virei-me, olhei… e desmaiei.

Quando voltei a mim, Soames estava curvado sobre meu corpo agitando sais aromáticos sob meu nariz.

"Eu peço desculpas, velho companheiro! Presumi que você tivesse há muito deduzido a minha astuta tapeação e por que ela foi necessária."

"Absolutamente, não. Eu o julguei morto."

"Ah. Veja bem, quando empurrei Mogiarty no abismo, e vi como as pegadas pareceriam para alguém menos astuto do que eu, dei-me conta em uma fração de segundo de que o destino me presenteara com uma oportunidade de ouro."

"Sim! Percebo!", exclamei. "Embora os assecas de Mogiarty nas Ilhas Britânicas tivessem sido capturados, vários permaneciam à solta no continente. Se o julgassem morto, você poderia estender sua teia e aprisioná-los. Então forneceu algumas evidências enganosas, boas o bastante para convencer a confusa polícia suíça. Desde então, você tem passado todas as suas horas despertas perseguindo a escória criminosa que sobrou. Você os eliminou, um por um. Seguiu o último deles até... oh, Casablanca ou algum outro lugar exótico... E ele não voltará a perturbar o mundo. Então agora você pode revelar que ainda está vivo."

"Brilhante sequência de deduções, Watsup." Em silêncio, congratulei a mim mesmo. "Embora errada em quase todo detalhe."

Soames explicou: "A única coisa que você acertou foi que se tratou de uma oportunidade mandada pelo céu para eu desaparecer. Mas minhas razões não eram o que você imagina. Eu estava com um balanço financeiro bastante negativo devido a apostas em corridas de cavalos, e me faltavam os fundos para reembolsar meu agente de apostas, correndo o risco de sérios danos corporais. Tendo finalmente acumulado os recursos necessários, paguei a dívida e me reintegrei à sociedade."

Para mim, era difícil de engolir. "Compreendo a sua posição, Soames. Poderia acontecer com o melhor de nós. Mas como...?"

Como Soames escapou e desapareceu? Faça as suas deduções antes de continuar lendo, pois é fundamental para a narrativa a apresentação imediata da resposta.

• •

A solução final 🔎
Das Memórias do dr. Watsup

Soames instalou-se junto ao fogo. "Aconteceu assim, Watsup. Quando cheguei ao alto da trilha, Mogiarty estava me esperando atrás de uma rocha. Ele me nocauteou, e estava me carregando para o precipício para me arremessar no abismo. Felizmente, recobrei a consciência e alcancei minha pistola. Na luta que se seguiu foram disparados alguns tiros, mas ninguém foi atingido. Os esforços de Mogiarty levaram-no a escorregar e cair para a morte. Eu fui afortunado de não ter me juntado a ele." Soames disse isso com um tom de voz casual, como se fosse de pouca importância.

"Na intenção de chamar você, olhei para trás e vi *um único conjunto de pegadas* feitas pelas botas de Mogiarty. Elas conduziam da trilha para a beirada do abismo, e nada no sentido contrário. Vi de imediato que eram ligeiramente mais profundas do que deveriam ser para um homem do peso de Mogiarty – uma pista que eu esperava que você identificasse, Watsup, e sabia que a polícia não identificaria. Caminhei então *de costas* até a segurança da trilha, pisando sobre minhas próprias pegadas, e tendo o cuidado de fazer parecer que eu tinha vindo da direção oposta."

"A ideia cruzou minha mente, Soames. Mas eu a desconsiderei, pois não estava ciente das suas dívidas de apostas, então não pude pensar em um motivo. Mas a rocha estava vazia, o penhasco impossível de escalar! Como você se escondeu?"

Ele ignorou minha pergunta. "Percebi que se eu falhasse em mandar o sinal, você acabaria concluindo que a sua promessa não era mais válida e escalaria a trilha. Era questão de um minuto apenas escalar para a plataforma rochosa acima, onde a saliência estava me ocultando. O resto você pode adivinhar."

"Mas... o penhasco era impossível de ser escalado!", bradei.

Ele balançou a cabeça com tristeza. "Meu caro Watsup, lembro-me com clareza de ter lhe contado sobre um arpéu dobrável que sempre carrego para tais eventualidades." (Ver p.255.) "Você realmente não deve esquecer informação tão vital. Com frequência um fato minúsculo é tudo o que se necessita para desvendar um grande mistério."

Baixei a cabeça, pois tinha desconsiderado aquele item do equipamento até aquele preciso instante. Tentei um sorriso sem graça. "Puxa, Soames! Que abso... lutamente, hã, engenhoso!"

Ele deu um sorrisinho e mudou de assunto. "Uma xícara de chá, Watsup?"

"Seria delicioso, Soames."

"Então pedirei à sra. Soapsuds..."

A porta se abriu e a cabeça da nossa proprietária apareceu. "Posso ser útil, sr. Soames?"

"... para nos preparar uma chaleira", suspirou o detetive.

Os mistérios desmistificados

Ou, se não, vistos sob uma nova luz pelos variados excertos dos extensos arquivos do dr. John Watsup, incluindo anotações de caso, recortes de imprensa e memorabilia soamesiana; com contribuições ocasionais de outras fontes.

• • O escândalo do soberano roubado 🔍

Lupa na mão, Soames inspecionou cada polegada da cozinha e da contabilidade do Glitz. Mandou erguer os tapetes para ver o que havia por baixo – uma coleção extraordinária, mas sem relevância para este relato – e vasculhou os atulhados aposentos de Manuel no sótão. Colheu amostras do conteúdo de diversas garrafas no bar. Na verdade, ele chegara a suas conclusões antes que sua senhoria tivesse acabado de descrever os fatos do caso, mas de nada adiantaria fazer o processo parecer fácil, e a oportunidade de um uísque *single malt* gratuito não devia ser declinada sem uma boa razão.

O proprietário do Glitz Hotel aguardava em uma sala privada suntuosamente mobiliada, andando de um lado para outro com olhar penetrante.

"Recuperou o meu soberano roubado, Soames?"

"Não, meu lorde."

"Ahhh! Eu sabia que deveria ter tentado o sr. Sher…"

"Não o recuperei porque *não houve* soberano roubado. Em primeiro lugar, nunca faltou um soberano."

"Mas £27 mais £2 não perfazem £30!"

"Concordo. Mas não há motivo para essa conta. As somas conferem se o senhor as fizer corretamente." E Soames escreveu:

Armstrong	Bennett	Cunningham	Manuel	Glitz Hotel
10	10	10	0	0
0	0	0	0	30
0	0	0	5	25
1	1	1	2	25

"A soma de £30 não é mais a questão", explicou Soames. "Afinal, foi a *conta errada*. Os homens agora pagaram £27, meu lorde, e devemos *subtrair* £2 para obter as £25 devidas ao hotel. E não somar."

"Mas..."

"O seu cálculo original parece fazer sentido porque os números 29 e 30 são muito próximos. Mas suponha, por exemplo, que a conta tivesse efetivamente sido de £5, de modo que o garçom recebeu £25 para dar de troco, mantendo £1 como gorjeta e dando £8 a cada um dos clientes. Agora, os homens pagaram £2 cada um, num total de £6. Manuel reteve apenas £1. O total dessas duas quantias perfaz £7. Então o senhor perguntaria: onde foram parar as outras £23? Mas a conta real foi de £5, este foi exatamente o valor pago ao hotel. Então como podem *estar faltando* £23 da parte do hotel? Foram divididas pelos três clientes que deram uma pequena parte a Manuel."

A face de Humphshaw-Smattering adquiriu uma tonalidade rósea. "Humph", disse ele. "Pshaw." E se recompôs. "Sua remuneração, senhor?"

"Vinte e nove soberanos", respondeu Soames, sem pensar duas vezes.

• • Curiosidade numérica

1001
100001
10000001
1000000001
100000000001
10000000000000001

Perguntei também por que dá certo. Esta é uma pergunta mais difícil porque é preciso pensar, não só calcular. Em vez de uma prova formal, vamos simplesmente dar uma olhada num caso típico: 11×909091. Primeiro, reescreva na ordem inversa como 909091×11. Isto é, $909091 \times 10 + 909091 \times 1$, ou seja, $9090910 + 909091$. Faça a soma, assim:

```
  9 0 9 0 9 1 0 +
    9 0 9 0 9 1
  ─────────────
```

O que vem a seguir? Começando da direita, $0 + 1 = 1$, então obtemos

```
  9 0 9 0 9 1 0 +
    9 0 9 0 9 1
  ─────────────
                1
```

Então 1 + 9 = 0, vai 1:

```
          1
9  0  9  0  9  1  0  +
   9  0  9  0  9  1
                0  1
```

Agora temos que somar o 1 que subiu ao 9 e ao 0, o que dá de novo 0, vai 1. O que leva a uma sequência de "vai 1", cada um convertendo 9 em 0, vai 1, até que obtemos:

```
1
   9  0  9  0  9  1  0  +
      9  0  9  0  9  1
   0  0  0  0  0  0  1
```

Finalmente resta apenas o "vai 1" da esquerda, levando à resposta

```
   9  0  9  0  9  1  0  +
      9  0  9  0  9  1
1  0  0  0  0  0  0  1
```

•• **Posição dos trilhos**

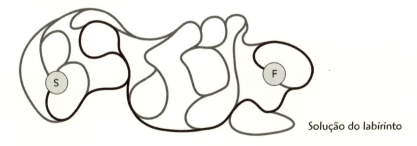

Solução do labirinto

Para mais informações, ver R. Penrose, "Railway mazes", in *A Lifetime of Puzzles*, (E.D. Demaine, M.L. Demaine, T. Rodgers, orgs.), A.K. Peters, Wellesley, MA, 2008, p.133-48.

   Fotos do Luppitt Millennium Monument podem ser encontradas em: http://puzzlemuseum.com/luppitt/lmb02.htm

•• **Soames conhece Watsup** 🔎

"Uma vírgula decimal?", arriscou Watsup. "Não, o senhor pediu um número inteiro." Fez uma pausa, tomado por uma súbita percepção. "O senhor me disse que o símbolo precisa estar *entre* os dois dígitos, sr. Soames?"
"Não."
"Insistiu que os dois dígitos estejam separados por um espaço?"
"Meu desenho talvez tenha sido ambíguo, mas não especifiquei um espaço."
"Assim pensei. Será que *isso* atenderia às suas condições?" E Watsup escreveu:

$\sqrt{49}$

"Que é igual a 7."

•• **Quadrados geomágicos**

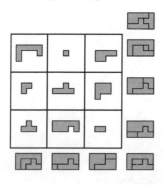

Como juntar as peças do quebra-cabeça para linhas, colunas e diagonais

•• **Qual é o formato de uma casca de laranja?**

Laurent Bartholdi e André Henriques, "Orange Peels and Fresnel Integrals", in *Mathematical Intelligencer*, 34, n.4, 2012, p.1-3.
Você pode baixar um artigo similar de arxiv.org/abs/1202.3033.

•• **Como ganhar na loteria?**

Não. As afirmações feitas estão todas corretas, mas a dedução é falaciosa.
Para ver por quê, considere a loteria que corre toda semana na pequena e pouco conhecida província de Lilliputia. Aqui há somente três bolas – 1, 2 e 3 – e são tiradas duas delas. Você ganha acertando as duas.

Há três sorteios possíveis:

12 13 23

e estes são igualmente prováveis.

O primeiro número é 1 com probabilidade ⅔, mais provável que 2 com probabilidade ⅓ ou 3 com probabilidade 0.

O segundo número é 3 com probabilidade ⅔, mais provável que 2 com probabilidade ⅓ ou 1 com probabilidade 0.

Então, pelo mesmo argumento, os apostadores deveriam escolher 13 para aumentar suas chances. No entanto, cada uma das três probabilidades é igualmente provável, então isso é bobagem.

Em geral, 1 tem maior probabilidade de ser o menor número do sorteio porque neste caso *há mais números maiores* do que existem para qualquer outra escolha. Não porque 1 é mais provável de ser sorteado. O mesmo efeito se aplica às outras posições, mas não de forma tão óbvia.

•• O ~~roubo~~ incidente das meias verdes 🔎

"Pelo meu profundo conhecimento da vida no submundo de Londres, é bastante óbvio quem é o culpado", anunciou Soames.

"Quem?"

"Isso não tem importância enquanto não tivermos prova formal de sua culpa, Watsup. Nada menos do que isso convencerá o inspetor Roulade, da Polícia Metropolitana, quando apresentarmos as nossas conclusões. Primeiro, devemos listar os possíveis modos de distribuir as cores entre as roupas."

"Eu posso fazer isso", prontificou-se Watsup. "Tenho algum domínio sobre combinatória elementar. É algo que se mostrou útil ao decidir que membro amputar primeiro." Escreveu

MVB MBV VMB VBM BMV BVM

"As letras representam as cores das roupas, na ordem paletó, calças, meia", explicou Watsup. "Nenhuma cor se repete, de acordo com o relato da testemunha, então as únicas possibilidades são as seis permutações das três letras."

"Ótimo", disse Soames. "E qual deve ser o nosso próximo passo?"

"Hã... tabular todas as maneiras de distribuir as roupas entre os três homens. Isso vai levar algum tempo, Soames, porque há... hã, 6 × 5 × 4... 120 combinações."

"Nem tantas, Watsup. Com um pouco de raciocínio podemos eliminar a maioria delas logo de saída. Comecemos nos concentrando apenas em um dos suspeitos – digamos, Victor Verd. Suponha, para efeito de argumento, que Verd esteja vestindo um paletó verde, calças marrons e meias brancas: caso VMB."

"Ah, mas será?"

"É a minha hipótese, para efeito de argumento. Se estiver correta segue-se que nenhum dos dois outros suspeitos pode vestir paletó verde, nem calças marrons, nem meias brancas, uma vez que apenas uma das peças de roupa tem uma determinada cor. Então, para esses homens podemos eliminar VBM, MVB e BMV das cinco possibilidades restantes. Isso nos deixa apenas com MBV e BVM. O que, se você observar, são permutações cíclicas de VMB. Podemos atribuir essas escolhas a Markus Marroon e Bernard Blanc apenas de duas maneiras." Soames começou a compilar sua tabela:

	Victor Verd	Markus Marroon	Bernard Blanc
1.	VMB	MBV	BVM
2.	VMB	BVM	MBV

"Mas, Soames", exclamou Watsup, "talvez Victor Verd não esteja vestindo as roupas VMB!"

"É bem possível", retrucou Soames, imperturbável. "Estas são meramente as duas primeiras linhas da minha tabela. Posso fazer deduções similares para as outras sequências possíveis para Victor Verd. E, é claro, mais uma vez as permutações são cíclicas. São, portanto, doze possibilidades ao todo."

Watsup copiou a tabela resultante:

	Victor Verd	Markus Marroon	Bernard Blanc
1.	VMB	MBV	BVM
2.	VMB	BVM	MBV
3.	VBM	BMV	MVB
4.	VBM	MVB	BMV
5.	MVB	VBM	BMV
6.	MVB	BMV	VBM
7.	MBV	BVM	VMB
8.	MBV	VMB	BMV
9.	BVM	VMB	MBV
10.	BVM	MBV	VMB
11.	BMV	MVB	VBM
12.	BMV	VBM	MVB

Quando terminou, Soames fez um meneio. "E agora, meu caro Watsup, tudo que resta é usar a evidência para eliminar as combinações impossíveis…"

"Porque então, o que restar, por mais improvável, deve ser verdade!", gritou Watsup.

"Eu mesmo não poderia ter dito melhor. Embora nesse caso, a característica mais improvável é que apenas um desses vilões tenha estado envolvido. Eu esperaria uma conspiração.

"Em todo caso, o policial Wuggins – sujeito admirável, Watsup, que compensa em perseverança o que lhe falta em imaginação – afirmou que as meias de Marroon eram da mesma cor que o paletó de Blanc. O que significa que a trinca de letras de Marroon deve terminar com a mesma letra que inicia a trinca de Blanc. Isso elimina as linhas 1, 3, 5, 7, 9, 11 e reduz a tabela a

	Victor Verd	Markus Marroon	Bernard Blanc
2.	VMB	BVM	MBV
4.	VBM	MVB	BMV
6.	MVB	BMV	VBM
8.	MBV	VMB	BMV
10.	BVM	MBV	VMB
12.	BMV	VBM	MVB

"A seguir, determinei quais combinações satisfazem a segunda condição do bom policial: que a pessoa cujo nome era da cor das calças de Blanc vestia meias cuja cor era o nome da pessoa vestindo paletó branco. Isso é apenas uma questão de manter a mente clara. Por exemplo, na linha 2 as calças de Blanc são brancas, então a pessoa cujo nome é da cor das calças de Blanc é o próprio Blanc. Suas meias são verdes. Verd está vestindo paletó branco? Não, seu paletó é verde. Então eliminamos a linha 2."

"Não tenho certeza de estar…"

"Oh, muito bem, deixe-me fazer outra tabela!" Soames escreveu:

	COR DAS CALÇAS DE BLANC	PESSOA CORRESPONDENTE	COR DAS SUAS MEIAS	PESSOA DE PALETÓ BRANCO	MESMA?
2.	B	B	V	M	não
4.	M	M	B	B	sim
6.	B	B	M	V	não
8.	V	V	V	M	não
10.	M	M	V	B	não
12.	V	V	V	V	sim

"Somente permanecem as linhas 4 e 12. Reduzindo então a tabela original para:

	Victor Verd	Markus Marroon	Bernard Blanc
4.	VBM	MVB	BMV
12.	BMV	VBM	MVB

"Finalmente, o policial Wuggins nos diz que a cor das meias de Verd era diferente do nome da pessoa vestindo a mesma cor de calças que o paletó usado pela pessoa cujo nome era a cor das meias de Marroon."

	COR DAS MEIAS DE Marroon	PESSOA CORRESPONDENTE	COR DO PALETÓ	PESSOA COM ESSA COR DE CALÇAS	COR DAS MEIAS DE Marroon	MESMA?
4.	B	B	B	V	M	sim
12.	M	M	M	V	V	não

"Isso elimina a linha 12, deixando apenas a linha 4.
"Então agora resta apenas ver quem estava usando meias verdes na linha 4. Como eu suspeitava desde o início, era Bernard Blanc com a opção BMV."

• • Cubos consecutivos

$23^3 + 24^3 + 25^3 = 12.167 + 13.824 + 15.625 = 41.616 = 204^2$. Isso pode ser encontrado tentando números alternadamente. Um método mais sistemático é considerar o número do meio como sendo n e observar que $(n-1)^3 + n^3 + (n+1)^3 = 3n^3 + 6n = m^2$ para algum m. Então $m^2 = 3n(n^2 + 2)$. Os termos 3, n, $n^2 + 2$ não têm fatores comuns, exceto talvez 2 e 3. Portanto, qualquer fator primo maior que 3 deve ocorrer em uma potência par (talvez 0) tanto em n como em $n^2 + 2$. Os primeiros dois números a passar por este teste são 4 e 24, e 24 fornece uma solução, mas 4 não.

• • Adonis Asteroid Mousterian

Os números devem ser atribuídos da seguinte forma:
    Ordem 3: A = 0, D = 3, I = 2, N = 0, O = 1, S = 6.

Ordem 4: A = 0, D = 12, E = 1, I = 2, O = 3, R = 8, S = 0, T = 4.
Ordem 5: A = 0, E = 1, I = 2, M = 0, N = 5, O = 3, R = 10, S = 15, T = 20, U = 4.

Os quadrados tornam-se:

Transformar letras em números e somar

Para mais quadrados mágicos de palavras e construções similares, ver: Jeremiah Farrell, "Magic square magic", in *Word Ways*, 33, 2012, p.83-92. Disponível em: http://digitalcommons.butler.edu/wordways/vol33/iss2/2

•• Duas rapidinhas de quadrados

1. 923.187.456, o quadrado de 30.384.

Como queremos o maior número desse tipo, uma boa aposta é que a resposta comece com 9, então isso realmente deve ser tentado em primeiro lugar, mesmo que acabe se revelando falso. Precisa estar situado entre 912.345.678 e 987.654.321, tendo em mente que todos os algarismos são diferentes e que não há o zero. As raízes quadradas desses dois números são, respectivamente, 30.205,06 e 31.426,96. Então, tudo o que precisamos fazer é elevar ao quadrado os números entre 30.206 e 31.426 e ver qual deles dá todos os nove algarismos diferentes de zero. Há 1.221 desses números. Trabalhando de trás para a frente a partir de 31.426 acabamos chegando a 30.384. Agora que encontramos uma solução começando com 9, não precisamos nos preocupar em iniciar com 8 e um algarismo menor.

2. 139.854.276, o quadrado de 11.826.

O modo de encontrá-lo é semelhante.

• • A aventura das caixas de papelão 🔍

1. As caixas têm dimensões $6 \times 6 \times 1$ e $9 \times 2 \times 2$.

Suponha que as dimensões das caixas sejam x, y, z e X, Y, Z. Seus volumes são xyz e XYZ. O comprimento da fita é $4(x + y + z)$ e $4(X + Y + Z)$. Dividindo pelo fator 4, precisamos resolver:

$$xyz = XYZ$$
$$x + y + z = X + Y + Z$$

em números inteiros diferentes de zero. Ou seja, achar dois trios de números com o mesmo produto e a mesma soma. A menor solução é $(x, y, z) = (6, 6, 1)$ e $(X, Y, Z) = (9, 2, 2)$. O produto é 36 e a soma é 13.

2. A menor solução para três caixas é (20, 15, 4), (24, 10, 5) e (25, 8, 6). Agora o produto é 1.200 e a soma é 39.

De passagem, podemos responder a uma terceira questão, que não figurava na investigação de Soames:

3. Suponha que as fitas estejam amarradas conforme a figura da esquerda, com x sendo a largura, y a profundidade e z a altura. Agora as equações tornam-se

$$xyz = XYZ$$
$$x + y + 2z = X + Y + 2Z$$

Se substituirmos x, y, z por $x, y, 2z$, e da mesma maneira X, Y e Z, estaremos novamente buscando dois trios de números com o mesmo produto (agora $2xyz = 2XYZ$) e soma. No entanto, z e Z precisam ser *pares*. Esse é o caso da solução (1) se arranjarmos os lados na ordem certa, e leva à menor solução (6, 3, 1) e (9, 2, 1).

Minha atenção foi atraída para esse problema por Moloy De, de Calcutá, Índia, que também descobriu os menores conjuntos de quatro, cinco e seis números inteiros com a mesma soma e produto:

Quatro pacotes
(54, 50, 14) (63, 40, 15) (70, 30, 18) (72, 25, 21)
soma = 118; produto = 37.800

Cinco pacotes
(90, 84, 11) (110, 63, 12) (126, 44, 15) (132, 35, 18) (135, 28, 22)
soma = 185; produto = 83.160

Seis pacotes
   (196, 180, 24) (245, 128, 27) (252, 120, 28) (270, 98, 32)
   (280, 84, 36) (288, 70, 42)
   soma = 400; produto = 846.720.

• • A sequência ISO

O termo seguinte é 1.345.

A regra é: "Inverter, Somar, Ordenar." Por "ordenar" refiro-me a rearranjar em ordem crescente. Qualquer zero é omitido. Por exemplo:

16 + 61 = 77 já está em ordem numérica
77 + 77 = 154, reordenando: 145
145 + 541 = 686, reordenando: 668
668 + 866 = 1.534, reordenando 1.345

John Horton Conway conjecturou que qualquer que seja o número com que você comece, a sequência acaba ou dando voltas e voltas em torno de algum ciclo repetitivo ou gera uma sequência que sempre cresce.

$$123^n 4444 \rightarrow 556^n 7777 \rightarrow 123^{n+1} 4444 \rightarrow 556^{n+1} 777 \rightarrow \ldots$$

onde o n indica não uma potência, mas n dígitos idênticos repetidos.

• • Datas matemáticas

O próximo dia palíndromo triplo será em 21:12 21/12 2112. O palíndromo seguinte foi 20:02 30/03 2002 (sistema internacional).

• • O cão dos Basquetebolas 🔎

"De fato, madame, o dr. Watsup tem razão", Soames confirmou. "A percepção de que apenas quatro bolas foram movidas torna óbvio o arranjo requerido."

"E qual é?"

"Isso, madame, é informação que, segundo suas próprias afirmativas, deve ser revelada apenas para o mais velho membro vivo da linhagem masculina."

"Ou seja, lorde Edmund Basket", especifiquei. "Que está em coma. Que apresenta uma considerável dif…"

"Asneira!", disse lady Hyacinth. "Pode me dizer." Era evidente pela sua expressão facial que nada a deteria.

"Muito bem", disse Soames, fazendo um rápido esboço. "O pood... er, o gigantesco e feroz mastim deve ter movido as quatro bolas de basquete mostradas em branco para as posições mostradas em preto. Ou alguma das duas rotações dessa solução. Mas a senhora disse que a orientação da configuração não tem importância."

Agora eu entendi o ponto da sua obscura inquirição anterior.

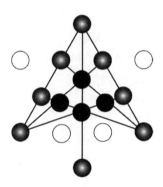

A configuração original

"Magnífico!", exclamou lady Hyacinth. "Instruirei Willikins a fazê-la."

"Mas isso não infringirá as condições da cerimônia?", indaguei.

"É claro, dr. Watsup. Mas não há motivo racional para temer quaisquer consequências adversas. O antigo tabu é pouco mais que um monte de velha, er, superstição."

Um mês depois, Soames me mostrou o *Manchester Garble*.

"Minha nossa!", gritei. "Lorde Basquet morreu e Basquet Hall sofreu um incêndio que destruiu tudo! A companhia de seguros da família recusou-se a pagar porque a apólice exclui Forças Malevolentes do Puro Mal, e a família agora está arruinada! Lady Hyacinth foi confinada a um asilo para insanos incuráveis!"

Soames assentiu. "Pura coincidência, tenho certeza", disse. "Talvez, em retrospecto, eu devesse ter falado a sua senhoria lady Hyacinth sobre o poodle."

• • Cubos digitais

370, 371 e 407.

Apesar de este problema não supor nenhuma significação matemática, é preciso ser muito bom nessa matéria para encontrar as quatro soluções, e melhor ainda para provar que não existem outras.

Vou esquematizar uma abordagem.

Como os números com zeros na frente estão excluídos, há somente novecentas combinações para experimentar. Mas isso pode ser reduzido. Os cubos dos dez dígitos são 0, 1, 8, 27, 64, 125, 216, 343, 512 e 729. A soma dos três dígitos é 999 ou menos, de modo que podemos excluir qualquer número contendo dois 9's, dois 8's e um 8 e um 9, e assim por diante.

Suponha que um dígito seja 0. Então o número é a soma de dois cubos da lista. Dos 55 pares possíveis apenas 343 + 27 = 370 e 64 + 343 = 407 possuem a propriedade requerida.

Podemos agora assumir que nenhum dígito é 0. Suponha que um deles seja 1. Um cálculo similar leva a 125 + 27 + 1 = 153 e 343 + 27 + 1 = 371.

Podemos agora assumir que nenhum dígito é 0 ou 1. Agora temos uma lista menor de cubos para trabalhar. E assim por diante.

Atalhos, como considerar números ímpares e pares, encurtam ainda mais os cálculos. É um pouco demorado, mas uma abordagem sistemática (como Soames sempre recomenda) nos faz chegar lá sem problemas sérios pelo caminho.

• • Números narcisistas

Aqui permitimos zeros na frente.

Quartas potências:		0000	0001	1634	8208	9474
Quintas potências:	00000	00001	04150	04151	54748	92727	93084

• • Sem pistas! 🔍

3	2	1	4
2	1	4	3
1	4	3	2
4	3	2	1

Solução de Watsup para o pseudossudoku sem pistas

"Soames!", chamei. "Resolvi!"

"Sim, a assassina foi Gräfin Liselotte von Finkelstein, montando seu puro-sangue *Prinz Igor* e levando a reboque três cavalos de carroça para confundir os rastros no…"

"Não, não, Soames, não o seu caso! O quebra-cabeça!"

Lançou um olhar superficial para a minha solução rabiscada. "Correto. Uma adivinhação afortunada, sem dúvida."

"Não, Soames, foi por meio de raciocínio empregando os princípios lógicos que você imprimiu na minha consciência. Primeiro, percebi que os números em cada região precisam somar 20."

"Porque o total de números em todos os quadrados é $(1 + 2 + 3 + 4) \times 4 = 40$, a serem divididos por igual entre as duas regiões", Soames disse com displicência.

"Exatamente. Agora, tendo me ocorrido concentrar-me na região *maior*, a solução foi se encaixando no lugar. Essa região tem quatro células na linha da base, que devem conter 1, 2, 3, 4 em alguma ordem, e esses números somam 10, qualquer que seja a ordem. Então, as três linhas restantes também devem somar 10. A única maneira de isso acontecer é se a linha superior contiver 1, 2, 3 em alguma ordem; a segunda linha contém 1, 2 em alguma ordem e a terceira linha contém só 1."

"Por quê?"

"Qualquer outra escolha faria com que o total fosse grande demais."

"Você está realmente aprendendo, Watsup. Muito bem: continue."

Sorri pelo débil elogio, pois receber *qualquer* elogio de Soames era como tirar a sorte grande.

"Bem – agora é fácil verificar que existe apenas um modo possível de completar o arranjo. Os números na segunda região são forçados: por exemplo, a linha superior precisa terminar em 4, então os outros 4's precisam descer em diagonal; então os dois 3's são forçados, e finalmente o 2 vai para a posição remanescente."

Este quebra-cabeça foi inventado por Gerard Butters, Frederick Henle, James Henle e Colleen McGaughey, "Creating Clueless Puzzles", in *The Mathematical Intelligencer*, 33, n.3, outono 2011, p.102-5. Ver também o website: http://www.math.smith.edu/~jhenle/clueless/

• • **Uma breve história do sudoku**

As duas soluções basicamente diferentes do quebra-cabeça de Ozanam são:

A♠ K♥ Q♦ J♣   A♠ K♥ Q♦ J♣
Q♣ J♦ A♥ K♠   J♦ Q♣ K♠ A♥
J♥ Q♠ K♣ A♦   K♣ A♦ J♥ Q♠
K♦ A♣ J♠ Q♥   Q♥ J♠ A♣ K♦

Lembre-se: cada uma delas dá origem a 576 soluções permutando-se os valores e os naipes, então não fique surpreso se a sua solução parecer diferente. Se você começar pela linha superior A♠ K♥ Q♦ J♣ (ou rearranjar sua solução para esta forma), precisará apenas pensar em permutar as outras três linhas.

•• Uma vez, duas vezes, três vezes

```
2 1 9      2 7 3      3 2 7
4 3 8      5 4 6      6 5 4
6 5 7      8 1 9      9 8 1
```

•• O caso dos ases virados para baixo 🔍

"Tudo malandragem, Watsup. Com a preparação certa, o truque funciona automaticamente, não importa que sequência de dobras a plateia escolha."

"Esperteza demais, hein?", eu disse.

Soames grunhiu. "Quando Whodunni preparou o baralho, colocou os quatro ases nas posições 1, 6, 11 e 16 de cima para baixo. Assim, quando o baralho foi disposto em um quadrado, os ases estavam na diagonal, da esquerda no alto para a direita na base. Mas estavam virados para baixo, então é claro que você não estaria ciente do truque.

"Imagine virar para cima as cartas que estão na diagonal. Então o quadrado pareceria ter um padrão, como um tabuleiro de xadrez, com os ases na diagonal:

Arranjo inicial de Whodunni, com as cartas na diagonal viradas para cima

"Agora, este arranjo tem uma maravilhosa propriedade matemática. *Qualquer que seja o modo* que você dobre o quadrado, em qualquer estágio as cartas que terminam em uma dada posição estarão todas viradas para o mesmo lado: ou todas para cima ou todas para baixo."

"É mesmo?"

"Vamos tentar. Por exemplo, poderíamos começar dobrando ao longo da linha vertical central. Pense nas cartas da linha superior. A terceira carta (para cima) é virada (para baixo) e colocada sobre a segunda carta – também para baixo. E a quarta carta (para baixo) é virada (para cima) e colocada sobre a primeira carta – também para cima."

Comecei a perceber vagamente como funcionava. "E o mesmo vale para as outras linhas?"

"De fato. A primeira dobra cria um retângulo, feito por cartas ou pequenas pilhas de cartas. As cartas em cada pilha estão todas viradas para o mesmo lado (para cima ou para baixo) e o conjunto de pilhas tem o mesmo padrão de tabuleiro de xadrez para cima e para baixo que o conjunto de cartas original. Então a mesma coisa acontece para a dobra seguinte, e a seguinte. Quando se chega a uma pilha única, todas as cartas na pilha estão viradas para o mesmo lado."

"Sim, mas quando começamos, as cartas na diagonal estavam erradas em comparação com o padrão de tabuleiro de xadrez", eu disse.

Tive a intenção de objetar, mas ele ficou radiante com a minha percepção. "Isso mesmo! Então, depois de dobrar, elas estarão *novamente* do modo errado, viradas para cima. Então, em vez de uma pilha de dezesseis cartas, todas viradas da mesma maneira, teremos uma pilha com doze cartas viradas para um lado e os quatro ases virados para outro."

Era algo diabolicamente astuto.

O padrão xadrez tem o que os matemáticos chamam "simetria de cor". As linhas de dobradura agem como espelhos, e a imagem espelhada de cada carta fica por cima de uma carta virada para o lado oposto. Essa ideia foi usada para estudar como estão dispostos os átomos em um cristal. A parte astuciosa é transformar a matemática em um efetivo truque de cartas. Whodunni não fez isso. Seguindo seu usual *modus operandi*, roubou o truque de seu inventor, Arthur Benjamin, matemático e mágico do Harvey Mudd College, na Califórnia.

▪ ▪ O paradoxo do quadriculado

Nenhuma das formas é um triângulo. A primeira sobressai um pouco para cima junto com a beirada inclinada. E a segunda sobressai ligeiramente para baixo. Foi aí que sumiu o quadrado que falta.

•• A gateira do medo 🔎

Soames fez um meneio de satisfação. "Resolvido, Watsup! Cirrose sai, Displasia sai, Aneurisma sai, Cirrose volta, Borborigmo sai, Cirrose sai."

Começamos o delicado processo de fazer os gatos saírem pela gateira e enfiá-los de volta para dentro. "Cuidado, Soames!", sussurrei. "Um errinho e essa área inteira será uma cratera fumegante. Ainda não desejo apresentar-me, nem meus gatos, perante os Portões Celestiais. Minhas calças não estão bem passadas e meus gatos precisam de uma escovada."

"Não se preocupe, Watsup", disse ele, agarrando Cirrose antes que o infeliz animal pudesse pular a cerca. "Pode ter total confiança na minha solução."

"Não duvido, Soames", repliquei, olhando apressadamente em volta em busca de algo sólido para me esconder. "Er... Como você fez suas deduções?"

Pegou emprestado meu caderno e um lápis.

"Há dezesseis possibilidades para a presença dos gatos dentro da casa: ABCD, ABC, ABD, e assim por diante, até nenhum estar presente (a possibilidade *). Use uma seta → para representar um movimento possível: um gato passando pela gateira.

"A primeira condição exclui AC e ABC. A segunda exclui BD e BCD. A terceira exclui AD. A quarta exclui CD. A quinta exclui a alteração A → *. A sexta exclui B → *.

"Agora, ABCD → ACD ou ABD. Entretanto, ACD → AC, AD ou CD, todas alternativas excluídas. Portanto, ABC → ABD. Como ABD → AD e ABD → BD estão excluídas, devemos ter ABD → AB. Mas AB → A é inútil porque A não pode sair se não houver outros presentes. Então AB → B. Mas aí B não pode sair, então algum outro gato precisa voltar. Mas B → AB envolve A entrar de novo, e B → BD está excluída, então B → BC. Agora BC → C → *.

"Há também um meio visual para se observar isso, que, sob alguns aspectos, é mais simples", acrescentou, desenhando um diagrama. "Esta figura mostra

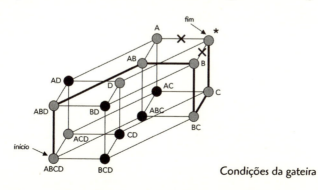

Condições da gateira

todas as dezesseis combinações possíveis de gatos, com as linhas mais finas representando alterações possíveis quando um gato entra ou sai. Os pontos pretos são as situações excluídas, os dois X excluem duas das linhas. A linha mais forte é o *único* trajeto que corre de ABCD para * usando apenas pontos e linhas permitidos, mas nunca retornos."

Pouco depois reuni-me aos meus amigos peludos. "Soames, como posso lhe agradecer?", exclamei, apertando os animais em júbilo contra o meu peito.

Ele baixou os olhos para seu paletó: "Escovando seus gatos com mais frequência, Watsup."

• • Números-panqueca

1. Não
2. Algumas pilhas de quatro panquecas precisam de quatro viradas. Por exemplo, a pilha abaixo. Veja as figuras da sequência para as outras duas. Nenhuma pilha necessita de mais de quatro viradas.

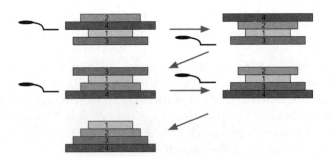

Uma pilha que precisa de quatro viradas

Eis um método sistemático para provar essas afirmações. O diagrama a seguir apresenta o arranjo final 1234 no alto, onde os tamanhos são listados em ordem de cima para baixo. A partir daí trabalhamos de trás para a frente. A segunda linha mostra todos os arranjos que podem ser obtidos a partir de 1234 com uma virada. Esses são *também* os arranjos que podem dar 1234 com uma virada. (A mesma virada executada duas vezes põe tudo de volta onde estava.) A terceira linha mostra todos os arranjos que podem ser obtidos a partir da segunda linha com uma virada. Esses são também os arranjos que podem dar 1234 em duas viradas. Note que apenas uma alternativa na terceira linha pode ser alcançada a partir de duas na segunda, ou seja,

1324. Assim, a estrutura do diagrama tem um aspecto ligeiramente assimétrico nesse ponto.

As linhas 1, 2, 3 contêm 21 das 24 possíveis ordens de pilhas. As ausentes são 2413, 3142 e 4231. A quarta linha mostra como essas combinações podem ser obtidas a partir da terceira linha com uma virada – ou, invertendo a sequência de viradas, como convertê-las em 1234 em quatro viradas. (As outras ligações com a quarta linha estão omitidas pois complicam o diagrama e não precisamos delas.) A figura anterior na resposta dois é o arranjo 2413 convertido em pilha visual.

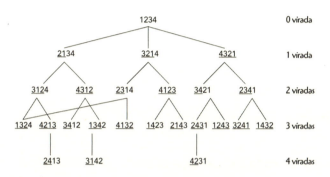

Pilhas que necessitam 1, 2, 3 ou 4 viradas para serem colocadas em ordem

3. Ou a panqueca maior está no topo ou não está. Caso não esteja, introduza a espátula debaixo dela e vire. Agora ela está no topo. Introduza a espátula na base da pilha e vire a pilha inteira. Agora a maior está na base. Assim, no máximo em duas viradas põe-se a panqueca maior na base. Deixe-a lá e repita para a segunda maior: no máximo em duas viradas é possível colocá-la exatamente em cima da maior. Repita para a panqueca seguinte, e assim por diante. São necessárias no máximo duas viradas para colocar cada panqueca sucessiva na posição certa, então isso pode ser feito no máximo $2n$ viradas para toda uma pilha de n panquecas.

4. $P_1 = 0, P_2 = 1, P_3 = 3, P_4 = 4, P_5 = 5$

O problema das panquecas remonta a Jacob Goodman em 1975, que o publicou sob o pseudônimo Harry Dweighter. A solução é conhecida para todo n até 19, mas não para 20. Os resultados são:

n	1	2	3	4	5	6	7	8	9	10
P_n	0	1	3	4	5	6	8	9	10	11
n	11	12	13	14	15	16	17	18	19	20
P_n	13	14	15	16	17	18	19	20	22	?

Os números-panqueca tendem a correr em sequência, aumentando de 1 à medida que *n* aumenta. Por exemplo, P_n é 3, 4, 5, 6 quando n = 3, 4, 5, 6. Mas este padrão falha quando $n = 7$ porque $P_7 = 8$, não 7. Depois disso, há um salto de 2 em $n = 11$, e mais uma vez em $n = 19$.

A estimativa superior de 2*n* viradas, minha resposta para a pergunta 3, pode ser melhorada. Em 1975, William Gates (sim, *aquele* Bill Gates) e Christos Papadimitriou substituíram por $(5n + 5)/3$.

Gates e Papadimitriou também discutiram o *problema da panqueca queimada*. Aqui cada panqueca está queimada de um lado, que pode ser o topo ou a base, e é preciso colocar todos os lados queimados na base além de empilhar as panquecas na ordem certa. Em 1995, David Cohen provou que o problema da panqueca queimada necessita de pelo menos $3n/2$ viradas, e pode ser solucionado com no máximo $2n - 2$ viradas.

Se você está pensando em atacar o $n = 20$, saiba que há

2.432.902.008.176.640.000

pilhas diferentes com as quais começar.

• • O caso da roda de carroça críptica 🔎

"O diâmetro da roda é de 58 polegadas, é claro", disse Soames. "É uma aplicação elementar do teorema de Pitágoras."

Pensei a esse respeito. Tenho certa facilidade em geometria e álgebra. "Deixe-me tentar, Soames. Chamo o raio da roda de *r*. O triângulo sombreado no seu diagrama é retângulo, com hipotenusa *r* e os outros lados sendo $r - 8$ e $r - 9$. Então, como você insinuou, posso aplicar Pitágoras e obter

$$(r - 8)^2 + (r - 9)^2 = r^2$$

Ou seja,

$$r^2 - 34r + 145 = 0"$$

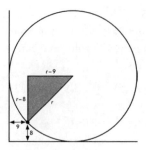

Pense em um triângulo...

Olhei os símbolos, hesitando por alguns instantes.

"A quadrática é fatorável, Watsup:

$(r - 29)(r - 5) = 0$"

"É mesmo! O que significa que as soluções são $r = 29$ e $r = 5$."

"Sim. Mas você deve se lembrar de que o diâmetro é $2r$, que dá 58 ou 10. Mas a solução de 10 polegadas é excluída porque o diâmetro é mais de 20 polegadas. Então o que resta..."

"São 58 polegadas", terminei a frase para ele.

•• O mistério dos gansos em V

Florian Muijres e Michael Dickinson, "Bird Flight: Fly with a Little Flap from Your Friend", in *Nature*, 505, 16 jan 2014, p.295-6.

Steven J. Portugal e outros, "Upwash Exploitation and Downwards Avoidance by Flap Phasing in Ibis Formation Flight", in *Nature*, 505, 16 jan 2014, p.399-402.

•• Quadrados incríveis

A ideia principal pode ser expressa de forma plenamente genérica utilizando-se a álgebra, mas passarei por cima das formalidades e ilustrarei por meio de um exemplo. Vejamos o processo inverso, começando com

$$9^2 + 5^2 + 4^2 = 8^2 + 3^2 + 7^2$$

e expandindo

$$89^2 + 45^2 + 64^2 = 68^2 + 43^2 + 87^2$$

É fácil verificar a primeira igualdade, que é como tudo começa, mas por que a *segunda* também vale?

O valor real de um número de dois dígitos $[ab]$ é $10a + b$. Então podemos escrever o lado esquerdo como

$$(10 \times 8 + 9)^2 + (10 \times 4 + 5)^2 + (10 \times 6 + 4)^2$$

que é

$$100(8^2 + 4^2 + 6^2) + 20(8 \times 9 + 4 \times 5 + 6 \times 4) + 9^2 + 5^2 + 4^2$$

Do mesmo modo, o lado direito fica

$$100(6^2 + 4^2 + 8^2) + 20(6 \times 8 + 4 \times 3 + 8 \times 7) + 8^2 + 3^2 + 7^2$$

Comparando os dois lados, os primeiros termos são iguais, pois $6^2 + 4^2 + 8^2$ é exatamente a mesma coisa que $8^2 + 4^2 + 6^2$ em ordem diferente, e os terceiros termos são iguais porque todo nosso raciocínio começou a partir deles. Então basta ver se os termos do meio também são iguais, ou seja, se

$$8 \times 9 + 4 \times 5 + 6 \times 4 = 6 \times 8 + 4 \times 3 + 8 \times 7$$

E, de fato, ambos são 116.

Tudo até aqui teria funcionado se tivéssemos usado quaisquer três números de um dígito em lugar de 8, 4, 6. Então é suficiente escolher esses números para tornar a expressão final igual.

O resto da explicação é semelhante.

•• O mistério do 37

Com algumas espicaçadas de Soames ao longo do caminho, acabei percebendo que a chave do mistério está na igualdade $111 = 3 \times 37$. Os números de três dígitos que produzem longas listas de dígitos repetidos quando sujeitos ao meu procedimento revelam ser aqueles que são múltiplos de 3. É o caso de 123, 234, 345, 456 e 126, por exemplo. Para tais números o procedimento é equivalente a multiplicar muitas repetições de um número menor, com um terço do valor, por 3×37, que é 111.

Como exemplo, consideremos o 486 de Soames. Ou seja, 3×162. Portanto, multiplicar 486486486486486486 por 37 é o mesmo que multiplicar 162162162162162162 por 111. Como $111 = 100 + 10 + 1$, podemos fazer isso somando os números

   16216216216216216200
    1621621621621621620
     162162162162162162

Da direita para a esquerda, obtemos $0 + 0 + 2 = 2$, então $0 + 2 + 6 = 8$. Depois disso, obtemos $2 + 6 + 1$, $6 + 1 + 2$, $1 + 2 + 6$, vezes e vezes seguidas, até chegarmos perto da extremidade esquerda. Mas estes são os três mesmos números somados em várias ordens, então o resultado é sempre o mesmo – ou seja, 9.

Quando Soames explicou pela primeira vez, levantei uma objeção. "Sim, mas e se os três números somarem mais do que 9? Então há o dígito que passa para a coluna seguinte."

Sua resposta foi breve e direta. "Sim, Watsup: é sempre o *mesmo* dígito que passa para a coluna seguinte." Acabei percebendo que isso significa que, mais uma vez, um dígito se repetirá muitas vezes.

"Existem, é claro, provas mais formais", Soames observou, "mas penso que esta deixa clara a ideia." Para logo em seguida retornar à sua poltrona com uma pilha de jornais, sem dizer mais nada nessa noite, enquanto eu desci para pedir à sra. Soapsuds um prato de sanduíches de gorgonzola.

[Esta seção foi inspirada por algumas observações feitas por Stephen Gledhill.]

•• Velocidade média

Estamos usando a média errada. Deveríamos usar a média harmônica (explicada abaixo), não a média aritmética.

Costumamos definir "velocidade média" de alguma viagem como sendo a distância total percorrida dividida pelo tempo total gasto. Se a viagem é repartida em trechos, então a velocidade média para a viagem toda não é, em geral, a média aritmética das velocidades médias dos diversos trechos. Se os trechos são percorridos em *tempos iguais*, a média aritmética funciona, mas não funciona se forem percorridas *distâncias iguais*, que é o que ocorre aqui.

Primeiro, tempos iguais. Suponha um carro viajando a uma velocidade a durante um tempo t, e então a uma velocidade b durante o mesmo tempo t. A distância total é $at + bt$, percorrida em um tempo $2t$. Então a velocidade média é $(at + bt)/2t$, que equivale a $(a + b)/2$, a média aritmética.

A seguir, distâncias iguais. Agora o carro viaja uma distância d com velocidade a levando o tempo r. Então percorre a mesma distância d, com velocidade b, levando um tempo s. A distância total é $2d$ e o tempo total é $r + s$. Para que isso seja expresso em termos das velocidades a e b, observe que $d = ar = bs$. Então $r = d/a$ e $s = d/b$. A velocidade média é portanto:

$$\frac{2d}{\frac{d}{a} + \frac{d}{b}}$$

Que pode ser simplificado para $2ab/(a + b)$, que é a média harmônica de a e b. Ela é o inverso da média aritmética dos inversos de a e b, sendo o inverso de x definido como $1/x$. Isso ocorre porque o tempo gasto é proporcional ao inverso da velocidade.

•• Quatro pseudossudokus sem pistas

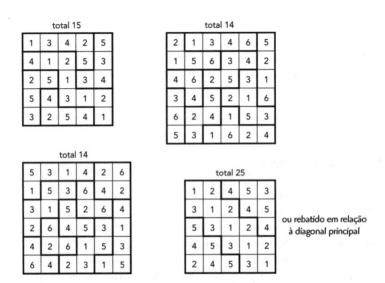

Respostas dos pseudossudokus sem pistas

Estes quebra-cabeças também provêm de Gerard Butters, Frederick Henle, James Henle e Colleen McGaughey. "Creating Clueless Puzzles", in *The Mathematical Intelligencer*, 33, n.3, outono 2011, p.102-5.

•• A charada dos papéis furtados

"Charlesworth foi o ladrão", afirmou Soames.
"Tem certeza, Hemlock? Muita coisa depende de você estar certo."
"Não pode haver dúvida, Spycraft. Suas declarações são:

Arbuthnot: Foi Burlington.
Burlington: Arbuthnot está mentindo.
Charlesworth: Não fui eu.
Dashingham: Foi Arbuthnot.

Sabemos que um desses homens diz a verdade e os outros três estão mentindo. Há quatro possibilidades. Vamos experimentar uma de cada vez.
"Se apenas Arbuthnot estiver dizendo a verdade, então sua declaração nos informa que Burlington é a parte culpada. No entanto, Charlesworth estará men-

tindo, portanto foi Charlesworth. Esta é uma contradição lógica, então Arbuthnot não está dizendo a verdade.

"Se apenas Burlington estiver dizendo a verdade, então…"

"Charlesworth está mentindo!", bradei. "Então *foi* Charlesworth!"

Soames me encarou por roubar a sua tirada. "É isso mesmo, Watsup, e as outras declarações são compatíveis. Então já sabemos que Charlesworth é o ladrão. No entanto, vale a pena conferir as outras duas possibilidades para evitar a remota chance de erro."

"Sem dúvida, meu velho", concordei.

Soames pegou seu cachimbo, mas não o acendeu. "Se apenas Charlesworth estiver dizendo a verdade, a declaração de Burlington é falsa, então Arbuthnot não está dizendo a verdade, e chegamos a mais uma contradição pois ele está mentindo.

"Se apenas Dashingham estiver dizendo a verdade, então surge a mesma contradição.

"Assim, a única possibilidade é que Burlington seja o único a dizer a verdade, confirmando que o ladrão é Charlesworth. Como Watsup astutamente deduziu."

"Obrigado, senhores", disse Spycraft. "Eu sabia que podia contar com vocês." Fez um gesto e uma figura sombria entrou na sala. Mantiveram uma rápida conversa sussurrada e o homem retirou-se. "A residência do capitão será vasculhada sem demora", disse Spycraft. "Tenho certeza de que o documento será encontrado lá."

"Então salvamos o império!", exclamei.

"Até a próxima vez que alguém deixar documentos secretos no banco de uma carruagem", disse Soames secamente.

Na saída, cochichei para o meu companheiro: "Soames, se Spycraft é especialista em números primos, o que ele estava fazendo trabalhando em contraespionagem? Não pode haver conexão, pode?"

Ele me fitou por um momento e balançou a cabeça. Se foi para confirmar a ausência de conexão ou me avisar para não prosseguir nesse assunto, isso eu não sei.

• • **Outra curiosidade numérica**

123456 × 8 + 6 = 987654
1234567 × 8 + 7 = 9876543
12345678 × 8 + 8 = 98765432
123456789 × 8 + 9 = 987654321

Não é totalmente claro qual "deveria" ser o próximo passo: talvez

$$1234567890 \times 8 + 10$$

que é 9876543130, ou talvez eu devesse ter substituído esse 0 por 10 e ter feito a mesma coisa "levando um" para a casa seguinte, dando

$$1234567900 \times 8 + 10$$

que é 98765432730. Penso que estamos de acordo em que, de uma maneira ou de outra, o padrão termina aqui.

• • Progresso em intervalos entre números primos

A Conjectura Elliott-Halberstam [Peter Elliott e Heini Halberstam, "A Conjecture in Prime Number Theory", in *Symposia Mathematica*, 4, 1968, p.59-72] é muito técnica. Escrevamos $\pi(x)$ para o número de primos menores ou iguais a x. Para qualquer inteiro positivo q e a sem ter nenhum fator comum (além de 1) com q, seja $\pi(x; q, a)$ o número de primos menores ou iguais a x que são congruentes com $a \pmod{q}$. Isto é aproximadamente igual a $\pi(x)/\phi(q)$, onde ϕ é a função totiente de Euler, o número de inteiros entre 1 e $q - 1$ que não possuem fator em comum com q. Consideremos o maior erro

$$\max_a \left| \pi(x; q, a) - \frac{\pi(x)}{\phi(q)} \right|$$

A Conjectura de Elliott-Haberstam nos diz o tamanho do erro: afirma que para todo $\theta < 1$ e $A > 0$ existe uma constante $C > 0$ tal que

$$\sum_{1 \leq q \leq x^\theta} E(x; q) \leq \frac{Cx}{\ln^A x}$$

para todo $x > 2$. Sabe-se que é verdadeira para $\theta < \frac{1}{2}$.

• • O signo do um: segunda parte 🔍

Eis uma solução

$$7 = \lceil \sqrt{\sqrt{\sqrt{(((\lfloor \sqrt{\sqrt{\sqrt{(((\lceil \sqrt{\sqrt{\sqrt{\sqrt{(((\lfloor \sqrt{\sqrt{\sqrt{(((\lceil \sqrt{\sqrt{((\lfloor \sqrt{\sqrt{(11!)}} \rfloor)!)} \rceil)!)} \rfloor)!)} \rceil)!)} \rfloor)!)} \rceil$$

Ver O signo do um: terceira parte, p.127, para uma explicação.

• • O rabisco de Euclides

Você *poderia* fazê-lo à mão usando fatores primos em um ou dois dias. Teria de calcular que:

44.758.272.401 = 17 × 17.683 × 148.891
13.164.197.765 = 5 × 17.683 × 148.891

Aí teria de concluir que o mdc é 17.683 × 148.891, que é igual a 2.632.839.553. Usando o algoritmo de Euclides, o cálculo todo é o seguinte:

(13.164.197.765; 44.758.272.401) → (13.164.197.765; 31.594.074.636)
→ (13.164.197.765; 18.429.876.871) → (5.265.679.106; 13.164.197.765)
→ (5.265.679.106; 7.898.518.659) → (2.632.839.553; 5.265.679.106)
→ (2.632.839.553; 2.632.839.553) → (0; 2.632.839.553)

Então o mdc é 2.632.839.553.

• • 123456789 vezes X

123456789 × 1 = 123456789
123456789 × 2 = 246913578
123456789 × 3 = 370370367
123456789 × 4 = 493827156
123456789 × 5 = 617283945
123456789 × 6 = 740740734
123456789 × 7 = 864197523
123456789 × 8 = 987654312
123456789 × 9 = 1111111101

Esses múltiplos têm todos os nove algarismos diferentes de zero em alguma ordem, *exceto* quando multiplicamos por algo divisível por 3 (isto é, 3, 6 e 9).

• • O signo do um: terceira parte 🔎

Como

$$62 = 7 \times 9 - 1 = \frac{7}{.1} - 1$$

podemos usar a representação do 7 com dois 1's da p.292 para obter 62 com quatro 1's.

Por muito tempo, Soames e Watsup se desesperaram para obter 138 com quatro 1's, mas usando o conhecimento de Watsup em relação a raízes quadradas e fatoriais, e sendo sistemáticos, acabaram descobrindo que é possível obter 138 usando apenas *três* 1's. Mais uma vez, o ponto de partida é o 7 escrito com dois 1's, e então

$$70 = \lfloor \sqrt{7!} \rfloor$$
$$37 = \lceil \sqrt{\sqrt{\sqrt{\sqrt{\sqrt{70!}}}}} \rceil$$
$$23 = \lceil \sqrt{\sqrt{\sqrt{\sqrt{37!}}}} \rceil$$
$$26 = \lceil \sqrt{\sqrt{\sqrt{23!}}} \rceil$$
$$46 = \lfloor \sqrt{\sqrt{\sqrt{26!}}} \rfloor$$

e finalmente

$$138 = \frac{46}{\sqrt{.\overline{1}}}$$

que é um modo inteligente de multiplicar por 3 usando apenas um 1 adicional.

• • Lançar uma moeda honesta não é honesto

Persi Diaconis, Susan Holmes e Richard Montgomery, "Dynamical Bias in the Coin Toss", in *SIAM Review*, 49, 2007, p.211-23.

Para um resumo não técnico, ver Persi Diaconis, Susan Holmes e Richard Montgomery, "The Fifty-One Percent Solution", in *What's Happening in the Mathematical Science*, 7, 2009, p.33-45.

Efeitos similares ocorrem em dados – na verdade, não só para o cubo comum, mas para qualquer poliedro regular. Ver J. Strzalko, J. Grabski, A. Stefanski e T. Kapitaniak, "Can the Dice be Fair by Dynamics?", in *International Journal of Bifurcation and Chaos*, 20, n.4, abr 2010, p.1.175-84.

• • Eliminando o impossível 🔎

"Sua omissão", explicou Soames, "foi deixar de observar que o vinho pode se mover, assim como as taças. Apenas pego a segunda e a quarta taças e derramo seu conteúdo na sétima e na nona."

•• Potência de mexilhão

Monique de Jager, Franz J. Weissing, Peter M.J. Herman, Bart A. Nolet e Johan van de Koppel, "Lévy Walks Evolve Through Interaction Between Movement and Environmental Complexity", in *Science*, 332, 4 jun 2011, p.1.551-3.

•• Prova de que o mundo é redondo

Na p.83 vimos que para calcular velocidades médias para uma distância fixa devemos usar a média harmônica, não a média aritmética. A média harmônica também aparece na estimativa de uma distância entre dois aeroportos quando a velocidade do vento é levada em conta, por um motivo semelhante mas ligeiramente diferente. Para trabalhar com um modelo simples, vamos assumir que a velocidade do avião em relação ao ar seja c, sua trajetória é uma linha reta e o vento sopra ao longo dessa reta em um sentido fixo com velocidade w. Vamos admitir que tanto c como w sejam constantes. Então $a = c - w$ e $b = c + w$, e queremos estimar a distância d a partir dos tempos r e s. Para nos livrarmos de w, primeiro resolvemos a e b, obtendo $a = d/r$ e $b = d/s$. Portanto

$$c - w = \frac{d}{r} \qquad c + w = \frac{d}{s}$$

Somando, temos $2c = d(1/r + 1/s)$. Então $c = d(1/r + 1/s)/2$. Se não houvesse vento, uma única viagem teria levado tempo t, onde $d = ct$. Portanto

$$t = \frac{d}{c} = \frac{d}{\left[\dfrac{d\left(\dfrac{1}{r} + \dfrac{1}{s}\right)}{2}\right]} = \frac{1}{\left[\dfrac{\left(\dfrac{1}{r} + \dfrac{1}{s}\right)}{2}\right]}$$

que é a média harmônica de r e s.

Em resumo: se estamos trabalhando em unidades de horas-avião, então esse modelo simples do efeito do vento nos diz que devemos usar a média harmônica dos tempos de viagem nos dois sentidos.

•• 123456789 vezes X – continuação

123456789 × 10 = 1234567890
123456789 × 11 = 1358024679
123456789 × 12 = 1481481468
123456789 × 13 = 1604938257

123456789 × 14 = 1728395046
123456789 × 15 = 1851851835
123456789 × 16 = 1975308624
123456789 × 17 = 2098765413
123456789 × 18 = 2222222202
123456789 × 19 = 2345678991

Estes múltiplos têm todos os *dez* algarismos 0 a 9 em alguma ordem, *exceto* quando multiplicamos por algo divisível por 3... Até chegar ao 19, quando o padrão é interrompido (19 não é múltiplo de 3: a resposta tem dois 9's e nenhum 0).

Mas é retomada logo depois:

123456789 × 20 = 2469135780
123456789 × 21 = 2592592569 (21 é múltiplo de 3, portanto a repetição)
123456789 × 22 = 2716049358
123456789 × 23 = 2839506147

A próxima exceção ocorre em 28 e 29. Mas funciona para 30 a 36, e volta a falhar em 37. Nesse ponto parei de calcular. O que está se passando aqui? Não faço ideia.

• • O mistério do losango dourado

Soames acabou de apertar o nó, achatou-o e o segurou debaixo da luz.
"Ora, é um pentágono!", exclamei.

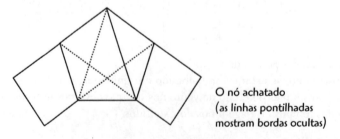

O nó achatado
(as linhas pontilhadas mostram bordas ocultas)

"Mais precisamente, Watsup, *parece* ser um pentágono regular com uma diagonal visível e mais três escondidas. Observe a ausência de uma linha diagonal correndo na horizontal. Se fosse para adicioná-la, por exemplo, dobrando a tira de papel mais uma vez, observaríamos..."

"Uma estrela de cinco pontas! Um pentagrama! Usado em magia negra para conjurar demônios!"

Soames assentiu. "Mas sem a dobra final, e portanto com uma aresta faltando, o pentagrama está incompleto e o demônio escapará. Então o símbolo representa uma ameaça para liberar forças demoníacas no mundo." Ele deu um sorriso sem graça. "É claro que não há demônios no sentido sobrenatural, e não podem ser nem conjurados nem liberados. Mas há humanos com disposição demoníaca…"

"Tais como a organização terrorista Al-Gebra!", gritei. "Eles me perseguiram desde o Al-Gebraistão com armas de instrução em matemática!"*

"Acalme-se, Watsup. Não, a organização que tenho em mente é a Associação Matemágica de Numérica. É um grupo obscuro, que tenho fortes suspeitas seja uma fachada para um dos esquemas diabólicos de Mogiarty. Já deparei antes com ela, e agora tenho o elo final da cadeia para desferir um golpe contra o abominável professor e destruir para sempre essa parte de sua rede mundial de criminalidade. Contanto que…"

"Contanto que o quê, Soames?"

"Contanto que possamos fornecer provas incontroversas quando o caso chegar à corte. Como *sabemos* que o pentágono é regular?"

"Isso não é absurdamente simples?"

"Ao contrário, em breve estará me asseguando que é incrivelmente sutil e tem a possibilidade de ser falso – embora na realidade a verdadeira resposta é o que qualquer um, de modo ingênuo, adivinharia. Ouso pressupor que, uma vez estabelecido o fato, todo o resto se seguirá, mas o aspecto do nó ao simples olhar não é suficiente. Contudo, vou admitir que o arranjo das linhas na figura esteja correto, então temos o pentágono com quatro de suas diagonais. Ele é realmente regular? É o que resta comprovar. Se for verdade, deve ser consequência da largura constante da tira de papel.

"Vamos, então, rotular os vértices como fazia o grande Euclides de Alexandria e perseguir nossas deduções geométricas."

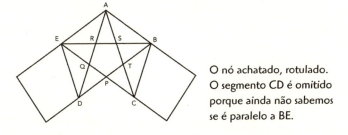

O nó achatado, rotulado. O segmento CD é omitido porque ainda não sabemos se é paralelo a BE.

---

* Em inglês usa-se abreviar *"mathematics"* como *"math"*. Watsup faz aqui um trocadilho com *weapons of math instruction* [armas de instrução em matemática] e *weapons of mass destruction* [armas de destruição em massa]. (N.T.)

Devo agora alertar meu leitor que o restante da discussão será atraente apenas para aqueles que tenham alguma facilidade em geometria euclidiana.

"Começo", disse Soames, "com algumas observações simples. Elas podem ser provadas sem grande dificuldade usando geometria básica, então omitirei os detalhes.

"Primeiro, note que se duas tiras com bordas paralelas, tendo a mesma largura, se sobrepõem, então sua interseção é um losango – um paralelogramo com os quatro lados iguais. Ainda mais, se dois desses losangos têm a mesma largura e o mesmo lado, são congruentes – possuem exatamente o mesmo tamanho e formato. O diagrama do nó achatado inclui três losangos mutuamente congruentes."

"Por que só três?", perguntei, intrigado.

"Porque CD e BE não coincidem com as bordas da tira, então não podemos ainda dizer o mesmo de CDRB e DESC. É por isso que não desenhei a linha CD."

Eu não havia notado. "É incrivelmente sutil, então, Soames. Na verdade, pode até mesmo ser falso!"

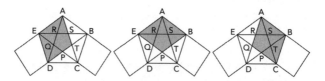

Três losangos congruentes no nó achatado

Soames suspirou, não sei por quê. "Agora chegamos ao ponto central nas minhas deduções. As diagonais de um losango bissectam seus ângulos, e ângulos opostos são iguais." Soames marcou quatro dos ângulos com a letra grega θ (téta), ver a figura da esquerda.

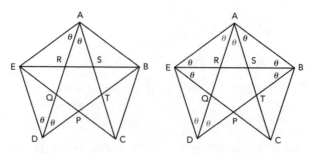

Esquerda: Quatro ângulos iguais. *Direita*: Mais cinco ângulos, todos iguais aos quatro primeiros (em cinza).

"Por motivos similares, o ângulo CAB também é igual a θ. Como os losangos DEAT e PEAB são congruentes, posso marcar mais quatro ângulos com θ. Isso leva à figura da direita."

"Agora, Watsup: o que salta à mente de imediato?"

"Há uma enorme quantidade de θ's", respondi sem hesitar.

Soames fez uma careta e ouvi um baixo grunhido na sua garganta, não sei por quê. "É tão óbvio quanto o pescoço de uma girafa muito alta, Watsup! Considere o triângulo EAB."

Eu considerei, a princípio sem compreender nada. Bem... o triângulo *também* tinha uma grande quantidade de θ's. Na verdade... *todos* os ângulos eram compostos de θ's! Agora vi. "Os ângulos de um triângulo somam 180°, Soames. Nesse triângulo, os ângulos são θ, θ e θq. Então sua soma 5θ é igual a 180°, portanto, θ = 36°."

"Ainda faremos de você um geômetra, Watsup", ele disse. "Agora o resto da prova é fácil. Os segmentos DE, EA, AB e BC são do mesmo comprimento, sendo lados de losangos congruentes. Os ângulos ∠DEA, ∠EAB e ∠ABC são todos iguais, uma vez que ocorrem em losangos congruentes, e um deles é ∠EAB, igual a 3θ, que é 108°. Portanto, *todos os três ângulos* são 108°. Mas esse é o ângulo interno de um pentágono regular."

"Portanto DEABC são os vértices de um pentágono regular, e posso completar a figura desenhando o lado CD!", bradei. "Quão absur..." Captei seu olhar. "Er, elegante, Soames!"

Ele deu de ombros. "Uma ninharia, Watsup. Suficiente para arrasar a Associação Matemática de Numérica e causar algum aborrecimento momentâneo a Mogiarty. O homem em si... temo que seja uma noz mais difícil de quebrar."

•• Por que as bolhas da Guinness descem?

E.S. Benilov, C.P. Cummings e W.T. Lee. "Why Bubbles in Guinness Sink?", arXiv:1205.5233 [physics.flu-dyn].

•• Os cães que brigam no parque 🔎

"Os cães levaram dez segundos para colidir", declarou Soames.

"Vou aceitar a sua palavra, Soames. Mas, apenas para satisfazer a minha curiosidade, como você chegou a esse número?"

"O problema é simétrico, Watsup, e a simetria costuma simplificar o raciocínio. Os três cães estão sempre nos vértices de um triângulo equilátero. Ele gira e encolhe, mas mantém sua forma. Portanto, do ponto de vista de qualquer um dos cães – digamos A – ele está sempre correndo na direção do cão seguinte, B."

"O triângulo não *gira*, Soames?"

"De fato gira, mas isso é irrelevante, pois podemos fazer o cálculo em um sistema de referência giratório. O que importa é a rapidez com que o triângulo *encolhe*. O cão B está sempre correndo num ângulo 60° com o segmento AB, porque os cães sempre formam um triângulo equilátero. Então a componente da velocidade na direção do cão A é ½ × 4 = 2 jardas por segundo. Portanto A e B estão se aproximando um do outro com uma velocidade combinada de 4 + 2 = 6 jardas por segundo, e cobrem a separação inicial de 60 jardas em ⁶⁰⁄₆ = 10 segundos."

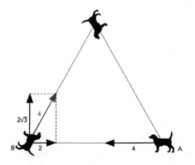

O que o cão B faz no sistema de referência do cão A

•• Por que meus amigos têm mais amigos do que eu?

Suponha que a rede social tenha n pessoas, e a pessoa i tenha x_i amigos. Então o número médio de amigos, para todos os membros, é

$$a = \frac{x_1 + \cdots + x_n}{n}$$

Para pensar na coluna três da tabela, a média ponderada de quantos amigos cada amigo j da pessoa i tem, usamos um truque matemático padrão e trabalhamos com a pessoa j. Cada um se revela como amigo de x_j pessoas – ou seja, seus próprios amigos – e contribuem com x_j para o total de cada um desses amigos. Então, os casos para os quais a pessoa j ocorre como amiga contribuem com x_j^2 para o total. O número de entradas na coluna três é $x_1 + \ldots + x_n$. Então a média ponderada de quantos amigos cada amigo tem é

$$b = \frac{x_1^2 + \cdots + x_n^2}{x_1 + \cdots + x_n}$$

Eu alego que para qualquer escolha de x_j sempre teremos $b > a$, a não ser que todos os x_j sejam iguais, e nesse caso $b = a$. O que é consequência de uma desigualdade padrão relacionando a média com aquilo que os engenheiros chamam "raiz do quadrado médio" (a raiz quadrada da média dos quadrados):

$$\frac{x_1 + \cdots + x_n}{n} \leq \sqrt{\frac{x_1^2 + \cdots + x_n^2}{n}}$$

com igualdade apenas quando todos os x_j forem iguais. Elevando ao quadrado e reagrupando obtemos $a < b$, exceto quando todos x_j são iguais, conforme exigido. Para mais informação, ver:
https://www.artofproblemsolving.com/Wiki/index.php/Root-Mean_Square-Arithmetic_Mean-Geometric_Mean-Harmonic_mean_Inequality

•• A aventura dos seis convidados 🔎

O comentário de Soames é um exemplo da Teoria de Ramsey, um ramo da combinatória batizado em homenagem a Frank Ramsey, que provou um teorema mais geral de natureza semelhante em 1930. Seu irmão Michael tornou-se arcebispo da Cantuária. Vamos abordá-lo devagar. Suponha que haja uma certa quantidade de pessoas sentadas em torno de uma mesa, com todos conectados por meio de um garfo ou de uma faca. Escolha dois números quaisquer g e f. Então existe algum número R, dependendo de g e f, tal que, se houver pelo menos R pessoas presentes, então g delas são ligadas por garfos e f por facas.

O menor R desses é representado por $R(g,f)$ e chamado número de Ramsey. A prova de Soames mostra que $R(3,3) = 6$. Os números de Ramsey são extraordinariamente difíceis de se calcular, exceto em alguns casos mais simples. Por exemplo, sabe-se que $R(5,5)$ está entre 43 e 49, mas o valor exato permanece um mistério.

Ramsey provou um teorema mais geral no qual o número de tipos de conexão (garfo, faca, seja o que for – uma imagem mais comum são cores, mas Soames trabalha com o que tem à mão) pode ser qualquer número finito. O único número de Ramsey não trivial para mais de dois tipos de conexão é $R(3,3,3)$, que é 17.

Há inúmeras generalizações dessa ideia. Em muito poucos casos o número exato é conhecido. O artigo que deu início a tudo é: F.P. Ramsey, "On a Problem of Formal Logic", in *Proceedings of the London Mathematical Society*, 30, 1930, p.264-86. Como o título sugere, ele estava pensando em lógica, não em combinatória.

• • Número de Graham

R.L. Graham e B.L. Rothschild, "Ramsey Theory", in *Studies in Combinatorics*, G.-C. Rota (org.), in Mathematical Association of America, 17, 1978, p.80-99.

• • O caso do condutor acima da média 🔎

Em 1981, O. Svenson inquiriu 161 estudantes suecos e norte-americanos, pedindo-lhes que avaliassem sua habilidade de dirigir e segurança ao volante em relação a outras pessoas. Para a habilidade, 69% dos suecos consideravam-se acima da mediana; para a segurança, o número foi de 77%. Os valores para os estudantes norte-americanos foram de 93% para a habilidade e 88% para a segurança. Tendo passado em dois testes de condução norte-americanos, um dos quais não incluía entrar no carro, posso ver por que eles superestimavam a tal ponto suas habilidades. Ver O. Svenson, "Are We All Less Risky and More Skillful Than our Fellow Drivers?", in *Acta Psychologica*, 47, 1981, p.143-8.

Esse efeito ocorre para muitas outras características – popularidade, saúde, memória, desempenho profissional, até mesmo felicidade em relacionamentos. Não é especialmente uma surpresa: é um modo que as pessoas encontram para manter a autoestima. E uma autoestima baixa pode ser sinal de inadequação psicológica – então, para sermos felizes e saudáveis desenvolvemo-nos de modo a superestimar quanto somos felizes e saudáveis.

Não sei você, mas eu estou me sentindo ótimo.

• • O assalto de Baffleham 🔎

"Os números são 4 e 13", disse Soames.
   "Que absolutamente impressionante. Eu..."
   "Você conhece os meus métodos, Watsup."
   "Não obstante, considero totalmente extraordinário que você possa deduzir a resposta a partir de uma conversa tão vaga."
   "Humm. Veremos. A essência, Watsup, é que cada afirmação que fazemos acrescenta informação adicional que *ambos* sabemos. E *sabemos* que ambos sabemos, e assim por diante. Suponha que o produto de dois números seja p e que sua soma seja s. Inicialmente você sabe p, enquanto eu sei s. Cada um de nós sabe que o outro sabe que ele sabe, mas não sabemos o que é.
   "Como você não sabe os dois números, p não pode ser produto de dois primos, como 35. Pois 35 é 5 × 7, e não há outro meio de exprimir esse nú-

mero com produto de números maiores do que 1, então você imediatamente deduziria os dois números. Por motivos semelhantes não pode ser o cubo de um primo, tal como $5^3 = 125$, pois este só pode ser fatorado como 5×25."

"Sim, percebo isso", respondi.

"Mais sutilmente, p não pode ser igual a qm, onde q é primo e m é composto, toda vez que d, sendo maior que 1, dividir m e tendo que qd seja maior que 100."

"Siiiiiim…"

"Por exemplo, p não pode ser $67 \times 3 \times 5$, que é fatorável de três maneiras: 67×15, 201×5 e 335×3. Como os dois últimos usam números maiores que 100, podem ser ignorados, deixando apenas 67 e 15 como os dois números."

"Ah. Certo."

"Agora, o seu comentário me deixa ciente desses fatos, mas a essa altura já deduzi a mesma informação a partir da minha soma. Na verdade, s não é a soma de dois desses números. Mas aí você fica ciente do fato porque eu lhe digo, então agora você sabe o que para você é nova informação a respeito de s. É claro que ambos temos que ter em mente que se $s = 200$ então os números devem ser ambos 100, e se $s = 199$ são 100 e 99."

"É claro."

"Uma vez tendo eliminado o impossível…", prosseguiu Soames, "tudo que resta são somas s iguais a um dos números 11, 17, 23, 27, 29, 35, 37, 41, 47, 51 ou 53."

"Mas antes você fez contundentes observações sobre…"

"Oh, funciona bastante bem em *matemática*", ele disse com alegria. "Pois aí podemos ter certeza de que o impossível é realmente impossível.

"Agora, no estágio relevante da dedução, *ambos* sabemos o que eu acabei de lhe dizer. E nesse ponto você anuncia que pode deduzir os números! Então eu rapidamente percorro todos os pares possíveis de números com essas somas, e descubro que dez das onze diferentes possibilidades para s compartilham um produto possível com um valor de s *diferente*. Como você já me disse que agora sabe os números, todas as dez podem ser eliminadas da nossa investigação. O que deixa apenas uma soma possível, 17, e apenas um produto não ocorrendo para dois valores diferentes de s. Ou seja, 52, que surge quando dividimos 17 como 4 + 13, e somente dessa maneira. Portanto, os números devem ser 4 e 13."

Congratulei-o pela sua perspicácia.

"Mande um dos Irredutíveis de Baker Street até Roulade com esta mensagem", ele instruiu, rabiscando os números num pedaço de papel. "Ele fará duas prisões dentro da próxima hora."

•• O erro de Malfatti 🔍

Em 1930, Hyman Lob e Herbert Richmond provaram que em alguns casos o ganancioso algoritmo é melhor do que o arranjo de Malfatti. Howard Eves notou em 1946 que para um triângulo isósceles com o ápice muito agudo a solução sobreposta tem quase o dobro da área que o arranjo de Malfatti. Em 1967, M. Goldberg provou que o algoritmo ganancioso sempre se sai melhor que o arranjo de Malfatti. Em 1994, Victor Zalgaller e G.A. Los provaram que ele sempre produz a maior área.

•• Como impedir ecos indesejados

M.R. Schroeder, "Diffuse Sound Reflection by Maximum-Length Sequence, in *Journal of Acoustical Society of America*, 57, 1975, p.149-50.

•• O enigma do azulejo versátil 🔍

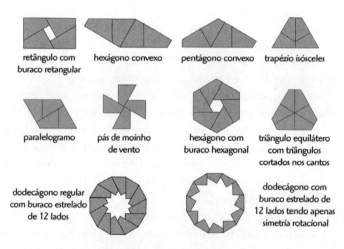

Dez formas criadas com azulejos versáteis

•• A conjectura do *thrackle*

János Pach e Ethan Sterling, "Conway's Conjecture for Monotone Thrackles", in *American Mathematical Monthly*, 118, jun/jul 2011, p.544-8.

• • Um ladrilhamento que não seja periódico

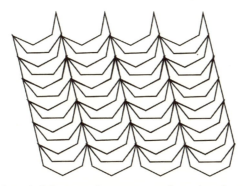

Como ladrilhar periodicamente usando um heptágono

• • O teorema das duas cores 🔍

Tendo torturado meu cérebro por três horas, implorei a Soames que revelasse seu segredo.

"Mas aí você vai me dizer como ele é absurdamente simples!"

"Não! Nunca!"

"Permita-me discordar, Watsup. Pois uma vez na vida é, *sim*, absurdamente simples." O silêncio se estendeu até ele ceder. "Muito bem. Assuma que as únicas cores disponíveis sejam preto e cinza, com o branco para regiões ainda não consideradas. Comecemos colorindo uma região preta (figura abaixo). Então escolho uma região adjacente e a pinto de cinza (no alto, centro). Depois pinto de preto uma região adjacente, depois de cinza, e assim por diante."

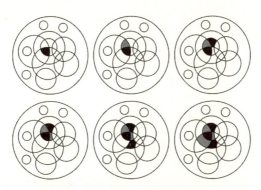

Os primeiros estágios colorindo o mapa

305

"Vejo que depois da primeira, as escolhas sucessivas são forçadas", eu disse, hesitante.

"Sim! A solução, se existir, deve ser *única* – salvo pela troca das duas cores. E você vê que o mapa inteiro acaba sendo colorido usando apenas preto e cinza. Então nesse caso, pelo menos, existe, sim, uma solução."

"De acordo. Mas eu não vejo inteiramente..."

"Por quê? Excelente observação. Pelo menos uma vez, Watsup, você acertou com firmeza a cabeça do prego, não o seu dedo. O problema é provar que qualquer uma dessas cadeias de colorir conduz ao mesmo resultado, não é? Porque, desse jeito, o processo nunca pode terminar com uma situação para a qual a próxima região restante não possa ser colorida."

"Acho que estou entendendo."

"Pode ser feito", disse Soames. "Mas há um método mais simples. Observe que toda vez que cruzamos uma fronteira comum, a cor muda. Portanto, se cruzamos um número ímpar de fronteiras, devemos escolher cinza, e se cruzamos um número par de fronteiras, devemos escolher preto."

Assenti. "Mas... como podemos ter certeza de que não há inconsistência?"

Soames deu um rápido sorriso. "Porque podemos aproveitar uma pista do que acabei de dizer e prescrever a cor exata de cada região. Basta contar quantos círculos contêm um determinado ponto – que não esteja sobre uma circunferência, é claro, porque não colorimos as circunferências. Se o número for par, o ponto é colorido de preto; se for ímpar, o ponto é colorido de cinza.

"Agora, cruzar qualquer linha de fronteira ou adiciona um círculo ou subtrai. De todo modo, o ímpar transforma-se em par e o par transforma-se em ímpar, de maneira que as duas cores de cada lado dessa fronteira são diferentes."

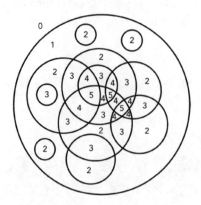

Numerar regiões de acordo com quantos círculos as contêm.
Note como a paridade (ímpar/par) muda ao atravessar fronteiras.

A prova era clara como a luz do dia. "Puxa, Soames..."

"É claro", ele interrompeu, com uma levíssima insinuação de um sorriso, "que alguns círculos podem ser tangentes a outros. Mas o mesmo método continua se aplicando, interpretado adequadamente. Deve-se evitar cruzar uma fronteira em um ponto de tangência, e um pouquinho de raciocínio mostra que isso sempre pode ser feito."

Bem, talvez não tanto como a luz do dia, mas... sim, eu entendi. "É...", comecei; então parei, vendo sua expressão. "Muito inteligente", completei a frase.

•• O teorema das quatro cores no espaço

Quatro esferas iguais podem ser arranjadas de modo que cada uma toque as outras três. Coloque três delas de modo a formar um triângulo equilátero, tocando-se entre si, e então ponha a quarta em cima encaixada no vazio central, formando um tetraedro. Uma esfera menor, exatamente do tamanho correto, pode agora ser colocada no meio de modo a tocar as outras quatro. Temos então cinco esferas, cada uma tocando as outras quatro, e todas elas precisam ter cores diferentes.

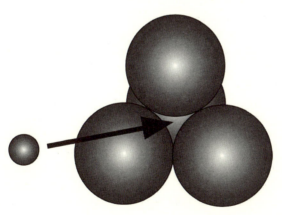

Encaixando a quinta esfera

•• O integrador grego

Primeiro a resposta. Temos de resolver a equação $\frac{4}{3}\pi r^3 = 4\pi r^2$. Dividimos por $4\pi r^2$ para obter $\frac{1}{3}r = 1$. Portanto $r = 3$.

Agora o palimpsesto.

Esquerda: Página simbólica do palimpsesto de Arquimedes. O texto religioso do século XIII corre na vertical; o mais apagado original corre na horizontal. *Direita:* Página limpa com claros diagramas matemáticos.

O manuscrito original de Arquimedes não sobreviveu, mas essa cópia (sem dúvida a culminação de uma série de cópias) foi feita por um monge bizantino por volta do ano 950. Em 1229, foi desamarrado e esfregado até ficar (bastante) limpo. As folhas foram dobradas ao meio e usadas para escrever um texto litúrgico cristão de 177 páginas – uma descrição dos procedimentos para serviços religiosos.

Nos anos 1840, Constantin von Tischendorf, um erudito bíblico alemão, deparou-se com esse texto em Constantinopla (hoje, Istambul), notou tênues escritos matemáticos e levou uma página para casa. Em 1906, um erudito dinamarquês, Johan Heiberg, percebeu que parte do palimpsesto era uma obra de Arquimedes. Fotografou-o e publicou alguns extratos em 1910 e 1915. Thomas Heath traduziu o material pouco tempo depois, mas atraiu pouca atenção. Na década de 1920, o documento estava na posse de um colecionador francês; em 1998, de algum modo, conseguira viajar para os Estados Unidos, tornando-se objeto de um caso judicial entre a casa de leilões Christie's e a Igreja ortodoxa grega, que alegava ser um documento que fora roubado de um mosteiro em 1920. O juiz decidiu em favor da Christie's com base em que o tempo decorrido entre o alegado roubo e a ação legal fora longo demais. O documento foi adquirido por um comprador anônimo (que a revista *Der Spiegel* informou ser Jeff Bezos, fundador da Amazon) por US$2 milhões. Entre 1999 e 2008, o documento foi conservado no Walters Art Museum, em Baltimore, e analisado por uma equipe de cientistas da imagem para realçar a escrita oculta.

O método de Arquimedes pode ser explicado (usando linguagem e simbolismo modernos) da seguinte maneira. Começamos com uma esfera de raio 1, seu cilindro circunscrito e um cone. Se pusermos o centro da esfera na posição $x = 1$ no eixo dos reais, então o raio da seção transversal em qualquer x entre 0 e 2 é $\sqrt{x(2-x)}$, e sua massa é proporcional a π vezes o quadrado disso, ou seja, $\pi x(2-x) = 2\pi x - \pi x^2$.

Em seguida, consideremos um cone obtido pela rotação da reta $y = x$ em torno do eixo x, mais uma vez para $0 \leq x \leq 2$. A seção transversal em x é um círculo de raio x, e sua área é πx^2. Sua massa é proporcional a isso, com a mesma constante de proporcionalidade, então a massa combinada da fatia da esfera e da fatia do cone é $(2\pi x - \pi x^2) + \pi x^2 = 2\pi x$.

Coloquemos as duas fatias em $x = -1$, distância de 1 à esquerda da origem. Pela lei da alavanca, elas são exatamente equilibradas por um círculo de raio 1 colocado à distância x à direita.

Agora movemos todas as fatias da esfera e do cone para o *mesmo* ponto $x = -1$, de modo que sua massa total esteja concentrada nesse único ponto. Os círculos correspondentes (que equilibram) têm todos raio 1 e são colocados em todas as distâncias de 0 a 2. Formam então um cilindro. Seu centro de massa está no meio, em $x = 1$. Portanto, pela lei da alavanca,

massa da esfera + massa do cone = massa do cilindro

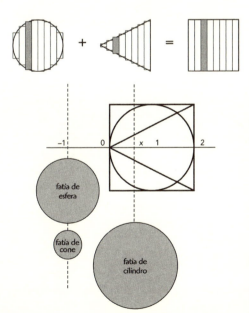

O que Arquimedes fez. *No alto:* Fatiar uma esfera, um cone e um cilindro (mostrados em seção longitudinal: esfera = círculo; cone = triângulo; cilindro = quadrado) como uma fatia de pão. Então o volume de uma fatia do cilindro (cinza) é a soma do volume das correspondentes fatias da esfera e do cone. As fatias aqui têm espessura diferente de zero, o que introduz erros. Arquimedes pensou em fatias infinitamente delgadas, para as quais os erros tornam-se tão pequenos quanto se queira. *Embaixo:* O argumento considerando os pesos que relaciona os três volumes. Fatias em x da esfera e do cone, colocadas em −1, equilibram a fatia de cilindro colocada em x.

e como a massa é proporcional ao volume,

volume da esfera + volume do cone = volume do cilindro.

No entanto, Arquimedes já sabia que o volume do cone é um terço do volume do cilindro (um terço da área da base vezes a altura, lembra-se?), então o volume da esfera é dois terços do volume do cilindro. O volume do cilindro é a área da base (πr^2) vezes a altura ($2r$), ou seja, $2\pi r^3$. Então o volume da esfera é ⅔ disso, ou seja, $\frac{4}{3}\pi r^3$.

Arquimedes deduziu a área da superfície da esfera por meio de um procedimento similar.

Ele descreveu o processo geometricamente, porém é mais fácil acompanhar o argumento usando notação moderna. Considerando que ele o fez por volta de 250 a.C., e que também desenvolveu a lei da alavanca, é uma realização impressionante.

•• Por que o leopardo ganhou suas pintas

W.L. Allen, I.C. Cuthill, N.E. Scott-Samuel e R.J. Baddeley, "Why the Leopard Got its Spots: Relating Patterns Development to Ecology in Felids", in *Proceedings of the Royal Society B: Biological Sciences*, 278, 2011, p.1.373-80.

•• Polígonos para sempre

Tem-se a impressão de que a figura crescerá sem limites, mas na verdade ela permanece dentro de uma região limitada do plano: um círculo cujo raio é cerca de 8,7.

A razão entre o raio do círculo circunscrito a um polígono regular de n lados e o raio do círculo inscrito nesse polígono é sec π/n, onde sec é a função secante trigonométrica e o ângulo é medido em radianos. (Se quiser o ângulo em graus, substitua π por 180°.) Para cada n o raio do círculo circunscrito ao polígono regular de n lados na figura é

$$S = \frac{\sec\pi}{3} \times \frac{\sec\pi}{4} \times \frac{\sec\pi}{5} \times \cdots \times \frac{\sec\pi}{n}$$

Queremos o limite desse produto quando n tende a infinito. Peguemos os logaritmos naturais:

$$\ln S = \ln \frac{\sec \pi}{3} + \ln \frac{\sec \pi}{4} + \ln \frac{\sec \pi}{5} + \cdots + \ln \frac{\sec \pi}{n}$$

Quando x é pequeno, $\ln \sec x \sim x^2/2$; portanto, esta série pode ser comparada com

$$\frac{1}{3^2} + \frac{1}{4^2} + \frac{1}{5^2} + \cdots + \frac{1}{n^2}$$

que é convergente quando n tende ao infinito. Portanto, $\ln S$ é finito, então S é finito. A soma dos termos até $n = 1.000.000$ dá 8,7 como estimativa razoável.

Fiquei sabendo a respeito desse problema, e da resposta dada acima, por meio de uma resenha literária de Harold Boas [*American Mathematical Monthly*, 121, 2014, p.178-82]. Ele traça sua trajetória até *Mathematics and the Imagination*, de Edward Kasner e James Newman, em 1940. Escreve: "Talvez esse interessante exemplo venha a tornar-se parte do conhecimento padrão se a figura for reproduzida em livros suficientes."

Estou tentando, Harold.

•• A aventura dos remadores 🔎

Soames e eu encontramos mais dois arranjos, sem contar as imagens espelhadas em relação ao eixo central:

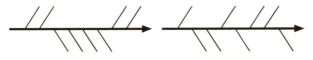

Arranjos 0167 e 0356

"Com toda a complexidade matemática do problema", disse Soames, "em última análise ele se reduz a mera aritmética. Temos de dividir os números de 0 a 7 em dois conjuntos, cada um com soma 14."

"Se conhecemos um desses conjuntos, o outro já está determinado e também soma 14."

"Sim, Watsup, isso é evidente: é a lista dos números que não estão no primeiro conjunto."

"Concordo que é trivial, Soames, mas implica que podemos trabalhar com o conjunto que contém o 0, o que significa colocar o remo da popa à esquerda, o que podemos assumir aplicando uma imagem espelhada, se necessário. E reduzindo assim a quantidade de casos a serem considerados."

"Verdade."

Agora as deduções fizeram-se praticamente sozinhas. "Se o conjunto também contém 1", mostrei, "então os outros dois somam 13 e *devem* ser 6 e 7, dando 0167. Se não contém 1, mas contém 2, então a única possibilidade é 0257. Se começa com 3 há duas possibilidades: 0347 e 0356. Podemos excluir arranjos que começam com 4 porque não é possível formar 10 com dois dos números 5, 6, 7. Um argumento similar é excluir 05, 06 e 07."

"Então você deduziu", resumiu Soames, "que as únicas possibilidades excluindo imagens espelhadas são:

0167   0257   0356   0347

Agora, 0257 é o arranjo alemão e 0347 o italiano. Há dois outros: aqueles que mostrei com meus fósfor…"

Subitamente ficou ereto na cadeira. "Pelos céus!"

"O quê, Soames?"

"Sem querer fazer trocadilho, mas uma luz se acendeu na minha cabeça, que este fósforo…", e agitou-o no ar, "não é um raro Congreve dos primeiros tempos, como eu havia imaginado, mas um dos fósforos sem ruído de Irinyi. Quando seu professor de química explodiu, Irinyi inspirou-se para substituir clorato de potássio por dióxido de chumbo na cabeça do fósforo."

"Ah. E isso é importante, Soames?"

"Com toda a certeza, Watsup. Lança uma luz inteiramente nova – de novo, sem intenção de trocadilho – em um dos nossos mais bizarros casos não solucionados."

"O notável caso da chaleira de cabeça para baixo!", exclamei.

"Acertou, Watsup. Agora, se as suas anotações tiverem registrado se o fósforo caiu para a esquerda ou para a direita do papagaio mumificado…"

A análise de Soames baseia-se em:

Maurice Brearley, "Oar Arrangements in Rowing Eights", in *Optimal Strategies in Sports*, S.P. Ladany e R.E. Machol (orgs.), North-Holland, 1977.

John Barrow, *One Hundred Essential Things You Didn't Know You Didn't Know*, W.W. Norton, Nova York, 2009.

Conforme Soames avisou, é uma abordagem inicial simplificada de um assunto altamente complexo.

Aliás, a regata de 1877 terminou empatada – o único empate na história do evento.

• • Anéis de sólidos regulares

John Mason e Theodorus Dekker encontraram métodos mais simples do que o de Świerczkowski para provar a impossibilidade. Sempre que você gruda dois tetraedros idênticos pelas faces, cada um é um reflexo espelhado do outro em relação à face comum.

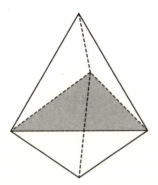

Dois tetraedros com uma face comum (sombreada). Cada um é um reflexo espelhado do outro nessa face.

Comece com um tetraedro. Ele tem quatro faces, então há quatro reflexos espelhados; chame-os r_1, r_2, r_3 e r_4. Cada reflexo faz tudo voltar à situação inicial se você fizer duas vezes, então $r_1 r_1 = e$ onde e é a transformação "não faça nada". O mesmo vale para os outros reflexos. Então todas as combinações de vários reflexos são produtos do tipo

$$r_1 r_4 r_3 r_4 r_2 r_1 r_3 r_1$$

onde a sequência de subscritos 14342131 pode ser qualquer sequência formada pelos quatro números 1, 2, 3, 4 na qual nenhum número ocorre duas vezes seguidas. Por exemplo, 14332131 não é permitida. A razão é que aqui $r_3 r_3$ é o mesmo reflexo duas vezes seguidas, ou seja o mesmo que e, que não tem efeito algum e portanto pode ser deletado.

Se uma cadeia se fecha, uma reflexão adicional aplicada ao último tetraedro na cadeia produz um tetraedro que coincide com o inicial. Então temos uma equação do tipo

$$r_1 r_4 r_3 r_4 r_2 r_1 r_3 r_1 = e$$

(só mais longa e mais complicada) onde e significa "não faça nada". Escrevendo fórmulas para as quatro reflexões e usando métodos algébricos convenientes, pode-se provar que nenhuma equação dessas se sustenta. Para detalhes, ver:

T.J. Dekker, "On Reflections in Euclidean Spaces Generating Free Products", *Nieuw Archief voor Wiskunde*, 7, 1959, p.57-60.

M. Elgersma e S. Wagon, "Closing a Platonic Gap", in *Mathematical Intelligencer*, 37, Issue 1, p.54-61.

H. Steinhaus, "Problem 175", in *Colloquium Mathematicum*, 4, 1957, p.243.

S. Świerczkowski, "On a Free Group of Rotations of the Euclidean Space", in *Indagationes Mathematicae*, 20, 1958, p.376-8.

S. Świerczkowski, "On chains of Regular Tetrahedra", in *Colloquium Mathematicum*, 7, 1959, p.9-10.

•• A rota impossível 🔎

"Como você diz com toda a propriedade, você não está vendo", disse Soames. "Você conhece os meus métodos: use-os."

"Muito bem, Soames", retruquei. "Você sempre me instruiu a descartar o que é irrelevante. Portanto repetirei a minha análise e, para eliminar qualquer concebível possibilidade de erro representarei o problema na sua forma mais simples. Numero as regiões do mapa – assim. Há cinco regiões. Então desenho um diagrama – creio que se chama *grafo* – mostrando as regiões e suas conexões de forma esquemática."

Soames permaneceu calado, a expressão indecifrável.

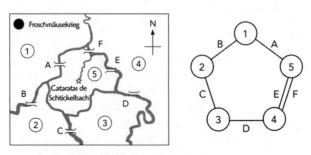

Esquerda: As cinco regiões de Watsup. *Direita:* Grafo das conexões.

"Devemos passar da região 1 para a região 5, deixando a ponta A para o final. Começando de 1, a única alternativa é cruzar a ponte B, e então C e D nos são impostas e não nos adiantam. Precisamos usar E ou F. Digamos que optemos por E. Não podemos usar F porque nos conduz para a região 4 e não podemos seguir adiante. No entanto, não podemos usar A, porque isso nos leva para a região 1 e não podemos seguir adiante. O mesmo vale se utilizarmos F em lugar de E. Argumento encerrado."

"Por quê, Watsup?"

"Porque, Soames, eliminei o impossível." Ele ergueu uma sobrancelha. "Então o que resta, por mais improvável", continuei, "deve ser..."

"Prossiga."

"Mas, Soames, *não resta nada*! Portanto o problema não tem solução!"

"Errado. Eu lhe disse que há oito."

"Então você deve ter mentido acerca das condições."

"Não menti."

"Então estou perplexo. O que foi que eu deixei de fora?"

"Nada."

"Mas..."

"Você pôs coisas demais *dentro*, Watsup. Fez uma premissa injustificada. O seu erro foi assumir que o trajeto não sai do mapa."

"Mas você me disse que os rios continuam correndo até as fronteiras suíças, e não temos permissão de cruzar a fronteira."

"Sim. Mas o mapa não retrata a totalidade da Suíça. De onde vem o rio?"

"Dãããá!", bati com a mão na testa.

"Dá?"

"Meramente uma expressão de autorrecriminação por minha estupidez, Soames. Não 'dá'. Mais na linha do 'Dã!'."

"Advirto-o para evitar essas expressões, Watsup. Não lhe caem bem e nunca vão pegar."

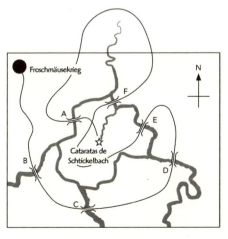

A rota de Soames

"Como queira, Soames. O que causou a minha explosão foi perceber que podemos completar a minha segunda tentativa contornando a nascente do rio e passando pela ponte A."

"Correto."

"Então as regiões 1 e 4 na minha figura são na verdade a mesma região."

"De fato."

"Isso", eu disse após um momento, "não foi justo. Como posso saber que o rio nasce dentro das fronteiras suíças? A nascente não foi mostrada no seu mapa."

"Porque, Watsup, eu lhe disse que há pelo menos uma rota satisfazendo a minha condição. Consequentemente, essa nascente *precisa* estar dentro da Suíça."

Touché. Então lembrei-me de que ele havia se referido a oito rotas. "Vejo uma segunda rota, Soames: intercambiar as pontes E e F. Mas confesso que as outras seis me escapam."

"Ah. A sua afirmação de que devemos começar pela ponte B não é mais válida quando as regiões 1 e 4 se fundem. Deixe-me redesenhar a sua figura simplificada corretamente."

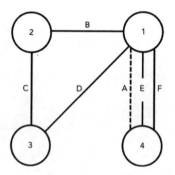

O grafo corrigido de Soames

"Desenhei a ponte A como linha tracejada como lembrete de que devemos deixar A para o fim. Observe: começando pela região 1, as pontes diferentes de A formam dois circuitos distintos: BCD e EF. Nós podemos percorrer cada circuito em dois sentidos: BCD ou DCB e EF ou FE. Além disso, podemos começar com qualquer um dos circuitos e então percorrer o outro. Finalmente, precisamos acrescentar a ponte A. Então, as diferentes rotas são

BCD-EF-A   DCB-EF-A   BCD-FE-A   DCB-FE-A
EF-BCD-A   EF-DCB-A   FE-BCD-A   FE-DCB-A

"Um total de oito."

"Vejo meu erro claramente agora, Soames", admiti.

"Você vê seu erro *específico*, Watsup, mas não a generalidade subjacente, que aflige todos os argumentos em relação a eliminar o impossível."

"Balancei a cabeça, intrigado: "O que você quer dizer?"

"Quero dizer, Watsup, que você não considerou *todas* as possibilidades. E o motivo foi..."

Mais uma vez bati a mão na testa, mas dessa vez me refreei de proferir qualquer som, não desejando ser objeto de escárnio de Soames. "Esqueci-me de pensar de forma não convencional."

Créditos das ilustrações

p.21: Figuras da esquerda e centro: Laurent Bartholdi e André Henriques.Cascas de laranja e integrais de Fresnel, *Mathematical Intelligencer*, 34, n.4, 2012, p.1-3.

p.21: Figura da direita: Luc Devroye.

p.32: Conceito do quebra-cabeça da caixa: Moloy De.

p.70: Haikai: Daniel Mathews, Jonathan Alperin, Jonathan Rosenberg.

p.76: Figura: http://getyournotes.blogspot.co.uk/2011/08/why-do-some-birds-fly-in-v-formations.html.

p.80: Quadrados incríveis: concebidos por Moloy De e Nirmalya Chattopadhyay.

p.81: O mistério do 37: baseado em observações de Stephen Gledhill.

p.84: Pseudossudoku sem pistas: Gerard Butters, Frederick Henle, James Henle e Colleen McGaughey. "Creating Clueless Puzzles", in *The Mathematical Intelligencer*,33, n.3, outono 2011, p.102-5.

p.106: Figura de baixo: Eric W. Weisstein, "Brocard's Conjecture", in *Mathworld* – A Wolfram Web Resource: http://mathworld.wolfram.com/BrocardsConjecture.html.

p.112: Figura da direita: Steven Snape.

p.120: Figura: Cortesia dos UW-Madison Archives.

p.135: Figura da esquerda: George Steinmetz, cortesia de Anastasia Photo.

p.135: Figura da direita: Nasa, HiRISE Mars Reconnaissance Orbiter.

p.136: Figura acima à direita: Rudi Podgornik.

p.136: Figura de baixo: Veit Schwämmle e Hans J. Herrmann, "Solitary Wave Behaviour of Sand Dunes", in *Nature*, 426, 2003, p.619-20.

p.143: Figura: Persi Diaconis, Susan Holmes e Richard Montgomery, "Dynamical bias in coin toss", in *SIAM Review*, 49, 2007, p.221-3.

p.219: Figuras: Joshua Socolar e Joan Taylor. "An Aperiodic Hexagonal Tile", in *Journal of Combinatorial Theory Series A*, 118, 2011, p.2.207-31; http://link.springer.com/article/10.1007%2Fs00283-011-9255-y.

p.250-2: Figuras: Michael Elgersma e Stan Wagon, "Closing a Platonic Gap", in *The Mathematical Intelligencer*, 2014, a publicar.

As seguintes figuras foram reproduzidas com licença da Creative Commons Attribution 3.0 Unported e creditadas conforme solicitado:

p.106: Figura de cima: Krishnavedala.

p.112: Figura da esquerda: Ricardo Liberato.

p.113: Tekisch.

p.151: Andreas Trepte, www.photo-natur.de.

p.193: Braindrain0000.

p.196: LutzL.

p.308: Walters Art Museum, Baltimore.

A marca FSC é a garantia de que a madeira utilizada na fabricação
do papel deste livro provém de florestas de origem controlada
e que foram gerenciadas de maneira ambientalmente correta,
socialmente justa e economicamente viável.

Este livro foi composto em ITC Highlander e Fairfield 11/14 e
impresso em papel offwhite 80g/m² e cartão triplex 250g/m²
por Geográfica Editora em junho de 2015.